KB115263

먼지는 모든 물질의 발단이자 종착역이다.

우주먼지에서 집먼지까지

먼지 보고서

물질 시리즈 2권: 먼지 Staub
독일 외콤 출판사와 아우크스부르크 대학 환경과학연구소가 함께 내는 책
편집자: 아르민 렐러(Dr. Armin Reller), 옌스 죈트겐(Jens Soentgen)

우리가 날마다 사용하는 물질들이 알고 보면 길고 긴 과정을 거쳐 우리 손에 들어온 것이다. 하지만 그 변화무쌍한 뒷이야기들은 물건이 된 완제품에 가려 묻히기 마련이다. 물질의 역사를 추적해 보면 그동안 가려졌던 깜짝 놀랄만한 사실과 만나게 되고, 지구에서 일어나는 수많은 갈등도 드러난다.
물질 시리즈에서는 사회 · 정치적으로 여러 번 우리 역사의 변덕스러운 주인공이 되었던 물질들을 선별하고, 그 물질이 걸어온 과정과 사회적 배경에 대해 이야기 하고자 한다.
앞서 우리나라에서는 〈알루미늄의 역사〉가 발간되었지만, 독일에서는 본래 이 시리즈의 첫 번째 책으로 〈먼지〉가 발행되었다. 왜냐하면 먼지는 모든 물질적인 것의 발단, 그리고 종착역이기 때문이다. 동시에 먼지는 공기오염에 대한 수년간의 토론이 보여주듯이, 정치적으로 중요한 주제이기도 하다.

Staub

역사를 바꾼
물질 이야기
2

우주먼지에서 집먼지까지

먼지 보고서

옌스 죈트겐·크누트 푈츠케 엮음 | 강정민 옮김

자연과 생태

이 책의 구성

우리는 날마다 먼지를 일으킨다. 그리고 날마다 먼지에서 벗어나려고 노력한다. 오랫동안 학자들은 먼지를 대기권의 하찮은 구성 요소쯤으로 과소평가해 왔다. 그러나 오늘날은 먼지의 위상을 인식하고 있다. 먼지가 건강에 영향을 미치는 측면뿐만 아니라 기후체계와 생태계 안에서의 역할에 관심의 초점을 맞추고 있다. 새로운 분석방법 특히 주사터널현미경을 사용한 검사 방법은 먼지를 정밀하게 측정하고 움직임을 정확히 추적할 수 있게 했다.

현대의 먼지 연구자는 먼지 몇 밀리그램에서 환경 상태에 관한 많은 것을 알아낼 수 있다. 실제로 먼지 연구자들이 몰두하는 작은 입자들은 고고학자들이 해석하는 발굴품과 흡사하다. 먼지는 단지 크기가 몇 단계 작을 뿐이다. 먼지는 도처에서 생기는 성가신 오염물질이 아니라 환경 상태, 생태적 연관 관계, 우주의 사건 그리고 과거 환경에 대한 역사를 말해주는 물질이다.

1

이 책은 옌스 죈트겐의 먼지의 문화사에 대한 고찰에서 시작하며 이어 두 편의 에세이가 먼지 현상의 자연과학적 관점을 분명히 해준다. 만프레드 오일러는 미세한 먼지의 영역에서도 근본적으로 거시적인 영역에서와 같은 법칙이 통용되지만 개별적인 힘들이 더욱 두드러지게 나타난다는 것을 보여준다. 이 때문에 미세한 먼지가 물리적 의미를 갖는다. 그는 걸리버 여행의 미시 · 거시 판타지를 예로 들며 난쟁이 왕국에서 무엇이 가능하고 무엇이 불가능한지를 논한다.

뒤 이은 펠릭스 아우어바흐의 논문은 100년 된 것으로 엔트로피 개념을 재치 있고 이해하기 쉽게 소개한다. 그는 엔트로피는 대개 무질서와 동일시되는데, 이것이 아주 틀린 말은 아니나 너무 어설프다고 말한다. 그러면서 에너지와 엔트로피의 관계를 이해하는 것이 중요하다 점을 부각시킨다.

2

그 다음에 이 책은 먼지 싸인 우주, 즉 별에서부터 우리 모두를 에워싸고 있는 먼지에 이르기까지 여행한다. 도처에서 먼지 표본을 채취해 그들이 이야기해 주는 역사를 경청한다. 먼저 토마스 슈테판이 전하는 우주먼지에서 시작한다. 우주먼지는 이론적으로 도처에 내려앉으며 모든 곳에서 발견된다. 그러나 수백만에 달하는 주변의 다른 먼지입자들 속에서 우주먼지를 식별해 낸다는 것은 불가능하다. 그래서 특수한 비행기에 먼지수집기를 장착해 고립된 우주먼지입자를 수집한다. 이와 같은 방식으로 발견하는 많은 입자들은 매우 오래된 것이어서 태양계가 아직 젊었던 시기에 대한 정보를 간직하고 있다.

그 다음 마틴 에버트는 먼지가 다양하고도 중요한 역할을 하는 지구와 대기권으로 안내한다. 그는 먼지의 근원지에 대한 우리의 생각을 바꿔야 한다고 말한다. 많은 먼지가 인위적으로 발생되기도 하지만, 사막, 화산처럼 자연 스스로도 강력하게 먼지를 발산한다. 그리고 바다 또한 먼지 발생의 중요한 근원지다.

이어 대기권에서 먼지의 역할을 다루는 로타 쉬츠의 에세이가 이어진다. 사람들은 대개 먼지와 부정적인 사물들을 연관 짓는다. 핵겨울로 가는 1980년대의 가상시나리오에서는 우려하던 핵폭발과 화재로 인해 회오리친 먼지가 극적인 기후변화의 책임자로 주목된다. 그는 대기권의 먼지가 생명에 영향을 미치는 많은 과정을 작동시킨다는 것을 보여준다. 예를 들면 물의 순환은 물을 응결시키는 먼지입자 없이는 전혀 일어나지 않는다는 것이다.

3

여행은 지표면에 착륙한다. 지표면이란 일종의 밟혀 다져진 먼지다. 이것은 파괴되고 분리되며 소용돌이 친 과거의 잔해이며, 매우 정확하게 보존된 채 수백 곳에 겹쳐져 층을 이루고 있어서 우리는 그 먼지에서 과거를 분석해 낼 수 있다. 아르네 프리드만, 마티누스 페스크-마틴, 미하엘 페터스가 이러한 내용을 다룬다. 그들은 고지대의 소택지가 특이한 삶의 공간일 뿐만 아니라 동시에 우리에게 과거에 대한 기록을 넘겨주는 환경의 서고임을 보여준다.

4

이어 마티누스 페스크-마틴, 아르네 프리드만, 하이케 페스크는 꽃가루 먼지와 소위 장미열병에 대한 문화사적 고찰에서 자연의 먼지를 다루고 있다. 알레르기는 우리 시대에 들어서서 널리 퍼졌으나 이 병은 이미 오래 전부터 알려져 있었다. 식물의 세계를 넘어 인간의 영역, 그리고 이와 더불어 인간이 만든 먼지의 영역에 접근한다. 산업은 난방, 교통과 더불어 가장 중요한 먼지 방출지다. 라이너 레무스가 그의 논문에서 다루는 산업먼지의 높은 매연량은 인간이 여전히 '고대의 불 지피는 사람'이라는 것을 말해주고 있다.

5

이어 아르민 렐러는 현대의 기능먼지(인체에 작용하는 미세먼지) 그리고 나노단계에 있는 구조의 가능성과 위험성을 논의한다. 왜냐하면 오래 전부터 아주 작은 입자나 구조가 때로 같은 재료로 된 보다 큰 양과는 다른 특성을 갖는다는 점을 인식했기 때문이다. 나노테크놀로지는 이러한 특성을 체계적으로 활성화시키는 데 몰두하고 있다. 사람들은 나노테크놀로지로부터 완전히 다른 영역에서, 즉 의학과 약리학에서부터 새로운 작업 재료에 이르기까지 혁신적인 해결책을 기대하고 있는데, 그는 이 기술에서 특정한 위험이 시작될 수도 있다는 점을 예를 들어 설명한다. 아네테 페터스는 미세먼지입자가 건강에 미치는 영향을 최신 데이터와 역학 연구를 바탕으로 설명한다.

6

이제 오래 전부터 알려져 있던 것, 즉 집먼지에 도달한다. 집먼지는 우리가 삶의 70% 이상을 닫힌 공간에서 보내기 때문에 가장 친숙한 그리고 아마 가장 중요한 먼지일 것이다. 그래서 산업먼지가 인간에게 '불 지피는 자'의 이미지를 부여하듯이 집먼지는 인간을 옷 입는 존재로 보여준다. 방직섬유는 집먼지의 80% 이상을 차지한다. 집먼지는 끊임없이 재생산되며 게다가 집먼지진드기 같은 거미무리에게 숙소를 제공한다. 루이트가르트 마샬은 집먼지에 들어 있는 모든 것을 묘사한다.

집이나 자동차에 있는 먼지는 범죄수사기술자들의 관심도 끈다. 인간이 있었던 곳에는 항상 흔적이 남기 때문이다. 연방범죄수사청의 토마스 비어만, 안드레아스 헬만, 에릭 크루피카, 미하엘 퓌츠, 뤼디거 슈마허는 어떻게 이 먼지 흔적을 확보하고, 분석 · 평가하는지에 대해 이야기한다.

7

이처럼 먼지라는 현상, 그것의 영향 그리고 기능을 살펴보고 이해하지만 막상 먼지는 인간세계에서 대부분 환영받지 못한다. 그래서 마지막 네 편의 논문은 먼지를 벗어나기 위한 다양한 시도를 조명한다. 울리히 호호프는 그의 논문에서 책먼지에 대해 말하고 있다. 고대 이래로 사서는 먼지와 망각에 대해 투쟁해 왔다. 그는 이러한 대결의 중요한 경유지와 도구를 밝힌다.

미술관 또한 먼지가 달갑지 않은 곳이다. 슈테파니 예켈은 사람들이 어떻게 그림에서 먼지를 걷어내는지, 그리고 오래된 그림을 다시 처음 상태처럼 보이기 위해 어떻게 모조 먼지를 부착하는지 보여준다.

심리분석학자 엘피 포르츠와의 인터뷰는 날마다의 일, 즉 청소의 기쁨과 고통을 다루고 있다. 이야기는 더러움에 맞서는 영원히 끝나지 않을 집안일과의 전쟁에서 카오스주의자와 체계주의자에 관해 이야기하며, 서로 다른 네 가지 유형의 청소 스타일을 구분한다.

8

여행은 먼지에 의해 고통 받는 많은 사람들이 가고 싶어 하는 곳, 즉 먼지 없는 공간에서 끝난다. 물론 그러한 공간은 없다. 그러나 우리는 먼지를 피하고 공기 중 먼지 농도를 낮출 수는 있다. 마이크로 전자제품의 부품을 제작하는 이들에게 먼지는 심각한 영향을 끼친다. 그들의 생산품은 먼지에 의해 파괴될 수 있다. 칩에 내려앉는 미세먼지입자가 회로도를 혼란에 빠뜨릴 수 있기 때문이다. 따라서 칩 제작자들은 제작 공간에 먼지 없는 공기가 다니도록 해야 한다. 클린룸 기술은 공간에 먼지가 없도록 하는 것이 목표다. 이런 기술이 없었더라면 마이크로 전자공학의 부상은 불가능했을 것이다. 클린룸이 어떻게 작동하는지는 프랑크 그륀베르크가 이 책의 마지막 장에서 설명한다.

이 책을 심사하고 공기 중을 떠도는 대상에 대해 많은 이해를 갖고 편집을 돌본 마누헬 슈나이더(Manuel Schneider)에게 감사한다. 특히 외콤 출판사의 출판자인 야콥 라트로프(Jacob Radloff)에게 재료의 역사 시리즈의 중요성을 역설해 준 용기에 대해 각별히 감사한다.

옌스 죈트겐과 크누트 푈츠케

펠릭스 아우어바흐(Dr. Felix Auerbach, 1856–1933) 이론물리학자, 헬름홀츠(Hermann von Helmholtz)의 제자였다. 1890년 절대강도 측정기계를 개발하는 데에 성공했다. 또 빌헬름 호스트(Wilhelm Horst)와 함께 물리학 및 기술 역학 교본을 출판했다(7권, 1927–1931). 자연철학과 관련해 〈세계의 지배자와 그 그림자. Die Weltherrin und ihr Schatten〉(Jena 1913)라는 책이 유명하며, 이 책은 우리 책의 첫 장에 실린 아우어바흐의 짧은 논문을 나중에 보완해서 책으로 묶은 것이다. 그는 1889년부터 예나(Jena) 대학에서 이론물리학 임시 교수로 있다가 1923년에 정교수가 되었다. 그러나 독일에서 점증하는 반유대적 분위기를 견디지 못하고 1933년에 그의 부인 안나(Anna)와 함께 목숨을 끊었다.

토마스 비어만(Dr. Thomas Biermann, 1957–) 프랑크푸르트 대학에서 생물학을 공부했고 자외선-B 복사량 증가가 해양 규조류의 세포 발생에 미치는 영향에 관한 연구로 박사학위를 받았다. 1999년부터 연방범죄수사청 범죄수사기술연구소에서 섬유와 섬유 흔적 분야 연구를 이끌고 있다.

마틴 에버트(Dr. Martin Ebert, 1970–) 1996년 이래 대기권 에어로졸 분야에서 일하고 있다. 2000년 이후로는 다름슈타트(Darmstadt) 공대에서 응용지구과학의 환경광물학 분야에 종사하고 있으며, 거기서 자연과 인간이 만든 에어로졸이 기후와 건강에 미치는 영향을 연구하고 있다.

만트레트 오일러(Dr. Manfred Euler, 1948–) 기센(Gießen) 대학에서 물리학을 전공하고 박사학위를 받았다. 1981년 교수자격시험에 통과한 뒤 1987부터 1991년까지 하노버 전문대학 물리학과 교수로 지냈고, 이후 파더번(Paderborn) 대학 물리교육과 정교수를 거쳐, 1997년부터는 키일(Kiel) 대학의 라이프니츠 자연과학교육연구소(Leibniz-Institiut für die Pädagogik der Naturwissenschaften) 소장 및 물리교육학과 교수로 근무하고 있다. 현재 자연과학 수업의 질을 개선하기 위한 국내외 여러 프로젝트에 참여하고 있다.

하이케 페스크(Dr. Heike Fesq, 1968-) 마부르크(Marburg)에서 의학과 인간 생물학을 공부했으며 면역학으로 박사학위를 받았다. 뮌헨 공과대학에서 피부과 및 알레르기학 전문교육을 마쳤고 오버암메르가우(Oberammergau)에 있는 류머티즘 센터에서 피부과를 이끌고 있다.

마티누스 페스크-마틴(Dr. Martinus Fesq-Martin, 1969-) 뮌헨에서 생물학과 선사학을 공부했다. 그는 박사학위 연구에서 꽃가루를 이용해 남미 최남단 파타고니아 지역 마젤란 우림의 환경 변화사를 재구성했다. 아우크스부르크 대학 소속으로 뮌헨 님펜부르크(Nymphenburg) 고등학교에서 생물학 및 화학을 가르치고 있다.

아르네 프리드만(Dr. Arne Friedmann, 1969-) 2002년 이래로 아우그스부르크 대학에서 물리학과 지질학 교수로 일하고 있다. 주요 연구 분야는 생물지리학, 고생태학, 제4기층 연구, 경관사, 자연보호 등이다.

프랑크 그륀베르크(Frank Grünberg, 1966-) 부퍼탈(Wuppertal)에서 물리학 및 언론학을 공부하고 그곳에서 살고 있다. 오랜 시간 클린룸에서 반도체를 연구한 경험을 바탕으로 현재는 정보기술 및 재료공학 분야에 관한 글을 쓰고 있다.

안드레아스 헬만(Dr. Andreas Hellmann, 1963-) 마인츠 대학에서 식물학으로 박사학위를 받았다. 2004년부터 연방범죄수사청 범죄수사기술연구소에서 일반생물학, 광물학, 지표면학 분야를 이끌고 있다.

울리히 호호프(Dr. Ulrich Hohoff, 1956-) 뮌헨대학(LMU, Ludwig Maximilian University of Munich)에서 독문학, 철학, 연극학을 공부했다. 4권의 책과 많은 논문을 발표했으며, 잡지 〈ABI-Technik〉의 공동편집인이다. 그는 1993년부터 1998년까지 라이프치히 대학 도서관 부관장, 1999년부터는 아우크스부르크 대학 도서관 관장을 역임하고 있다.

슈테파니 예켈(Stephanie Jaeckel, 1967–) 문화사가이며, 6년간 베를린에서 자유기고가로 일했다. 헤센방송국(HR)과 서남부방송국(SWR)에서 일하며, 독일 방송 문화를 위한 다양한 일을 하고 있다.

에릭 크루피카(Dr. Erik Krupicka, 1973–) 화학자, 2001년 울름(Ulm) 대학에서 구리 중합체 결합의 결정 구조 분석에 관한 연구로 박사학위를 받았다. 2002년부터 연방범죄수사청 범죄수사기술연구소의 물리학연구센터에서 방사선 분석 분야에서 일하고 있다.

루이트가르트 마샬(Dr. Luitgard Marschall, 1964–) 약학을 공부했고, 기술사 분야로 박사학위를 받았다. 아우그스부르크 대학 환경과학연구소에서 근무하며 기술사회학 및 과학사회학적 문제와 씨름하고 있다. 또 같은 주제로 언론에 글을 쓰고 있다.

아네테 페터스(Dr. Annette Peters, 1966–) 독일 GSF-환경보건연구센터에서 공기오염을 통한 전염병 연구 그룹을 이끌고 있다. 콘스탄츠 대학, 튀빙겐 대학, 하버드 대학에서 생물학, 수학, 질병학을 공부하고 뮌헨 대학 의학부에서 박사학위와 교수자격증을 취득했다. 현재 미세 및 초미세 입자가 심장 순환에 미치는 영향을 연구하고 있다.

미하엘 페터스(Dr. Michael Peters, 1961–) 뮌헨 대학에서 선사 및 초기 역사시대 고고학과 고식물학 연구 그룹을 이끌고 있다. 남부 바이에른 지역의 경관과 식물계 역사를 중점적으로 연구하고 있다. 이를 위해 주로 꽃가루와 식물 잔재물 분석을 이용한다.

엘피 포르츠(Elfie Porz, 1953–) 일상심리학 분야 연구자로 '정신적 과정의 표현으로서 청소'라는 주제로 학위 논문을 썼다. 심리분석가로서 바젤의 (주)그스포너 컨설팅 인터내셔널(Gsponer Consulting International)에서 상담원으로 일했다. 그곳에서 조직 발전과 전략적인 인적자원관리로 관심사를 옮겨 연구하고 있다.

미하엘 퓌츠(Michael Pütz, 1969–) 화학을 전공했고, 마부르크 대학에서 생물에서 유래한 약성분 분석에 몰두하고 있다. 2002년 이후로는 독성학 분야에서 합성약물에 관한 연구 프로젝트를 맡고 있다.

아르민 렐러(Dr. Armin Reller, 1952–) 1952부터 1998년까지 함부르크 대학의 무기화학 및 응용화학 연구소 교수를 역임했다. 1999년 이래로 아우그스부르크 대학의 고체화학 교수로 있으며, 아우크스부르크 대학 환경과학연구소 이사회 대변인, 〈GAIA〉의 주편집자 및 〈Progress in Solid State Chemistry〉의 편집자이다.

라이너 레무스(Rainer Remus, 1962–) 베를린에서 환경 처리 기술을 공부했고 1991년부터 연방환경청에서 근무하고 있다. 광물산업과 금속산업 분야에서 산업먼지와 미세먼지 오염 및 청결기술 분야를 다루고 있다. 전문가로서 국내외 여러 위원회에서 활동하며 먼지 오염을 줄이기 위한 일에 힘쓰고 있다.

뤼디거 슈마허(Dr. Rüdiger Schumacher, 1972–) 다름슈타트 공과대학에서 화학을 공부했고, 플랑크 연구소에서 방사선화학 분야를 연구해 2001년 박사학위를 받았다. 2003년부터는 연방범죄수사청 범죄수사기술연구소에서 총기류 흔적 분야에서 일하고 있다.

로타 쉬츠(Dr. Lothar Schütz, 1945–) 마인츠에 있는 대기물리학 연구소에서 일한다. 대기 중 에어로졸 입자의 물리 · 화학적 특성을 주로 연구하고 있다. 사하라와 북극지방에서 수많은 연구를 계획했고 수행했다.

옌스 죈트겐(Dr. Jens Soentgen, 1967–) 원래 화학을 공부했으나, 이후 철학으로 옮겨 질료 개념에 관한 논문으로 박사학위를 받았다. 독일의 여러 대학과 브라질 등으로 출강하고 있으며, 2002년 이후로 아우그스부르크 대학 환경과학연구소 관리자로 있다.

토마스 슈테판(Dr. Thomas Stephan, 1963–) 하이델베르크 대학에서 물리학과 천문학을 공부했으며, 1986년부터 지구 밖의 물질에 관해 연구하고 있다. 성간 물질과 태양계 이전의 먼지입자 및 운석, 특히 화성의 운석 등에 관심 있다. 현재 뮌스터 대학 행성학 연구소에 강사로 재직하고 있다.

크누트 푈츠케(Knut Völzke, 1968–) 오펜바흐(am Main)에 있는 헤센 기술학교에서 제품 형상을 공부했다. 죈트겐 박사와 함께 아우크스부르크 대학 환경과학연구소에서 개최한 '먼지–환경의 거울'이라는 전시회를 열었다. 프랑크푸르트에서 라이제 디자인(Leise Design)이라는 디자인 사무실을 운영하고 있으며, 각종 디자인과 전시 관련 일을 한다. 또 '라이제'라는 상표로 디자인 가구도 생산하고 있다.

차례

1 먼지의 문화와 본질

2 우주 먼지에서 꽃가루까지, 자연의 먼지

부록

1

먼지의 문화와 본질

먼지는 태초 이래 인간을 따라다녔다. 불을 지피거나, 땅을 경작하거나, 단순히 움직이는 것 등 인간이 하는 모든 것에서 먼지가 생겨나기 때문이다. 또 화산, 사막, 나무와 식물의 먼지, 우주의 먼지 등 자연이 스스로 만들어 내는 먼지도 있다. 인간은 먼지에 어떻게 반응하는가? 먼지가 고대문화에 어떤 영향을 끼쳤으며, 오늘날에는 어떤 역할을 하는가?

먼지의 문화사

옌스 죈트겐

먼지는 태초부터 인류를 따라다녔다. 성(姓)에서도 그 증거를 찾을 수 있다. 뉴욕 첫 시장의 성 스토이베산트(Stuyvesant)[1]는 '모래 바람을 일으키는 날랜 기사'라는 뜻이다. 그리고 바이에른 주 수상의 이름인 스토이버(Stoiber)는 두덴(Duden)[2]에서 나온 성씨사전에 따르면 '먼지를 일으키는 불안한 인간'을 일컫는다. 아울러 먼지는 모든 문화와도 특별한 관계를 맺고 있다.

유대민족과 후일 기독교에서 먼지는 인생의 유한함(memento mori)[3]을 일깨우는 존재이자, 모든 현세적 존재의 무상함을 일깨우는 무덤의 씨앗으로 간주되었다. 구약성서 전도서에서도 이러한 맥락을 읽을 수 있다. "사람과 짐승은 모두 먼지에서 생겨났으며, 다

---

1) 페터 스토이베산트 (Peter Stuyvesant, 1612-1672). 초기 북미 식민지 시기에 오늘날 뉴욕을 중심으로 건설된 네덜란드 식민지(New Netherlands)의 마지막 총독을 지냈다.

2) 1826년 창립한 독일 출판사 '비블리오그라피쉐스 인스티투트(Bibliographisches Institut)'에서 나오는 사전류 간행물 상표이다. 현대 독일어 정서법을 완성한 언어학자 콘라트 두덴(Konrad A. F., Duden 1829-1911)의 독일어 대사전이 바로 이 출판사에서 출간되었다. 이후 '두덴'은 독일어 사전의 대명사가 되었고, 지금까지도 영향력이 가장 크다. 현재 독일어 관련 사전 외에 다양한 사전류가 '두덴'이라는 상표를 달고 나오고 있다.

3) 메멘토 모리(memento mori)는 '죽음을 상기하라'라는 뜻의 라틴어 격언. 인간은 언젠가 죽는 유한한 존재라는 것을 명심하라는 뜻이다.

시 먼지로 돌아간다." 고대 이집트인들은 상중(喪中)의 징표로 먼지와 재를 목과 얼굴 위에 뿌렸다. 먼지는 아마도 건조한 지역에서 가장 흔하고 성가신 존재이기에, 가장 비천한 것을 상징했던 것 같으며 그것을 몸에 뿌려 참담한 심정을 표현했던 듯하다. 먼지는 동시에 접촉주술[4]과도 관련 깊다. 이 경우에 사람들은 제단의 먼지에 마술적인 효과를 부여했다. 구약성서 모세 오경(五經) 중 4번째 권(민수기)을 보면 남편들은 불륜 혐의가 있는 아내에게 물 한 잔과 제단의 먼지를 먹게 했다. 만일 부인이 불륜을 저질렀다면 먼지는 그녀의 몸에 끔찍한 변화를 일으킨다고 믿었다.

그리스인들과 먼지의 관계는 오히려 익살스럽다. 그것은 피할 수 없이 일상에 속했을 뿐만 아니라 유용하고, 심지어 일부러 찾는 물질이었다. 고대 그리스의 학교이자 체력 단련장이던 김나시온(Gymnasion)[5]에는 코니스테리온(Konisterion)이라는 모래먼지로 덮인 구역이 있었으며, 여기서 격투가 이루어졌다. 바닥에 먼지가 있으면 쓰러졌을 때 충격을 흡수해주고, 기름을 발라 미끄러운 상대의 신체를 확실히 움켜잡는 데도 유용했다. 때로는 모래먼지를 상대에게 던지기도 했다.

훗날 이 모래먼지는 위생과 영양 면에서도 큰 의미를 갖게 되었다. 의사들은 복용하거나 신체에 뿌리도록 먼지를 처방했으며, 사람들은 최상질의 고운 먼지를 구입하고자 했다. 이집트의 기록에서도

---

4) 위대한 힘에 닿으면 그와 비슷한 힘을 낸다는 속신

5) 고대 그리스에서 젊은이들이 정신과 육체를 단련하던 일종의 학교로, 알몸(gymnos)이라는 뜻이 담겨 있다. 운동할 때 알몸으로 했기 때문에 붙은 이름이다. 고대 그리스의 교육에서 체육은 국방력과도 밀접한 관련이 있어 아주 중요한 활동이었다. 김나시온은 라틴어로 '김나지움(gymnasium)'으로 번역되어 오늘날은 '학교'를 뜻하는 말로 쓴다. 독일에서는 인문계 고등학교를 김나지움이라고 부른다.

이런 예를 찾을 수 있다. 알렉산더 대왕(Alexanders, 기원전 356-323)의 휘하 장군들은 원정 때 이집트의 모래먼지를 가지고 다녔으며, 그것은 일종의 사치품이었다. 로마 하드리아누스(Hadrianus 기원후 76-138) 황제 시절의 궁정 관리인 수에토니우스(기원후 대략 70-140)[6]는 나라가 극심한 빈곤을 겪는 중에 궁중 격투사를 위한 최상질의 모래를 실은 배가 도착하자 알렉산드리아에서 일어났던 분노에 대해서 기록을 남기기도 했다.

먼지에 대한 인식과 시각을 과거와 비교할 때 현재는 세 가지 독특한 면이 있다. 첫째, 먼지가 더욱 환경요인[7]으로 인식되고 있으며, 둘째는 미세먼지입자를 분석하고 생산할 수 있는 가능성이 열렸다는 것이다. 이것과 연관해 먼지라는 주제에 대해 인식론적 관심이 강화되었고, 이것은 또 먼지를 물리적으로도 독자적 현상으로 인식하게 했다는 것이 세 번째다.

환경요인으로서의 먼지

먼지는 항상 있어 왔지만, 현대의 도시문화는 산업먼지, 즉 인류가 만들어낸 먼지를 추가했다. 먼지의 중요한 특성 중 하나는 높은 이동성이다. 작은 돌멩이가 1km를 구르는 데는 오랜 시간이 걸리지만, 먼지입자는 몇 초 만에 갈 수 있다. 또 먼지는 갈라진 틈이나 열쇠구멍 등 매우 좁은 틈도 통과할 수 있다. 이런 이동성에 먼지가 유발할

---

6) 가이우스 수에토니우스(Gaius Suetonius Tranquillus). 로마의 역사가로, 로마제국 초창기 카이사르부터 도미티아누스에 이르는 12명의 황제에 관한 역사서 〈황제전. De vita Caesarum〉을 남겼다.

7) 생물계의 어떤 종족, 또는 개체나 그 집단에 있어서 그 생물의 타고난 내부 요인을 제외한 외적 조건

수 있는 위험성이 내포되어 있다. 방사능을 띤 먼지처럼 유독성 먼지가 폐를 통과해 폐포에 이르고 거기에서 혈관 속으로 파고든다면 얼마나 위험하겠는가.

오늘날처럼 인간에 의해 발생한 먼지가 대기권으로 소용돌이쳐 들어가는 것은 역사에 없던 일이다. 모든 산업 과정, 건설 현장, 채광, 교통에서 먼지가 생겨난다. 이러한 먼지가 건강에 중요하다는 것은 19세기 후반에 직업의료학이 시작되고서야 알려졌다. 같은 시기에 진폐증(塵肺症, Staublunge)이라는 말이 사전에 나타났고, 사람들은 그것이 석탄먼지, 석회먼지 혹은 유리먼지에 해당하는지에 따라 여러 병으로 구분했다. 이전까지는 광부들이 앓는 병을 뭉뚱그려 광부병(Bergsucht)[8]이라고 표현했던 것을 보아도 먼지로 인한 병을 정의하지 못했던 것 같다.

석면가루 문제와 더불어 특정 먼지가 건강에 미치는 해로움에 대한 논의가 공개적인 테마가 되었다. 석면은 많은 건설 자재에 함유되어 있어서 건물 내 공기에서도 검출되므로 직업 그룹뿐만 아니라 모든 사람에게 해당되기 때문이다. 그래서 석면은 대표적인 유해먼지로 인식되어 사람들 기억에 깊숙이 각인되었다. 나노단계 물질의 위험에 대한 근래의 논의에서도 종종 석면의 위험성과 비교한다.

독일에서는 1994년 이후로 석면의 생산과 사용을 완전히 금지했다. 좀더 앞선 1970년대에 연소나 산업시설에서 비롯되는 먼지오염 감축을 위한 적극적인 조치도 있기는 했다. 철야금과 철강산업 시설, 석탄 화력발전소에 전기로 된 먼지차단기를 부착했으며, 주목할

---

8) 규산이 많은 먼지를 장기한 흡입해 생기는 폐질환으로 같은 말로 '규폐증(硅肺症)'이라고 한다. 광부나 석공, 도자기공들이 많이 걸린다

만한 성과를 얻었다. 그런 노력의 결과 수십 년 사이 유럽의 많은 도시에서 부유먼지에 의한 오염이 뚜렷하게 감소했다.

자연적으로 발생하는 먼지는 인간이 만든 먼지에 비해 별로 주목받지 못한다. 추측컨대 그것이 정치적 규제와 그에 상응하는 권력 투쟁의 대상이 되지 않기 때문인 것 같다. 전문가에 따라 의견이 다르지만 전 세계적으로 발생하는 먼지의 80-90%가 자연적인 먼지다. 이런 먼지에 부정적인 측면만 있는 것은 아니다. 꽃가루는 식물계의 존속을 위해 꼭 필요하다. 또 지표면에서 솟아오르는 광물성 먼지는 생태적인 기능이 있다. 예를 들어 사하라에서 일어난 먼지바람은 해양에 철분을 공급하며, 이 철분은 플랑크톤 형성에 반드시 필요하다. 아울러 사하라의 먼지는 인산염을 함유한 채 아마존 우림까지도 날아가 그곳의 생태계에도 큰 영향을 끼친다.

먼지의 실체 인식

먼지는 학계에서 여러 차례 중요한 주제로 떠올랐고, 다양한 관찰 시도로 이어졌다. 17세기와 18세기에 현미경 관찰이 가능해지면서 미세한 것에 대한 열광이 시작되었다. 당시에 분명해진 것은 먼지 속에서 세계가 열린다는 것이며 〈단자론, Monadologie〉을 펴냈던 고트프리트 빌헬름 라이프니츠(Gottfried Wilhelm Leibniz, 1646-1716)가 그 누구보다도 이러한 세계를 찬미했다. 그는 모든 것은 생명으로 충만하며, 아주 작은 입자도 '식물로 가득 찬 정원이며 물고기로 넘치는 연못'이라고 주장했다. 그는 바젤의 수학자인 요한 베르눌리(Johann Bernoulli, 1667-1748)에게 보낸 편지에서 아주 작은 먼지입자에도 아름다움과 다양함에 있어서 우리 세계에 결코 뒤떨어지지 않는 세계가 들어 있다는 것을 확신한다고 말했다. 그리고 모든 사상에서 아주 낙관적인 핵심을 끌어낼 줄 알았던 그는 모든 생명체는 죽음을 통해 그러한 세계로 이행한다고 썼다. 그는 미세한 것에 어쩌면 치명적인 위험이 도사리고 있을 수 있다는 것을 간과한 듯했다. 그 대신에 하나의 인식론적인 결론을 끌어냈다. 즉 표면이 안정된 단단한 사물에 대한 이미지는 환상이라는 것이다. 오히려 우리가 대하는 모든 사물은 하나의 집합체에 견줄 수 있으며, 그곳으로부터 매순간 미세입자가 날아가고 또한 매순간 새로운 입자가 합류한다는 것이다.

현미경 사용이 보편화된 19세기에 이르러서야 사람들은 공기에 실린 먼지를 체계적으로 연구하기 시작했고, 꽃가루를 비롯한 여러 생명체들이 날아다니는 작은 '동물원'을 발견했다. 이러한 동물원은 이미 1848년 베를린의 생물학자 크리스티안 고트프리트 에렌베르크(Christian Gottfried Ehrenberg, 1795-1876)에 의해 묘사되었다. 그는 세계를 여행하는 연구자들에게 먼지표본을 보내달라고 요청해 현미경으로 연구했다. 다윈 역시 그가 탐사에 이용했던 측량선 비글(Begle)호 선상에서 수집한 먼지표본을 보냈다. 이러한 먼지에 포함된 미시적인 유기체에서 그는 먼지의 근원지를 추론했고 이들이 공기의 흐름을 통해 아주 멀리 항해했다는 것을 알게 되었다. 이외에도 '핏빛의 비'에 관한 해묵은 수수께끼 같은 신비도 벗겼다. 에렌베르크는 과거 기록들을 증거로 핏빛의 비는 대기권의 붉은 먼지 때문에 생긴 것이라는 사실을 밝혔다. 그러나 그가 폭넓은 역사적 연구를 통해 보완했던 이와 같은 중요한 발견은 대기 중의 유기체에 관한 그의 집중적인 연구에 비하면 부수적인 결과였다. 그는 이들의 '크고, 유기적이고, 보이지 않는 작용과 삶' 연구에 모든 정열을 바쳤다.

이태리에서 온 시록코[9] 먼지에 들어 있는 내용물

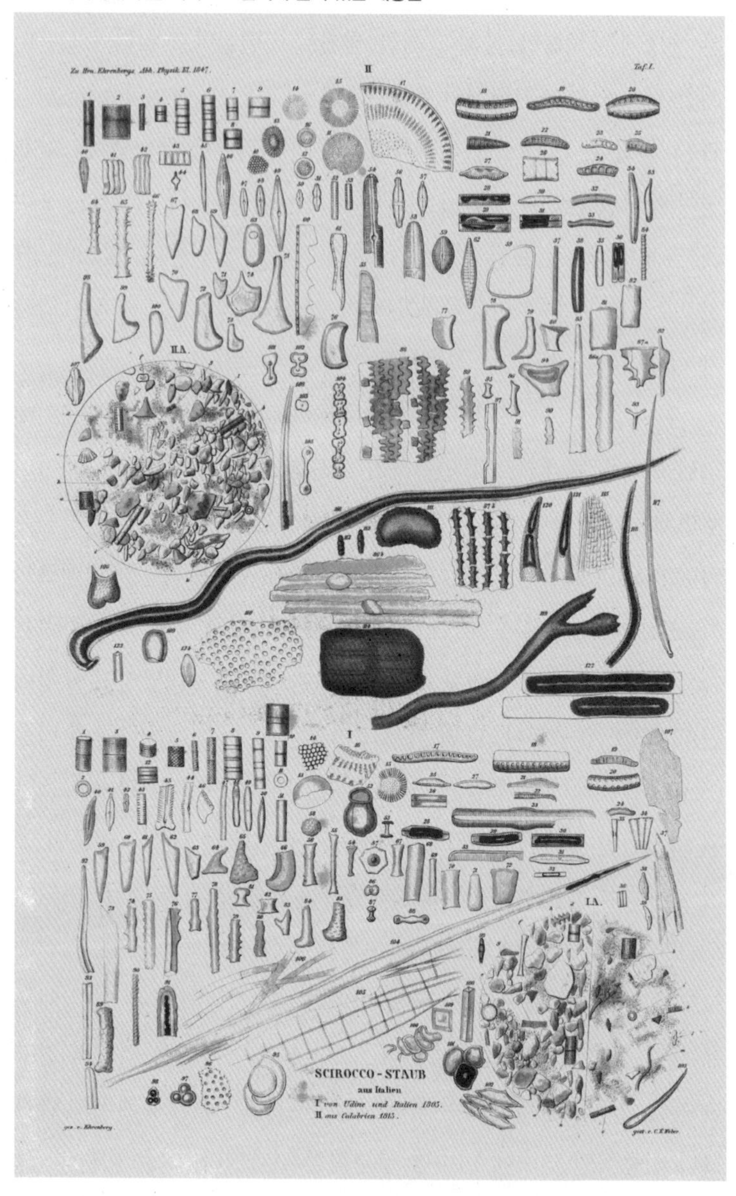

9) 북아프리카에서 지중해 연안으로 불어오는 열풍

말타에서 온 시록코 먼지에 들어 있는 내용물

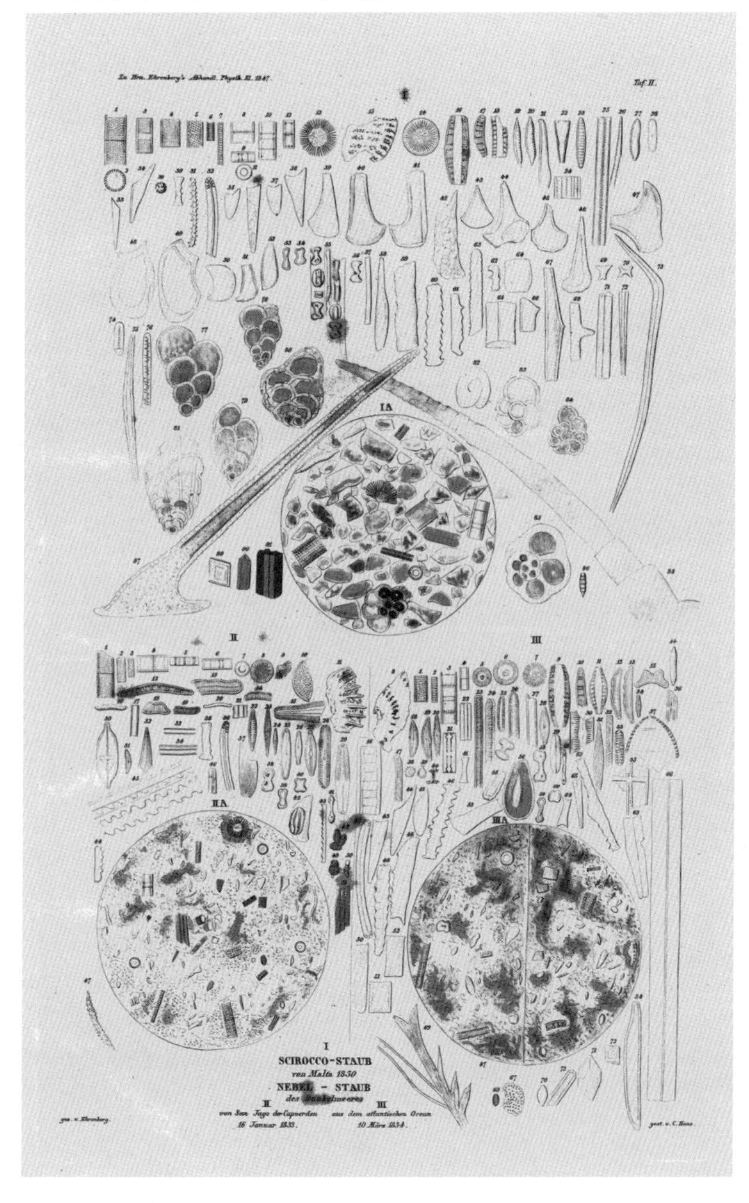

대서양의 무역풍 먼지에 들어 있는 내용물

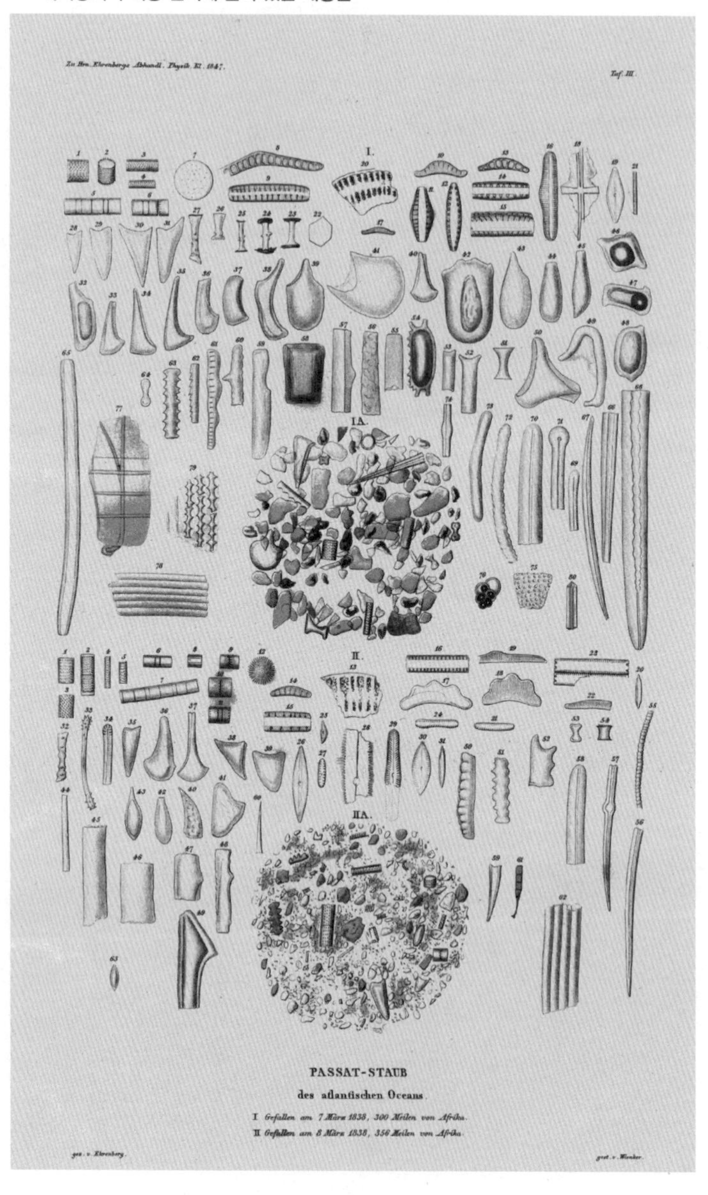

대서양 흑해의 무역풍 먼지에 들어 있는 내용물

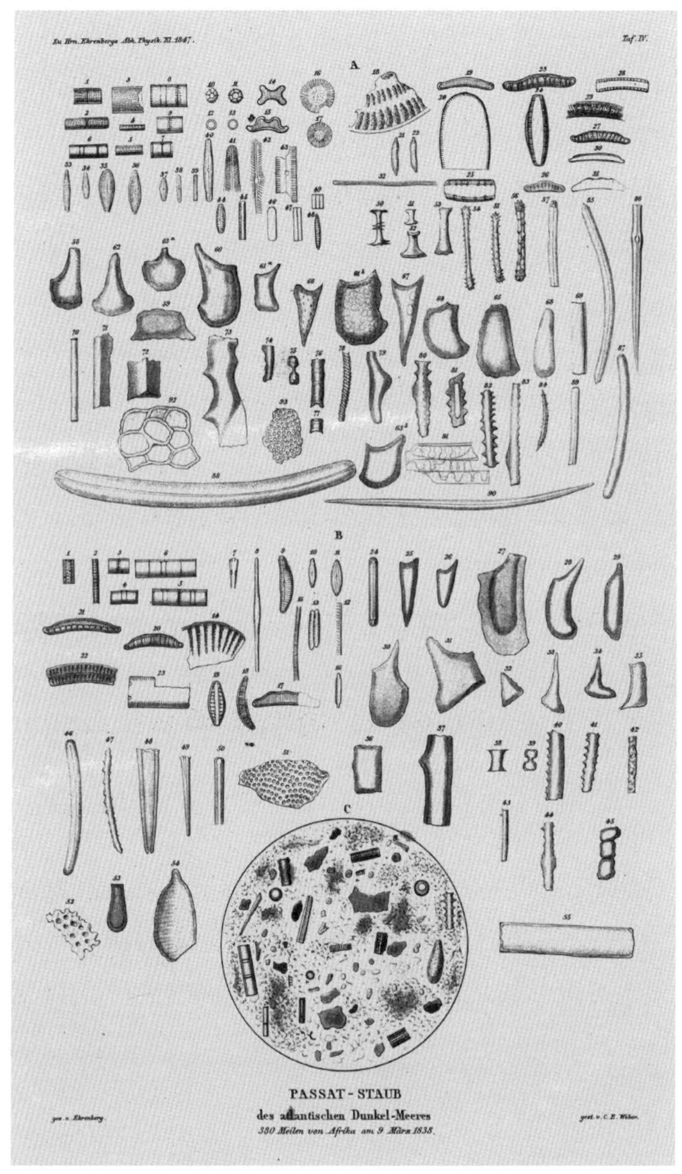

크리스토프 고트프리드 에렌베르크의 작품에서 차용한 것이다. 〈무역풍—먼지와 피. 대기권의 크고 보이지 않는 작용과 삶, Passat–Staub und Blut–Regen. Ein groß es unsichtbares Wirken und Leben in der Atmosphäre〉(베를린, 1849). 전 세계의 자연과학자와 여행자가 에렌베르크에게 보낸 먼지표본을 현미경으로 검사한 결과를 보여주고 있다. 에렌베르크는 샘플을 현미경으로 보고 그렸다. 그의 책은 자연과학적 먼지 연구의 시작이다.

먼지가 건강에 미치는 영향에 대한 중요성은 19세기 후반 영국의 물리학자인 존 틴돌(John Tyndall, 1820–1893)에 의해서야 체계적으로 연구된 것으로 보인다. 그는 눈으로는 먼지가 보이지 않는 청결한 공기도 광선을 산란시킨다는 것을 알아차렸고 따라서 깨끗해 보이는 공기에도 미세한 부유입자들이 함유되어 있다고 결론지었다. 또한 프랑스의 의학자 루이 파스퇴르(Louis Pasteur)의 세균이론을 잘 알고 있었기에 미세한 부유입자가 병을 전염시킬 것이라고 추측했다. 그는 광학적으로 청결한 공기, 즉 부유입자를 내포하지 않은 공기 속에서 고기 국물이 썩지 않고 보존된다는 것을 증명했다. 똑같은 고기 국물이 먼지가 있는 보통 공기에 노출되면 곧 박테리아와 곰팡이가 우글거렸다. 이 실험은 위생과 직접적으로 연관되었고 틴돌 역시 이 점에 주목했다. 그는 공기로부터 모든 부유입자를 걸러내는 필터장치를 고안했고 의사들에게 사용하길 권했다. 그는 최초로 런던 공기의 먼지함량을 측정하고자 시도한 사람이다. 오늘날까지도 많은 먼지측정기의 측정방식은 틴돌이 사용했던 최초의 기기와 유사하다.

미세먼지입자 연구에 있어서 그 다음의 질적인 도약은 1980년대에 하인리히 로러(Heinrich Rohrer)와 게르트 비니히(Gerd Binnig)가 개발한 주사형터널식전자현미경[10]의 발전이 가져왔다. 이 기구는 아주 작은 입자의 표면 지형도 제작을 가능케 했으며, 거의 모든

10) 전자현미경의 특수한 형태로 표면모사를 크게 심층 촬영하는 것을 가능케 한다. 이 기구로 원자 크기의 구조도 측량할 수 있다. 미세한 금속 탐침기를 거의 조사대상의 표면에까지 갖다 대어서 소위 터널효과에 의해 전자 하나가 흐르게 한다. G. Binnig와 H. Rohrer가 1982년 이 방법을 고안해 냈다.

측면의 정확도에 있어서 광학현미경[11]을 훨씬 능가했다. 이러한 미시적 기술은 아주 극미한 구조를 정확하게 파악할 수 있게 해 오늘날에는 몇 10억 분의 1미터에 해당하는 원자 구조까지, 즉 나노미터(nm)도 측량할 수 있으며, 아주 작은 입자를 개별적으로 가공하고 형태를 변형할 수도 있다.

현대의 먼지 연구자는 극미한 입자의 특성으로부터 광범위한 결론을 끌어낼 수 있게 되었다. 범죄수사관들은 현장에서 확보한 미세먼지의 흔적으로 범죄를 해명한다. 일견 파괴된 것으로 보이는 것을 해독하는 데 있어서 행성연구자들도 이에 못지않은 탁월한 능력을 보인다. 그들은 성층권[12]에서 수집한 입자에서 우주의 원시상태에 대한 정보를 읽어낸다. 화석화된 먼지를 다루는 화분연구자들은 채취한 식물입자에서 지나간 시대의 자연경관을 그려낸다.

먼지 분석 기술과 더불어 먼지를 만들어 내는 기술 또한 발전되고 있다. 그중 하나가 극미한 입자를 표본으로 제작하는 것이다. 먼지표본 기술은 불로 인해 발생하는 재와 매연입자, 흙으로부터 발생하는 광물입자, 물로부터 발생하는 소금 같은 결정체, 공기 중에서 이루어지는 화학적 반응에 의한 입자 등 물, 불, 흙, 공기를 지칭하는 4원소의 순환 과정에서 착안해 표본을 확보한다. 확보한 입자들은 먼지표본제작 기술자의 조절에 의해 그들의 특성이 잘 드러나도록 형태가 만들어진다. 먼지표본 제작기술은 나노기술의 중요한 부분이다.

---

11) 작은 입자를 확대해서 관찰하는 기구로서 광선의 모사를 위해 사용된다. 광학현미경은 많은 집광렌즈(대물렌즈와 접안렌즈)와 함께 작동한다. 그것의 촬영능력은 빛의 파장 길이에 의해 제한된다. 통상적인 확대 범위는 30과 1,300배 사이에 있다. Antoni van Leewenhoek이 1600년에 최초로 제작했다.

12) 지표면 위 12-50km 높이에 있는 대기권의 부분층

많은 화학자들은 나노기술은 이미 잘 알려진 것인데, 단지 새로운 이름으로 불릴 뿐이라고 말한다. 또 오래 전부터 나노단계의 구조를 정확하게 만들어내고 표본제작에 익숙했다. 즉 유리에 염료를 삽입했던 것을 예로 들며 이미 중세에 물질을 나노단계에서 변형했었다고 말한다. 또한 나노단계의 매연입자는 이미 고대 중국인이 특정한 기름을 태워 만들었다고 말한다. 실제로 나노단계의 처리 영역에서 실무는 이론에 앞서 있었다. 그런 예는 바이오테크놀로지에서도 관찰된다. 인류는 수천 년 전부터 맥주를 양조하거나 와인을 만드는 법을 알았으나 19세기에 와서야 현미경의 도움으로 이 과정에서 미생물이 핵심적인 역할을 한다는 것을 발견했다. 이로써 발효 과정에 대한 체계적인 이해와 기술로 발전할 길이 열렸으며 이는 곧 새로운 산업의 탄생으로 이어졌다. 이처럼 분석과 관찰 방식의 발달, 무엇보다도 주사형터널식전자현미경 개발이 오래 전부터 알려져 있었으나 제대로 인식되지 않은 나노단계를 보다 정확하게 관찰하고 이해할 수 있게 해주었다.

현상으로서의 먼지, 먼지란 도대체 무엇인가?

먼지에 대한 가장 오래된 정의는 로마교회의 교부(敎父)이자 2001년 로마 교황청으로부터 인터넷의 수호성인으로 추존된 성 이시도르(Isidor von Sevilla, 기원후 560–636)[13]가 지은 백과사전에서 발견된다. 그는 돌과 금속에 관한 장에서 먼지를 '바람에 의해 이동되어

---

13) 스페인 세빌라 지역의 대주교이자 학자다. 서고트 왕국의 지배를 받던 이베리아 반도 지역을 기독교화 하는 데 크게 기여했다. 고대 시대의 마지막 학자로 평가 받으며, 당시의 방대한 지식들을 수집 · 정리해 기원(origin)이라는 뜻을 지닌 〈에튀몰로기애 (Etymologiae)〉라는 20권짜리 백과사전을 편찬하기도 했다.

야 하는 것'이라고 정의하며 구약성서 시편 1장 4절[14]을 증거로 든다. 이 정의는 순전히 현상에 의존한다. 즉 먼지는 바람에 의해 이동할 수 있는 것이라는 것이다. 그의 저술은 수백 년간 최상의 권위를 누렸기 때문에 중세까지도 대학생들은 그렇게 배웠다.

독자들은 아마도 이 정의에 문제를 느낄 것이다. 모든 작은 것들은 당연히 바람에 의해 움직일 수 있기 때문이다. 먼지는 그 근원지와 조성에 따라 매우 다르게 나타날 수 있기 때문에 매우 작은 먼지입자의 집합개념이라는 생각이 먼저 떠오른다. 물론 개개의 먼지입자는 표면이 질량에 비해 매우 큰 특성이 있고, 이것이 이동에 근본적인 영향을 주기 때문에 먼지입자를 먼지라고 부르는 것이 정당해 보이기도 한다. 한 먼지입자의 크기는 상대적인 것만이 아니며, 오히려 물리적인 의미를 갖는다. 즉 큰 입자(=먼지)는 그것이 어떤 재료로 구성되어 있든 작은 입자와는 근본적으로 다르게 움직인다. 성 이시도르도 이 점을 알았던 것 같다.

물질을 아주 작은 입자로 쪼개는 것은 물체 간에 작용하는 힘과 운동에 영향을 주어 물질의 특성까지도 변화시킨다. 이러한 변화가 물질의 본질을 변화시키지는 못하지만 양자나 원자 단계의 힘이 작용하기 전인 나노단계에서의 변형에는 영향을 주는 경우가 많다.

곤충과 비교하면 아주 작은 입자의 행동을 이해할 수 있다. 우리에게 지배적인 물리적 힘은 중력이다. 중력은 우리의 뼈를 틀 지우고, 근육의 부피를 결정하고, 우리의 움직임을 이끌며, 집의 수평단면도와 기계의 구조를 결정하는 데 영향을 미친다. 그런데 곤충 세계에서는 지배적인 힘의 순위가 다르다. 곤충은 우리와 달리 몸, 즉

14) "악인은 그렇지 않음이여 오직 바람에 나는 겨와 같도다."

질량과 비교해 부피가 크다. 따라서 곤충 세계에서 중력은 우리 세계에서는 그다지 큰 역할을 하지 않는 표면장력보다 하위의 힘이다. 그래서 곤충들은 문제없이 벽을 타고, 높은 곳에서 떨어져도 공기 저항이 완충장치 역할을 해 충격 없이 부드럽게 착륙한다. 표면장력이 있는 물 위에서 곤충은 마치 탄력 있는 막 위에서처럼 기어갈 수도 있다. 곤충의 세계에서는 표면이 모든 것이기 때문에 다른 동물과는 다른 이동 방법을 사용하고 몸 구조도 다른 것이다. 그래서 나노기술자들이 미시적 구조연구에 아이디어를 얻고자 큰 생명체보다 아주 작은 생명체를 연구하는 것이다.

물리학자들과 화학자들은 종종 먼지의 중요한 요소들이 그들에 의해 인식되었다고 하지만 거의 모든 자연과학이 먼지 연구에 기여했다. 특히 작은 물체의 움직임에 대한 연구에 있어서는 생물학자들의 공헌이 결정적이었다. 생물학자들이 작은 것에 관심을 보이는 것은 생명체가 1㎝보다 작은 것이 압도적으로 많기 때문이다. 가장 중요한 나노단계의 현상 두 가지가 생물학자들에 의해 발견되었다. 그중 하나는 1827년 스코틀랜드의 식물학자 로버트 브라운(Robert Brown, 1773-1858)이 꽃가루를 현미경으로 조사하면서 발견한 브라운 운동(brownian motion)이다. 이것은 열운동을 하는 미세입자들이 서로 충돌하며 불규칙하게 움직이는 현상이다. 식물학자 빌헬름 바르트로트(Wilhelm Barthlott)는 1970년대에 연꽃이나 몇몇 식물에서 물과 오물이 표면에 붙지 않고 흘러내리는 현상을 관찰하며 연꽃효과(lotus effect)[15]를 발견했다. 이것은 나노단계의 특이한 표면구조가 이물질을 달라붙지 못하게 하는 것이다.

많은 분야에서 먼지를 연구한다. 또 분야에 따라 관심의 방향과 방법 또한 다양하고 그 결과 미시고고학의 전형이라 규정하는 복합체에 이르게 된다. 특정한 환경, 특정한 시간에 발견한 파편에서 지나간 삶의 연관성, 심지어 한 시기를 재구성하는 고고학자와 비슷하게 범죄수사관, 지리학자, 생물학자들은 특정한 장소에서 수집한 입자로부터 역사를 밝혀내고 과거의 상태를 재구성한다. 그러니까 먼지 연구는 때로 마이크로코스모스(소우주) 자체가 아니라 매크로코스모스(대우주)에 대한 거울로서의 접근이 중요한 것이다.

먼지와 우주, 철학적 모티브

평소에는 어둡던 방 안에 빛이 비칠 때 인식하는 부유입자를 우리가 인지할 수 있는 것의 한계로 볼 수 있다. 그것은 분명하게 인지할 수 있는 형상이 아니며, 거의 만질 수도 없고, 아주 가벼운 공기의 움직임에도 날아가 버린다. 이처럼 먼지는 아주 불안정하고 불분명하며 어떤 점에서는 생각할 수 있는 것 중에서 가장 저급한 물질적 존재이기도 하다. 먼지는 불확실한 기원을 지닌 혼합물 즉 잡종이다. 먼지에 대한 철학적 논의 대부분은 이처럼 극미하고 품위 없는 존재를 아주 크고 숭고하게 우주와 관련짓는다.

---

15) 소위 말하는 연꽃효과는 연꽃, 매발톱속, 양배추, 금련화 혹은 갈대과 같은 많은 식물의 잎에서 물을 떨어트리고 이때 잎 표면에 있는 오물 입자를 제거한다. 바깥층의 특별한 거칠음과 연관된 연꽃효과는 동물에게도 있다. 많은 딱정벌레종들은 이 도움으로 땅이나 부패한 동물 속을 기어다는데도 항상 깨끗한 상태로 있다. 연꽃효과는 1975년 식물학자인 빌헬름 바르트로트에 의해 발견되고 해명되었으며, 이 물리학적-화학적 현상은 1990년대 중반부터는 기술적으로도 변형되었다.

이와 같은 철학적 사색은 가장 작은 물질에도 우주가 축소판으로 반영되어 있다고 가르친다. 이러한 이념은 니콜라우스 쿠자누스(Nikolaus Cusanus, 1401–1464)로 거슬러 올라갈 만큼 역사가 깊다. 그는 모든 것은 서로 연관되어 있기 때문에 찰나적인 상태에서도 세세한 사항까지 예상할 수 있다고 보았다. 왜냐하면 어떤 하나는 다른 것을 토대로만 존재할 수 있기 때문이다. 알베르트 아인슈타인(Albert Einstein, 1879–1955)도 한 인터뷰에서 "모래알 하나에서 일어난 사건을 과학적으로 완전히 알고 있는 사람은 같은 순간 우주의 가장 보편적인 법칙까지도 인식한 것"이라고 말한 것을 보면 이러한 전통에 서 있었던 것으로 보인다.

개개의 모래알에 세계가 숨겨져 있다는 사고도 자주 거론된다. 앞서 얘기한 라이프니츠가 아름다운 단어로 묘사한 것과 같은 사고다. 그의 편지 파트너인 바젤 출신의 수학자 요한 베르눌리(Johann Bernoulli) 또한 극미한 세계에 대해 즐겨 사고했으며 다음과 같이 말했다. "무엇 때문에 신은 우리들의 대상을 규정하고 우리의 사고에 해당하는 크기의 종류만을 창조했단 말인가. 극미한 먼지에도 이 커다란 세계의 모든 것에 상응하는 질서 잡힌 세계가 존재할 것이라는 것을, 반대로 우리들의 세계가 무한히 큰 다른 세계의 먼지 외에 다름 아니라는 것을 쉽게 생각할 수 있지 않은가."

이러한 모티브에 진정한 이야기를 풀어낼 소재가 들어 있다는 생각이 훨씬 훗날의 영국 작가 테리 프레쳇(Terry Pratchett, 1948–)에게 떠올랐다. 1971년에 출판된 그의 장편소설 〈양탄자 사람들(Thecarpet people)〉은 양탄자 어딘 가에 있으며 점 하나보다 크지 않은 한 도시에 대한 상상에서 출발하고 있다. 이 도시에서 일어나는 것은 라이프니츠와 그 시대의 경건한 많은 사람들이 즐겨 생각하던 모든 가능한 세계 중의 최상의 세계와 별반 다르지 않다.

여기서 예로 들고 싶은 마지막 사고의 모티브는 근원지에 대한 의문에서 시작된다. 먼지는 우리가 그것을 어디서 발견하든 혼합물이다. 그렇다면 먼지의 구성 요소는 어디에서 오는가? 의사이자 철학자 그리고 연금술사인 파라셀수스(Paracelsus, 1493-1541)는 이러한 모티브를 우주적 맥락에서 제기한 최초의 인물이다. 그는 〈위대한 천문학(Astronomia Magna)〉에서 이렇게 말한다. "성서에 따르면 인간은 신에 의해 하늘과 땅, 동물과 식물 다음에 창조되었다. 신은 나머지 다른 세계를 고안한 다음에 먼지로 인간을 창조했다. 즉 지구의 흙으로부터." 그는 이 흙, '지구의 먼지'를 다음과 같이 이해했다. "지구의 흙은 창공과 모든 원소의 추출물이며, 그것은 모든 기관과 물질의 추출물이다. 그러므로 모든 피조물, 별과 원소들이 인간을 만든 물질 속으로 들어갔다. 이와 똑같은 먼지가 지구의 흙이며 이것은 세상보다 큰 것이다. 그러니까 인간은 하늘과 땅으로 만들어졌으며 위와 아래로 만들어졌다." 신이 인간을 만든 재료는 우주적으로 염색되었으며, 전체 창조물을 포괄하고 있는 먼지는 우주적인 재료라는 것이다. 이러한 생각으로부터 파라셀수스는 인간을 이해하려면 지상뿐만 아니라 우주의 지식까지도 필요하다는 결론을 얻는다. 아주 멀리 떨어진 별까지도 인간에게 영향을 미칠 수 있기 때문에 의사는 풀과 동물, 광물과 원소뿐만 아니라 천문학에도 정통해야 한다는 것이다.

인간을 만든 우주적인 먼지의 모티브는 파라셀루스에서 멀리까지 가지 쳐 나간 연금술의 문헌에 수록되기도 한다. 그러나 연금술의 말기에 일단 사라졌다가 20세기의 작가 에르네스토 카르데날

(Ernesto Cardenal, 1925-)[16]에 의해 다시 나타난다. 이 작가는 그의 시에서 인간의 우주적 기원으로 돌아간다. 작가는 〈우주 기도서 성가(Cantico Cósmico)〉라는 저술의 37번째 시에서 다음과 같이 쓰고 있다. "우리는 폭발한 별의 먼지로부터 만들어져서 언젠가 다시 별이나 행성이 될 것이다."

일견 모든 사물의 가장 저급한 것, 즉 먼지가 우주를 향한 다리가 된다. 아주 아름다운 상상이 아닌가! 우주의 먼지는 끊임없이 지구로 소록소록 내려앉고 지구는 우주 물질순환의 한 경유지로 간주될 수 있다. 우리의 육체를 구성하는 원자와 분자는 우주 탄생 때 존재하지 않았으며, 수십억 년이 지나는 동안 특정 항성의 내부에서, 마치 빵 굽는 오븐에서처럼 생성된 것이다. 이러한 별들은 폭발했으며 먼지와 잔해를 우주로 내던졌고 이로부터 마침내 태양계와 지구가 탄생했다. 그래서 지구의 흙, 바람이 몰고 온 지구의 먼지는 우주적 기원을 갖고 있는 것이다.

참고문헌

AMBERGER-LAHRMANN, Mechthild und Dietrich SCHMÄHL: Gifte. Geschichte der Toxikologie. Berlin, Heidelberg, New York, London, Paris, Tokyo 1988.

BACHELARD Gaston: Les Intuitions atomistiques-Essai de classification. Paris 1933, insb. S. 19-40:La Métaphysique De La Poussiére.

BLOME, Hans-Joachim und Harald ZAUN: Der Urknall. Anfang und Zukunft des Universums. München 2004.

BUCHER, Paul: Tiere als Mikrobenzüchter. Berlin, Göttingen, Heidelberg 1960.

16) 니카라과 출신의 카톨릭 사제이자 시인 정치가다. 해방신학자로 또 솔렌티나메 군도(Solentiname Islands)의 원초주의(primitivism) 예술가 공동체의 설립자로 유명하다.

BÜTTNER, Jan Ulrich: Asbest in der Vormoderne.Vom Mythos zur Wissen-schaft. Münster, New York, München, Berlin 2004.

CARDENAL, Ernesto: Cántico Cósmico. Madrid 2002.

COMTOIS, Paul: John Tyndall and the floating matter of the air. In: Aero-biologica 17, 2001, S. 193-202.

EHRENBERG, Chr. Gottfried: Passat-Staub und Blut-Regen. Ein großes un-sichtbares Wirken und Leben in der Atmosphäre. Berlin 1849.

GERDES, Paulus: Ethnogeometrie. Kulturanthropologische Beiträge zur Gen-ese und Didaktik der Geometrie. Bad Salzdetfurth 1990.

HEIDER, Fritz: Ding und Medium. In: Symposion Bd. 1. Berlin 1927. Isidori Hispalensis Episcopi tymologiarum Sive Originum,Tomus I-II, Oxford University Press, London 1966.

HENNIG, Jean-Luc: Beautéde la poussiere.Paris 2001.

JÜTHNER: Artikel KONIΣ(Staub) in: Paulys Realencyclopädie der Klassischen Altertumswissenschaft. Neue Bearbeitung begonnen von Georg Wis-sowa.

Unter Mitwirkung zahlreicher Fachgenossen herausgegeben von Wilhelm Kroll. 22. Halbband. Stuttgart 1922, Sp. 1312-315.

LESETRE, Henri: POUSSERE (Staub) in: F.Vigouroux: Dictionnaire De La Bi-ble. Paris 1912, Sp. 588-91.

MCNEILL, John R.: Blue Planet. Die Geschichte der Umwelt im 20. Jahr-hundert. Frankfurt am Main, Zürich, Wien 2003 (Originalausgabe 2000).

LUTHER, Wolfgang (Hg.): Technological Analysis. Industrial Application of Nanomaterials-Chances and Risks. Düsseldorf 2004.

LEIBNIZ, Gottfried Wilhelm: Hauptschriften zur Grundlegung der Philoso-phie. Herausgegeben von Ernst Cassirer, Bd. II. Hamburg 1906.

OSTWALD, Wolfgang: Die Welt der vernachlässigten Dimensionen-eine Ein-führung in die moderne Kolloidchemie. Dresden u. Leipzig 1922.

PARACELSUS (Theophrast von Hohenheim): Astronomia Magna oder Die gan-ze Philosophia sagax der großen und kleinen Welt. 1537/38. Theophrast von Hohenheim, gen. Paracelsus Sämtliche Werke, Bd. 12. München u.

Berlin 1929.
SCHALLER, Friedrich: Die Unterwelt des Tierreiches. Kleine Biologie der Bodentiere. Berlin, Göttingen, Heidelberg 1962.
TYNDALL, John: Staub und Krankheit. In: Ders.: Fragmente aus den Naturwissenschaften. Braunschweig 1874, S. 282–02.

작은 세계로의 여행

만프레드 오일러

자연의 기계, 즉 살아있는 물체는 무한대에 이르는
그 가장 작은 입자까지 여전히 기계다.

고트프리트 빌헬름 라이프니츠(Gottfried Wilhelm Leibniz), 단자론 64절

우리는 일상에서 무엇보다도 짜증스러운, 우리를 성가시게 하는, 회색의 굼뜬 그리고 수동적으로 반응하는 물질, 즉 먼지를 보게 된다. 먼지가 움직이지 않는 것처럼 보일지 몰라도, 실상은 전혀 그렇지 않다. 로마의 시인이자 철학자였던 루크레티우스(Titus Lucretius Carus, 기원전 97-기원후 55)는 '태양의 작은 먼지(Sonnenstäubchen)'라는 제목 아래 먼지의 세계도 매우 동적으로 흘러간다는 것을 보여주는 한 현상을 묘사하고 있다. 어두운 방에 비치는 태양 빛에서 먼지입자들은 모습을 드러낸다. 그들은 결코 멈추지 않을 것 같은 은밀한 춤을 연출한다. 먼지입자들은 더 작은 원자들의 보이지 않는 충돌에 떠밀려 모든 방향으로 날아간다.

이 시인이자 철학자에게 영원히 지속되는 먼지의 운동은 물질을 관통하는 힘들의 비밀스러운 얽힘, 말하자면 모든 변화과정의 핵심을 드러내고 있는 것이다. 먼지입자들의 춤은 거시계에서와 마찬가지로 미시계에서도 나타나는 창조적 힘의 표현인 것이다. 그래서 루크레티우스의 상상에 따르자면 운동과 충돌은 미시계에서 거시계로 전달되는 것이며 작은 입자들의 세계를 감각적으로 지각할 수 있는

세계와 연결시켜 준다는 것이다.

춤추는 먼지입자들은 보통 우리에게 안 보이지만, 미시계의 역동적 과정에 대한 하나의 예라고 할 수 있다. 다음에서 우리는 이와 같이 비밀에 가득 찬, 존재의 보이지 않는 근원을 형성하며 놀라움으로 가득 찬 미시세계로 여행을 떠날 것이다. 우리의 목표는 그 특성과 미시계에서 진행되고 있는 과정을 보다 잘 이해하고 이러한 것들이 거시계와 어떠한 관계에 있는지를 체계적으로 연구하는 것이다. 여기서 얻게 될 인식은 한편으로는 기술 혁신을 위한 커다란 잠재력을 제공할 것이며, 다른 한편으로는 자화상의 변모에 기여할 것이다. 즉 친숙한 일상과 우리 자신까지도 다른 각도에서 보게 될 것이다.

먼지입자와 생물체의 세포

거시계에서 익숙한 길이 단위는 미터(m)일 것이다. 우리 몸의 크기는 미터로 편하게 나타낼 수 있다. 킬로미터(㎞)와 밀리미터(㎜)도 아주 친숙하다. 우리 세계는 우리 감각기관에 직접적으로 접근이 불가능한 미시계와 연관되어 있다. 예를 들어 건초성 비염을 유발하는 꽃가루 같은 먼지입자들은 눈으로 볼 수 없을 정도로 작다.

현미경으로 밝혀낼 수 있는 먼지 크기 차원의 특징은 마이크로미터 영역에 이른다. 1㎛는 0.000001m, 즉 100만분의 1m에 해당된다. 매우 큰 먼지입자(대략 100㎛)의 경우에나 육안으로 관찰이 가능하다. 더 작은 먼지입자는 광학현미경으로도 식별이 불가능하다. 그들의 치수는 몇 십에서 몇 백 나노미터에 달한다. 1㎚는 10억분의 1미터다(1,000㎚=1㎛). 나노미터 단계에서는 원자의 측정이 가능하다. 원자의 종류에 따라서는 1㎚에 대략 원자 10개를 나란히 배열할 수도 있다.

우리 자신도 아주 작은 생물학적 단위, 즉 세포로 이루어져 있다. 그들의 치수는 몇 마이크로미터에 불과하다. 반면 그들의 숫자는 상상할 수 없을 정도로 많다. 대략 10^{14} 혹은 수백조 개의 세포가 우리 몸에서 함께 작동하고 있다. 즉 먼지입자와 생물체의 세포는 비슷한 크기인 것이다. 이 둘은 우리에게 광범위하게 보이지 않는 미시계의 행위자다. 먼지입자는 마치 태양의 먼지가 공기 소용돌이에 의해 춤추듯이 수동적으로 반응할 뿐이다. 그와는 대조적으로 살아있는 세포는 능동적인 시스템을 보여준다. 그들은 자율적으로 내부로부터 반응할 수 있어 작은 크기에도 믿을 수 없을 정도로 능률이 뛰어나고 다양한 활동으로 분화될 수 있다. 즉 그들은 에너지를 변화시키고, 신체에 필요한 구성 요소와 신호물질을 생산하며, 전기 및 화학신호를 이끌고 세포의 이웃 및 멀리 떨어진 파트너들과 대화하며 심지어는 스스로 자가 수정 및 증식할 수 있다.

라이프니츠가 그랬던 것처럼 살아있는 유기체를 기계로 본다면, 아주 작은 부분까지도 기계와 같이 이루어져 있다. 신체기관의 조직, 신체기관, 기관의 구성 요소들, 세포 및 그 구성 요소들은 서로 다른 차원을 초월해서 지혜롭게 협동하고 있는 것이다. 각 부분들은 전체의 기능을 반영하며 그것은 다시 지혜롭게 협동하는 부분들로 이루어진다. 지금까지 인간이 만든 기계는 대체로 한 차원에서 그들에게 부여된 역할만을 수행해 왔다. 자전거 바퀴 하나는 작은 바퀴 여러 개로 구성되어 있지 않으며, 모터 하나는 작은 모터 여러 개로 이루어져 있지 않다 등등. 이러한 한계는 미래에는 근본적으로 변할 것이다. 왜냐하면 인간의 기술은 물질을 마이크로미터 범위에서 그리고 나노미터 단계에서도 구조화할 수 있는 단계에 이르렀기 때문이다.

지적인 먼지

과거의 기술적인 발전이 거시계에 있는 물질의 제어에 있었던 반면에 우리 시대의 발전은 아주 작은 세계에서 이루어 질 것이다. 이와 같은 발전은 구조를 활용할 것이며, 먼지입자 혹은 생명체 세포의 차원에 체계를 세울 것이다. 그들의 극미한 크기에도 이 작은 구조들은 아주 복잡한 기능을 믿음직하게 수행할 것이고, 그와 같은 마이크로기계와 분자 차원에서 작업하는 더욱 작은 나노기계들은 장차 우리들의 기술 세계를 과거의 기술혁명보다도 더 근본적으로 변모시킬 것이다.

그와 같이 기술적으로 변모된 '지적인' 먼지에 바탕을 두고 있는 요소, 체계, 도구의 사용은 오늘날 이미 문화적 변모 과정으로 이어지고 있다. 우리 정보사회와 더 발전되어야 하는 지식계는 아주 본질적으로 마이크로와 나노 단계의 기술적인 발전에 그 바탕을 두고 있다. 거시계의 발전을 추구하는 사람은 아주 작은 것을 창조적으로 형성하고 기술적으로 이용하는 데에 매진해야 한다. 테크놀로지의 환경친화력과 지속적인 이용은 이러한 지식을 통해 촉진될 수 있다.

가장 앞서 발전한 것은 전자부품의 소형화다. 예를 들어 자료저장서버 혹은 스위치(트랜지스터) 등과 같은 개별적 단위 측정의 경우 현재 약 50nm까지 가능하다. 이 기술의 지속적인 소형화에 종지부를 찍을 원자 차원은 곧 이루어 질 것이다. 마이크로전자공학의 발전은 계속되는 소형화를 통해 도달할 수 있으며, 기능이 좋고 다양하게 사용될 수 있는 시스템이 어떻게 사용 가능한 지를 모범적으로 보여주고 있다(예를 들어 스마트폰, 계산기, 정보네트워크). 정보와 통신테크놀로지의 새로운 기구들은 노동시장, 문화기술 그리고 여가 시간을 변모시키고 있다.

특히 상이한 마이크로테크놀로지의 통합에서 새로운 가능성이 열리고 있다. 마이크로시스템테크놀로지는 전자공학, 역학, 광학 그리고 유체역학의 구성 요소들을 체계적으로 통합하며, 이 체계는 다양한 과제를 수행한다. 즉 마이크로 센서는 온도, 빛, 소리, 힘, 압력, 화학물질을 우리의 감각기관보다 정확하게 측정할 수 있다. 마이크로시스템은 마치 우리의 근육과도 흡사하게 전기신호를 에너지로 변환시킬 수 있고 움직임을 고려할 수 있다. 통합에 의해 주변 환경을 지각하고 거기에 대해 적절하게 대응하는 미세한 적응시스템이 탄생한다. 마이크로시스템의 다양성과 성능은 그 왜소함에 비해 정말 대단하다. 그럼에도 기술적 인공물은 생물의 세포 같은 자연계의 시스템에 비해 아직은 무척 열등한 단계에 있다. 학자들이 살아 있는 구조의 기능적 다양성을 기술적으로 모방할 수 있기 까지는 아마도 오랜 시간이 걸릴 것이다.

하나의 먼지입자라는 것

먼지입자의 크기와 같은 마이크로기계의 특성을 어떻게 이해해야 할까? 그 기계를 단지 거시계에서 마주치는 기계의 축소판으로 여겨야 할까, 혹은 새로운 현상을 기대해야 할까? 우리는 일상의 경험을 이 미시계의 어디까지 적용할 수 있을까? 이를 알아보기 위해 우리를 먼지입자 크기라고 상상하면서 여행을 떠나보자. 보이지 않는 심연, 아주 작은 것의 세계로 여행하려는 아이디어는 인류의 상상력을 고무시켜왔다. 어렸을 때 작은 장난감 세계로 들어가는 상상을 해보지 않은 사람이 얼마나 되겠는가?

영화와 텔레비전에서 우리는 이러한 테마의 변형된 모습과 만나게 된다. 아이들이 실수로 크기가 줄어든다. 소형 잠수함이 한 인간의 혈관 속으로 잠수한다. 비슷하게 작아진 승객들은 거기서 마치 1987년 스티븐 스필버그의 〈내 안으로의 여행〉이라는 영화에서처럼 온갖 종류의 모험을 견뎌야 한다. 작은 로봇이 진찰이나 혹은 마이크로 수술을 시행하려고 혈관을 통해 우리의 몸속으로 잠입한다. 이와 같은 미시계의 유토피아는 현실과 동떨어진 픽션에 불과할까? 전혀 터무니없는 것일까?

언제나 그렇듯 판타지나 비전은 사실보다 많이 앞서간다. 과학과 기술은 예술적인 활동과 비슷하게 창조력, 판타지, 상상력에 바탕을 두고 있다. 그럼에도 과학은 픽션과 달리 그들의 모델을 현실의 경계 조건과 법칙에 일치시켜야 한다. 그래서 우리는 마이크로세계로의 여행에서 많은 것을 배울 수 있다. 예를 들어 허구적인 여행의 전형인 조나단 스위프트(Jonathan Swift)의 유토피아적이고 풍자적인 여행 소설인 〈걸리버 여행기〉를 고찰해보자. 걸리버는 의도하지 않은 릴리푸트(Liliput) 방문에서 소세계, 정확히 1/12 비율로 축소된 인간들을 만나게 된다. 작가는 생명체가 우리 세계와 단지 규격에 있어서만 차이가 나는 세계를 고안해 내는 데 어려워하지 않는다.

스위프트는 아일랜드 출신 종교인이자 철학자인 버클리(George Berkeley, 1685-1753) 주교의 인식론을 언급하며 걸리버를 통해 다음과 같이 말하고 있다. "철학자들이 우리에게 모든 것은 비교에 의해 크거나 작은 것이라고 말한다면 의심할 나위 없이 맞는 말이다." 소설은 크기 변형이라는 인위적 조작으로 인간적 가치의 상대성을 상징적으로 논증하고 있으며, 인간의 공동체적 삶에 있어서 정상적인 것이라는 범주에 의문을 제기하고 있다. 기준 선택의 임의성에 관한한 버클리의 말이 옳다. 그러나 모든 것을 임의로 크거나 작게 할 수 있다고 생각한다면 그것은 옳지 않다. 모든 상대주의의 배후에는 물리적 법칙을 따르는 절대적인 기준과 법칙이 있다.

난장이와 거인, 그들의 에너지 수요에 대해

조나단 스위프트는 〈걸리버 여행기〉에서 가능한 한 정확하고 일관성 있게 인수 12에 맞추어 모든 것을 축소하려고 애쓴다. 소인국 사람들인 릴리푸트인들은 대략 15㎝ 크기이며 릴리푸트에 사는 다른 생명체는 모두 그에 비례해서 축소되었다. 걸리버가 릴리푸트인과 맺은 계약서에는 걸리버가 봉사의 대가로 매일 릴리푸트인 1,728명으로부터 충분한 음식과 음료수를 제공받기로 정해져 있다. 어떻게 이런 숫자가 나오게 되었냐고 놀라워하는 걸리버에게 릴리푸트의 수학자들은 그의 키를 재서 그가 릴리푸트인보다 12배 크다는 것을 알아냈다고 설명한다. 구조가 같은 몸이 12배 크니 그의 몸에는 최소한 릴리푸트인 1,728($=12x12x12=12^3$)명이 들어 있다고 볼 수 있고, 생존하려면 그만큼의 영양분이 필요하다는 것이다.

이러한 환산은 순박하다. 그들은 물리학과 생물학적 고려 없이 그런 계산을 한 것이다. 간단히 생각해도 이것은 걸리버에게 10배 넘게 영양이 과잉 공급된 것이다. 온혈동물은 외부와 내부의 표면인 피부와 허파를 통해 주변으로 온기를 끊임없이 방출한다. 때문에 매일 방출되는 에너지량이 생명체의 표면적에 비례한다. 반면 생산되는 에너지량은 부피나 질량에 비례한다.

단순하게 공처럼 둥근 생명체일 경우로 생각해보자. 표면적(O)은 반지름의 제곱에 따라 증가할 것이다($O \propto r^2$). 반면에 질량(m)은 3제곱으로 증가한다($m \propto r^3$). 걸리버의 질량은 릴리푸트인보다 12^3배 크지만 표면적은 릴리푸트인보다 12^2배에 달할 뿐이다. 따라서 그는 하루 식량으로 릴리푸트인의 144배를 받았어야 했다. 이 같은

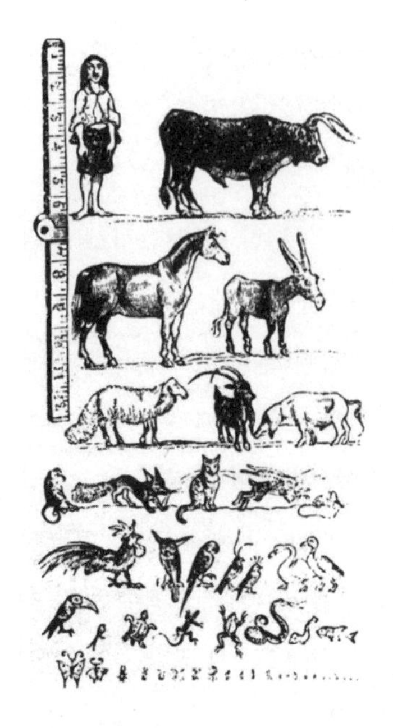

릴리푸트인은 대략 15㎝ 크기다. 릴리푸트 세계의 모든 생명체는 이에 맞춰 1/12 비율로 축소되었다.

가정 아래 정지 상태에 있는 유기체의 단위시간당 변환되는 에너지(기본량 P)를 신체 질량에 포함해 산출할 수 있다. 기본량 P는 표면적에 비례해 증가한다($P \propto r^2$). 여기서 반지름(r)과 신체 질량의 관계로 보면 $m \propto r^3$ 내지는 $r \propto m^{1/3}$로, 다음과 같은 관계가 나온다.

$$P \propto m^{2/3}$$

반면에 릴리푸트의 수학자들은 걸리버의 기본량(P)이 부피에 비례하고 더불어 신체 질량에 따라 증가한다고 가정했다.

$$P \propto m^1$$

이처럼 그들의 계산과는 달리 1보다 작은 지수를 갖는 제곱법칙이 나타난다. 지수 2/3는 표면적과 부피의 관계를 나타내고 있다. 크기가 증가함에 따라 단위시간당 변환되는 에너지는 항상 천천히 증가한다. 온혈동물에서 실제로 측정된 온기 생산량은 대략 이와 같지만, 실제 측정치는 지수가 1보다 약간 작은 3/4을 가리킨다.

$$P \propto m^{3/4}$$

이런 차이는 유기체의 외부와 내부 표면 반지름이 일정한 공 같은 형태보다 복잡하기 때문이다. 하지만 그것이 지수가 1보다 작다는 근본적인 결과에 변화를 주지는 못한다. 작은 생물체는 큰 생물체보다 상대적으로 더 많은 영양분을 섭취해야 한다. 때문에 온혈동물의 크기는 작은 쪽으로 절대적인 한계선이 있다. 만일 작은 생명체가 생명을 유지하기 위해서 계속해서 먹어야할 지경에 처했다면 소형화의 절대적 한계에 도달한 것이다. 실제로 가장 작은 온혈동물인 뾰족뒤쥐는 날마다 몸무게의 대략 1/4에 해당하는 먹이를 섭취해야 한다. 반면 큰 동물은 신체적인 부하(負荷)에 의해 발생한 온기를 다시 방출해야 하는 정반대의 문제를 안고 있다.

큰 생물들이 하늘을 날 수 없는 것은, 골격의 적재능력과 같은 다른 이유도 있다. 뼈가 하중에 버티는 힘은 횡단면에 달려 있어 큰 생물체의 뼈대는 두꺼워진다. 따라서 전체 질량에서 골격이 차지하는 비중은 그만큼 크다. 동물이 뼈대로만 구성될 수는 없으니 크기 성장에는 한계가 있다. 반면에 작은 동물, 예를 들어 곤충의 경우에는 골격이 내부에 있는 것 보다는 외부 껍질을 단단하게 하는 것이 합리적이다. 이러한 외부 골격이 작은 동물의 경우에는 매우 성공적인 데 반해 큰 동물에게는 적당하지 않다. 큰 동물의 경우 허물벗기

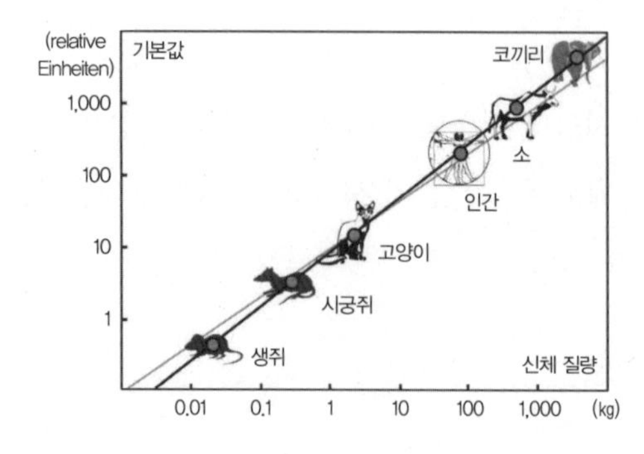

쥐-코끼리 곡선. 정지 상태에서 물질대사에 의해 변환된 에너지는 제곱법칙에 따른 몸 질량에 달려 있는데, 그 법칙의 지수는 대략 3/4에 달한다(짙은 검은 선). 가는 선은 지수 2/3에 해당된다.

과정의 어려운 문제를 차치하더라도 외부골격이 피부일 때는 주변과의 원활한 온기교환 같은 물질 교환을 방해하기 때문이다.

기술적이고 분자적인 모터에 대해

걸리버의 에너지수요는 큰 세계와 달리 작은 세계에서는 여러 가지가 다르게 작동한다는 것을 보여준다. 따라서 무엇인 가를 축소할 때는 그 조직체를 무작정 비례적으로 축소해서는 안 되며 조직체 본래의 기능을 유지하고 극대화하는 데 알맞은 변환(단계법칙) 수위를 알아야 한다. 많은 것들에서 크기 변환이 가능하며 때로는 더 나은 기능을 보이기도 한다. 예를 들어 온혈동물의 축소화에 장애가 되는 표면적과 부피의 관계가 마이크로시스템에서는 장점으로 나타난다. 마이크로모터는 가동 중에 산출되는 피할 수 없는 열손실이 부피에 비해 보다 큰 표면적 때문에 더 효율적으로 방출될 수 있다.

마이크로모터가 장난감에 쓰이는 추진 장치 같아 보이지만, 의학 분야에서는 완전히 새로운 지평을 열어준다. 예를 들어 혈관에서 작은 수술을 시도하는 소형 로봇은 극미한 추진 장치가 있어 가능하다. 심장 수술의 경우 심장 칸막이에 투입될 수 있는 연필 지름 크기의 소형 펌프가 수술하는 동안 심장의 펌프 역할을 담당한다.

이 마이크로모터가 엄청난 능률을 보여준다 하더라도 본질적으로 우리에게 친숙한 보통 모터의 축소판일 따름이다. 이에 반해 생물학적인 '모터'는 완전히 다르게 작동한다. '기계속의 기계'라는 라이프니츠의 생각처럼 그들은 분자 차원으로 내려가서 작동한다. 근육의 작용은 에너지를 소비하면서 수축하고 이완하는 근육섬유의 길이 변화에 바탕을 두고 있다. 이와 같은 기능은 분자 영역에 이르기까지 존재한다. 분자 차원의 나노기계, 수축성의 단백질(protein)은 단지 하나의 공간 축을 따라 움직이는 선형모터와 비슷하게 일한다. 그 기계는 화학에너지를 분자의 '움켜쥐는 운동(상지운동)'을 거쳐 분자 섬유에 의해 길이로 변환시킨다. 수없이 많은 분자 차원의 이런 모터의 행동이 연결되어 큰 단위에서 움직임을 일으킨다.

미시계로부터의 소리

에너지교환 말고도 마이크로세계와의 정보교환은 우리가 일상에서 친숙한 것을 단지 비례적으로 축소하려할 경우 한계를 보여준다. 이것은 청각과 시각 모두에 똑같이 적용된다. 조나단 스위프트의 주인공 걸리버는 최상의 언어습득 능력을 타고났다. 그는 몇 주 안에 릴리푸트인들의 언어를 습득하는 데 성공한다. 크기에 비례해 소리도

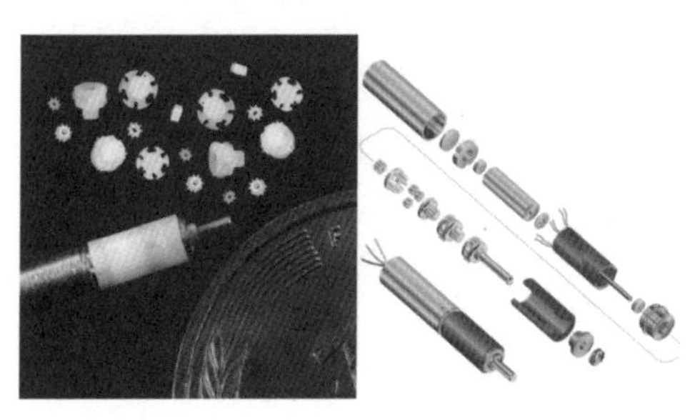

전동장치가 있는 소형 전기 모터
©파울하버

줄어든다고 가정하면 그 난장이들의 작은 소리를 들을 수 있겠는가? 소설에서는 걸리버가 의사소통하는 데 문제가 없으나 소인들의 이야기를 듣는 것이 실제로는 불가능하다.

이점 또한 길이의 등급과 소리의 등급을 서로 연결시키는 크기의 변환에서 생각해 볼 수 있다. 언어란 성대의 진동과 공동(空洞)의 공명에 기반을 둔다. 우리는 음악적 경험을 통해 진동하는 현 혹은 공기주(空氣柱)의 음성 높이가 그 길이에 달려 있다는 것을 알고 있다. 현이나 오르간 파이프의 길이를 반으로 줄이면 음의 진동은 2배나 빨라진다. 즉 길이를 반으로 줄이면 주파수가 2배로 되는 것이다. 릴리푸트의 인수 12만큼 기하학적 치수를 줄이는 경우 주파수는 같은 비율로 확대된다.

인간의 언어 영역은 주파수 100Hz에서 10㎑까지다. 주파수 단위 1Hz는 매 초당 진동을 의미한다. 따라서 릴리푸트인들의 언어는 주파수 범위가 1.2㎑에서 120㎑로 대부분이 우리가 들을 수 없는 영역이다. 젊은 사람들은 주파수 15~20㎑에 이르는 음향신호를 더 지각할 수 있으니 걸리버는 대략 15㎑까지 릴리푸트인들이 소리를 일부 들을 수 있을 것이다. 그러나 그것은 쥐가 찍찍거리는 소리처럼 들려 걸리버의 뇌는 결코 이같이 높은 주파수의 음향을 언어적으로 해석할 수 없다. 인간의 신경시스템은 언어와 음악을 지각하는 데 있어서 음파의 형태가 주기적으로 되풀이된다는 사실을 이용한다. 이러한 주기성이 청각신경에서 뇌 피질에 있는 청각센터로 옮겨진다. 신경 충격의 밀도가 이에 상응해 변조되는 것이다. 이러한 것을 우리는 청각의 주기성원칙이라 규정할 수 있다.

언어나 음향신호를 이와 같이 시간적인 형태로 재현하는 것은 1㎑ 이하의 주파수에서만 가능하다. 그것을 넘어서 상대적으로 느린 음향신호는 주기성원칙이 줄면서 언어신호를 재현하고 처리하는 본질적인 채널이 와해된다. 걸리버는 릴리푸트인들 언어의 문장 멜로디를 들을 수는 있다. 그러나 음향의 주기성을 평가할 수가 없기 때문에 발음된 단어의 의미를 이해할 수 없다. 걸리버의 뇌 속에 있는 내면의 시계, 즉 신경의 충격은 청각적인 음향 표본을 시간적 구조물로 모사하기에 충분하게 빨리 뛰지 못하는 것이다. 물론 오늘날에는 컴퓨터를 이용해 이 주파수를 인수 12만큼 아래로 변환시켜 이해할 수 있다. 음향상 대화의 장벽을 기술적으로 대처할 수 있는 것이다.

기술이 마이크로세계의 구조화 과정에 따라 작은 세계의 소리를 얼마나 제어할 수 있는지는 세계에서 가장 작은 기타에서 볼 수 있다. 이 기타는 석판인쇄술에 의한 일종의 인쇄기술을 거쳐 발생한 틀을 재료 위에 올려놓은 다음에 규소칩을 부식시켜 만들었다. 마이크로 기타는 마이크로시스템기술의 능률과 매크로적 방법에 의해 작은 시스템을 생산해 내는 기술의 위상을 입증하고 있다. 지름이 50㎚인 현은 레이저 빛으로 연주되며, 그 현들은 10~40㎒ 주파수, 즉 초당 수백만 번 진동한다.

가시성의 한계, 빛의 마이크로 구조

시각적인 시스템을 점차 소형화하면 모사의 질에 문제가 생긴다. 이 문제는 근본적인 성격의 것이고 빛의 본질에 기초하고 있다. 우리는 육안으로는 단지 몇 밀리미터의 파편이나 혹은 팔 길이만큼 떨어져 있는 머리카락 하나의 폭 정도를 인식할 수 있다. 광학현미경으로는 1,200배 정도까지 확대할 수 있다. 그래서 0.1㎛ 범위에 있는 구조까지도 인식할 수 있지만 가시적인 빛으로 더 이상 확대하는 것은 원칙적으로 불가능하다. 왜 이런 현상이 일어날까?

빛은 직선으로 퍼져나간다. 물리 수업 시간에 렌즈를 통과하는 빛을 묘사할 때, 우리는 빛을 직선 형태로 그린다. 빛다발(光束)의 상당 부분을 무시하고, 단순히 빛을 여러 개의 직선으로 묘사한 것은 수학적으로 빛을 이상화한 것이다. 이처럼 이상화된 빛의 그림은 이론적으로 임의적인 확대나 축소가 가능하다. 이와 같은 기하광학(幾何光學, geometrical optics)[17] 원리를 이용해 눈의 망막에 관한 도식을 그릴 수 있다. 이때 눈의 크기는 앞에 놓인 사물과의 거리에 달려 있다. 이러한 의존성은 서두에 언급된 모든 크기는 상대적이라는 버클리의 말과도 맥락이 같다.

하지만 이 같은 수학적 구성물을 보다 정밀하게 들여다보려는 시도는 실패한다. 광선은 수학적 이상화, 즉 자연을 단지 근사적으로 묘사한 모형이다. 우리가 실제로 빛다발을 차단해서 계속해서 선을 그으려 하면 축소화가 증가함에 따라 그러한 속박을 불가능하게 하는 빛의 '내부 구조'가 점차 드러나게 된다. 이 같은 효과가 분명하게 드러나는 단계는 마이크로미터 범위의 즉 전형적인 먼지입자의 크기 단계에서다. 먼지입자의 이러한 내면적 삶은 일상에서는 눈치채지 못하지만, 아주 간단한 실험으로 이해할 수 있다.

레이저는 파장이 좁은 단색 광선을 방출하는 구조다. 레이저 포인터로 먼지가 있는 공간에 비추면 좁은 파장의 빛다발과 루크레티우스를 열광시켰던 먼지입자들의 춤을 아주 잘 관찰할 수 있다. 레이저 광선의 지름은 0.5㎜보다 작다. 이 지름을 더 작게 하면 무슨 일

17) 빛을 광선의 집합으로 보고 빛의 직진, 반사, 굴절 등의 현상을 기하학적으로 연구하는 학문이다. 광학기기 분야에서 주로 응용된다.

이 일어날까? 이것을 알아보기 위해 면도날을 2개 준비한다. 면도날을 마분지에 붙이고 2개의 면도날을 맞대어 그 사이에 좁은 틈이 생기도록 한다. 면도날 중 하나는 고정하고 다른 하나를 움직여 틈 간격을 조절할 수 있도록 한다. 그리고 레이저 포인터로 면도날 틈새를 통해 몇 미터 떨어진 벽을 비춰보자.

틈 간격을 좁히면 레이저 빛다발도 마찬가지로 가늘어진다. 그런데 틈을 계속 줄여 가면 주변부에서 밝고 어두운 점들이 나타난다. 틈새를 더욱 축소하면 이 점들은 바깥쪽으로 옮겨간다. 중앙부의 밝은 구역이 계속 넓어지며, 밝은 띠와 어두운 띠 사이의 거리도 멀어진다. 틈이 완전히 닫히기 직전까지 폭을 좁히면 빛다발은 벽에 넓은 부채꼴 모양을 이룬다. 틈을 점점 좁히는데 빛다발이 점점 넓어지는 것은 기하광학의 틀에서는 이해될 수 없는 예기치 않은 결과다. 빛이 그늘진 공간으로 퍼지는 것을 굴절이라 한다. 이 같은 빛의 기묘한 행동은 파동(波動) 모델로 쉽게 해석될 수 있다. 물의 파동은 장애물 뒤에 있는 음지로 확산된다. 퍼져나가는 물의 파동을 좁은 틈으로 통과시키면, 이 틈새로부터 반원 형태의 파동계(波動界)가 새롭게 시작되어 틈새 바깥쪽 공간으로 확산된다. 유한한 폭을 지닌 틈새에서 시작되는 파동은 강화와 소멸을 반복하는 많은 파동계의 중첩으로 이루어져 있다(간섭현상).

그 결과 우리는 다음과 같은 사실을 확인할 수 있다. 우리가 빛다발을 제한하고자 시도하면 어떤 크기 아래에서는 반대로 바뀐다는 것이다. 틈새를 축소하면 광선은 더욱 강렬하게 확산된다. 광선의 최소 폭은 빛 파장의 길이에 달려 있다. 빛은 계속되는 축소를 허용하지 않는 마이크로구조(빛의 파동성)를 갖고 있다. 그 반대로 우리는 본질적으로 빛으로 빛의 파장 길이보다 작은 구조를 모사할 수 없다. 기하학적인 광선의 구조와는 달리 임의의 확대나 축소는 가능하지 않거나 혹은 의미가 없다. 빛의 속성에 의해 주어진 자연의 한계가 있는 것이다.

가시광선의 파장 길이는 400㎚(푸른 빛 도는 보라색)에서 800㎚(붉은색)에 달한다. 보다 미세한 구조를 인식하려면 더 짧은 파장 길이의 빛(자외선, X-선)을 사용해야 한다. 다른 대안으로는 입자광선에 의한 모사가 있을 수 있으며, 전자현미경복사가 바로 전자 광선에 의한 모사에 그 바탕을 두고 있다. 그러나 전자는 입자로 나타나기는 하지만 빛처럼 파동성도 지니고 있다. 따라서 전자현미경의 입자 광선 모사에도 한계가 있다.

우리의 시각시스템은 동공의 굴절효과가 시력의 자연적 한계를 나타낼 정도까지 발전되어 있다. 그러나 릴리푸트인들은 우리와 달리 자신들의 팔 길이만큼 떨어져 있는 머리카락 하나를 인식할 수 없을 것이다. 그들의 동공 지름은 인수 12만큼 작다. 동공 입구의 굴절효과는 이에 상응해 더 크고 머리카락의 상은 이 인수만큼 덜 예리하다. 따라서 생명체를 축소할 경우에는 다른 종류의 눈이 개발되어야 할 것이다.

곤충의 눈은 실제로 굴절의 한계를 피하기 위해 많은 개개의 눈이 모자이크 형태의 복잡한 눈으로 합성되어 있는 복안(複眼)이다. 복안의 광학 시스템은 대체로 다른 방향으로 향하는 빛 도체(導體)를 이끄는 다발에 해당된다. 단지 좁은 공간에서 오는 빛이 개개의 눈에 결합되어 빛에 감응하는 감각세포에 전달된다. 곤충의 눈은 스펙트럼의 다른 영역에 민감하다. 즉 벌의 눈은 자외선 범위도 볼 뿐만 아니라 빛의 분극화 현상을 구별할 수 있으며, 많은 나방의 눈은 추가적인 필터 장치가 있어 색깔에 민감하다.

액체 속에 잠수하기, 분자의 힘

사고 속에서 축소화를 해보자. 마이크로시스템 기술자들이 우리에게 친절하게 조립해준 먼지입자 크기의 마이크로 잠수함에 타고 물방울에 잠수해보자. 침투를 시도하면서 우리는 이미 우리가 거시적 존재로서 지금까지 별로 주목하지 않았던 놀라운 효과를 경험하게 된다. 물의 표면은 마치 탄력 있는 피부처럼 작용해 침투하기가 어렵다. 소금쟁이 같은 곤충은 이러한 이런 표면장력을 이용한다. 물에 젖지 않는 그들의 다리는 표면을 고무막처럼 누르는데, 우리는 이것을 평소에 거울처럼 매끄러운 물 표면에서 잘 관찰할 수 있다. 반대로 물에 젖는 작은 생명체는 표면의 인력을 피해야 하는 커다란 문제를 갖게 된다. 그래서 이슬방울은 많은 곤충들에게 치명적인 위험이 될 수 있다.

우리는 여기서 분자력의 효과를 경험할 수 있다. 표면장력은 액체 입자의 상호 인력(응집력)에 의해 이루어진다. 그런데 표면에는 상호 작용할 파트너가 없다. 따라서 표면의 입자에는 내부로 향하는 힘이 표면에 수직 상태를 이루며 작용한다. 일종의 긴장 상태이며 이는 여러 현상에서 나타난다. 물방울은 표면장력에 의해 붙들려 있다. 이로 인해 작은 물방울에는 아주 큰 내부 압력이 지배한다. 표면의 확대는 에너지 소모와 연관되어 있다. 내부로 향하는 인력에 맞서 표면을 떠나려면 에너지가 필요하기 때문이다. 그래서 액체는 증발할 경우 냉각된다.

물질의 표면이 물에 의해 젖는지 안 젖는지는 응집력과 응결력

중에서 어느 것이 더 지배적인가에 달려 있다. 이 경우에 분자 결합력의 상이도와 강도가 중요한 역할을 한다. 수소원자와 산소원자는 물 분자 속에서 다른 전하를 갖는다. 이로 인해 분자는 양극성을 띠고 마찬가지로 양극성을 띠는 다른 물질과 상호 작용을 잘 하고 다른 물질을 적시거나 용해할 수 있다. 그러나 기름이나 왁스처럼 양극성을 띠지 않는 물질과는 이러한 작용이 불가능하다. 일상에서 잘 젖는 것과 잘 젖게 하는 것의 게임은 세탁의 경우 문제를 야기한다. 많은 오염입자는 세탁물에 의해 적셔지지 않는다. 세제가 오염입자를 바깥쪽에서 물친화적인, 즉 양극적인 분자층으로 에워싼 다음에야 기름입자나 작은 먼지입자는 물에 의해 같은 종류로 인식되고 용해된다. 말하자면 유화(乳化)가 형성되는 것이다.

자연은 세제 없이 표면을 깨끗이 보존할 수 있는 것에 대해 시범을 보인다. 물방울은 많은 나뭇잎들의 표면에서, 예를 들어 완전히 매끄러운 유리 표면보다도 더 잘 방울져 흘러내린다. 이러한 효과는 잘 알려진 바와 같이 연꽃식물로 하여금 청결을 간직하게 한다. 잎의 표면은 밀랍 입자로 덮여 있는데(물론 균일한 게 아니고 몇 마이크로미터 높이의 섬세한 돌기 형태로 되어 있다) 오염입자는 이러한 거친 표면에 물과 더불어 거칠게 부착되어 있다. 물은 잘 흐르고 흘러내릴 때 오염입자를 동반하는 방울을 형성한다. 자연적인 미시구조를 지닌 표면이 스스로 세정하는 것이다. 물을 배척하는 물질과 미시적인 우툴두툴함의 협동작용인 연꽃효과는 점차 기술적으로 이용되고 있다. 이 효과는 세척의 필요성과 화학세제의 사용을 줄인다. 물방울에 잠수하기 위해서 우리는 자연과 세제화학에서 배워야 한다. 연꽃효과에서와는 달리 표면이 물을 배척하는(공수적) 것이 아니라 물을 끌어당기게 만들어야 한다. 미니 잠수함에 물친화적으로(물을 빨아들이는) 덧칠을 하면 물로 뚫고 들어가는 데에 문제가 없을 것이다.

마이크로세계에서의 항해

우리가 미니 잠수함에 쓸 효율적인 추진 장치를 개발하는 과제를 안고 있다고 상상해보자. 우리는 최초의 시험 운전을 위해 2개의 대안적 추진 시스템을 선택할 수 있다. 하나는 큰 보트에서와 같은 프로펠러를 소형화 한 추진 장치 그리고 또 하나는 회전하는 코르크 따개와 같은 나선형 추진 장치다. 후자는 편모충 동물에서 보았다. 그들은 이제 우리가 여행하고자 하는 세계의 주민이며 우리는 어떻게 하면 수영이 가장 잘 진행될 수 있는지를 본질적으로 알아야 한다. 두 추진 장치 중 어느 것이 우리들의 목표에 더 적합할까?

우리의 마이크로 잠수함은 단순히 보통 잠수함의 축소판일 수는 없다. 실제로 프로펠러 추진 장치는 쓸모가 없고, 반면에 회전 혹은 진동하는 편모(鞭毛)성 추진 장치는 탁월한 것으로 입증된다. 이것은 당혹스럽다. 왜냐하면 회전하는 가느다란 나선형 장치로는 우리가 마크로세계에서 보트를 효과적으로 추진할 수 없기 때문이다. 조금만 숙고하고 물리학적인 직감을 발휘하면 이러한 놀라운 방식의 배경을 이해할 수 있다. 이것은 거시계와 미시계의 흐름 방식을 본질적으로 규정하는 관성력과 마찰력의 관계다.

평범한 배는 어떻게 추진력을 얻을까? 배의 추진기(스크루)가 물살을 빠르게 하고 그 물을 뒤로 내 던진다. 이것은 스크루에서 시작되는 물살을 보면 알 수 있다. 물살은 관성의 법칙으로 인해 마침내 액체의 내부 마찰에 굴복할 때까지 잠시 머무른다. 그러니까 추진은 반동 원리에 의해 형성되는 것이다. 즉 스크루는 액체를 뒤로 내던지고, 마치 로켓의 제트 추진처럼 그 반작용으로 선체가 앞으로 나아가게 되는 것이다. 이 원리는 사람들이 수영할 때도 적용된다. 즉 팔과 다리의 움직임이 물을 가속화하는 것이다. 그러나 마이크로 세계로 옮겨가면 상황이 바뀐다. 말하자면 미시계에서 액체의 움직임은 거시계에서의 질긴 시럽과 비슷하다. 속도를 높이려 해도 에워싸고 있는 액체에 의해 즉시 제지된다. 등 떠밀기 반동 원리에 의한 추진은 별로 쓸모가 없는 것이다. 미시계에서는 오히려 코르크 따개 원리가 추진에 도움이 될 것이다. 예를 들면 미생물은 편모의 회전에 의해 나선형으로 움직이거나 미세한 털의 진동에 의해 매우 질긴 매질(媒質, medium)을 굽이쳐 나아간다. 우리 스스로를 마이크로미터 기준으로 축소화하면 우리는 수영과 잠수를 다시 배워야 할 것이다. 즉, 통상적인 수영방법은 소용이 없다.

먼지입자의 춤

마이크로미터 단위의 초소형 잠수함을 타고 여행하는 것은 안락함과는 거리가 멀다. 왜냐하면 액체 속에 잠긴 보트는 지속적으로 진동하기 때문이다. 보트는 강도가 끊임없이 바뀌는 기울기와 더불어 이 방향 저 방향으로 혼란스럽게 떠밀리기 때문이다. 식물학자 로버트 브라운(Robert Brown, 1773-1858)은 1827년 물을 제거한 꽃가루에서 처음 그러한 움직임을 연구했다. 입자는 살아있는 것처럼 이리저리 몰려 다녔다. 브라운은 처음에 여기서 유기체의 생명력이 나타난다고 믿었다. 그러나 광물 입자 및 공기 중에 부유하는 먼지나 연기 입자에서도 이러한 진동이 관찰되었다. 그것은 루크레티우스가 묘사한 바 있는 공기의 흐름을 바탕으로 일어나는 태양광선 속 먼지의 춤을 연상케 한다. 그러나 불규칙적인 진동은 공기의 흐름과는 무관하며 완전히 정지 상태에 있는 공기에도 존재한다. 일단 온도가

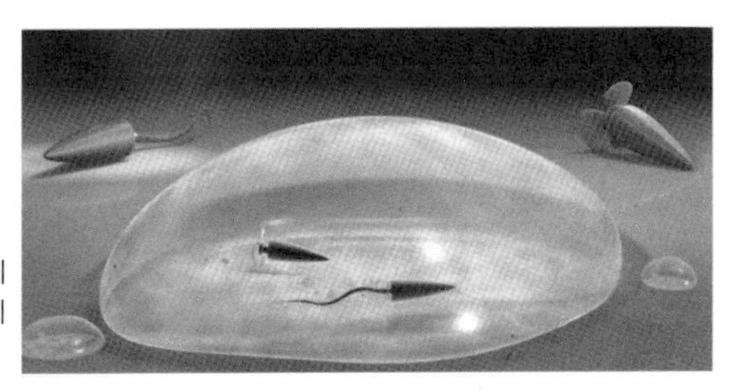

물방울 같은 마이크로코스모스에서 수영하기에 어느 추진시스템이 더 적합할까?

떨어져야만 운동의 격렬함이 감소된다.

소위 이와 같은 브라운 분자운동은 액체나 가스 상태에 있는 원자 혹은 분자의 무질서한 열운동의 결과다. 아주 작은 입자가 다른 속도로 가능한 모든 방향으로 움직이는 것이다. 그들은 충돌에 의해 에너지를 교환하고 방향을 바꾼다. 현미경으로 관찰이 가능한 비교적 큰 입자는 보이지 않는 더 작은 원자와 분자의 불규칙적인 충돌에 의해 떠밀린다. 매질에서 충돌하는 입자의 최종적인 힘은 제로에 달한다. 균등한 힘의 분포가 이루어지는 것이다. 이 때문에 밑바닥에서 일어나는 원자의 열역학적 '소요'의 카오스를 거시계에서는 알아차리지 못한다. 그러나 정지된 먼지입자에 충돌하는 원자와 그들에 의해 전달된 충격의 수는 불안정해서 먼지입자는 가시적인 진동에 이르는 것이다.

입자의 평균 에너지는 온도 증가에 따라 증가한다. 브라운 분자운동의 통계적인 해석은 그 운동이 보이지 않는 미시물리학과 눈에 보이는 거시물리적 현상에 다리를 놓아주는 점에서 의미심장하다. 아인슈타인은 100년 전에 최초로 진동의 강도를 계산해냈다. 이 진동으로부터 한 부피에 있는 원자의 숫자를 산출해 낼 수 있다. 그때까지 사람들은 원자 속에서 우리 오성(verstand, 悟性) 행위에 의한, 즉 현상을 보다 단순하게 서술하기 위한 가설적인 구성물, 유용한 구성물만을 보았다. 아인슈타인의 열역학적 평형 상태의 진동현상에 대한 이론은 원자의 크기를 올바르게 예언했고 일부 회의론자들에게 직접 볼 수 없고 만질 수 없는 원자의 존재를 점차 확신시켜 주었다.

상상 속의 축소화는 마이크로현상에 대한 우리들의 관찰자 시각을 참여자의 시각으로 변모시켰다. 정지된 입자가 작을수록 보다 작은 원자와 분자의 충돌에 대한 반작용은 그만큼 격렬해진다. 그러나 입자는 충돌 당할 뿐만 아니라 스스로 충돌하며 주변 입자에 에너지를 방출한다. 충돌이 분자 차원의 카오스에서 평형화 과정을 배려하는 것이다. 즉, 빠른 입자는 속도를 줄이게 되고 느린 입자는 가속화되어 결과적으로 평균 에너지가 나타나고 온도 차이는 사라진다. 열역학적 평형은 거시적으로 균등한 분포 및 단조로움과 동일시되는 반면 미시적으로는 작고 부유하는 먼지입자의 흥분이 보여주듯이 항상 '무언가가 일어나고' 있다.

사람들은 오랫동안 작은 입자의 열역학적 운동을 '살아있는 힘

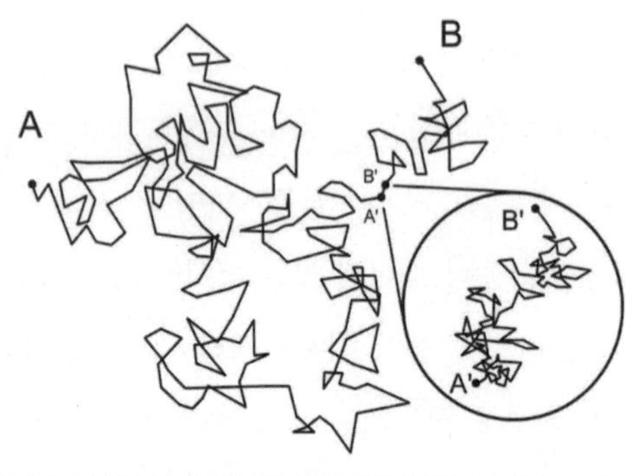

A에서 B로 움직인 한 먼지입자의 브라운 분자운동을 도표로 설명한 것이다. 입자의 위치는 일정한 시간 간격을 두고 고정된다. 커브 궤도의 한 부분, 예를 들어 A에서 B에 이르는 궤도를 보다 정확히, 그리고 보다 작은 시간 간격에서 조사해 보면 비슷하게 보이고, 보다 미세한 진동이 나올 것이다. 열역학적 운동의 무질서는 원자적 단계에 이르기까지 자신을 닮았다.

(vis viva)'으로 규정해 왔지만 이 규칙 없는 운동이 삶의 과정을 특징짓는 것은 아니다. 생명체의 세포는 생존을 위해 내부 공간과 외부 공간의 차이가 유지되도록 한다. 어느 정도 시간이 흐르면 자발적으로 나타나는 열역학적 평형에서 매질 속의 차이는 분자 운동을 바탕으로 조정된다. 모든 입자와 에너지 저장소에 에너지의 균등한 분포가 이루어지게 된다. 에너지론상의 차이가 사라지는 것이다. 열역학적 평형은 생물학적 죽음으로 이어진다. 살아있는 시스템은 이러한 경향, 즉 펠릭스 아우어바흐(Felix Auerbach)의 텍스트가 설득력 있게 보여주게 될 최대 무질서와 균등 분포로 향하는 경향에 맞서 어떻게 존속할 수 있을까?

충분한 온도와 그것과 관련된 원자 및 분자의 활동은 생명을 위해 반드시 필요하다. 같은 의미에서 생명은 먼지입자의 춤에 의존한다. 그러나 생명은 열역학적 평형에 바탕을 두지 않은 더욱 정교한 질서를 도입한다. 아주 작은 입자의 무질서한 춤의 질서를 잡아야 하며, 그것도 에너지를 전달하는 과정을 연결시키고 원자단계에서 전체 유기체 크기에 이르는, 기준을 초월하는 입자들의 상관관계를 통해서 이루어져야 하기 때문이다.

큰 것, 작은 것 그리고 인간의 창조성

미시계로의 여행은 막바지에 이르렀다. 여러분이 우리가 직접 경험할 수 있는 가시적이고, 자연적일뿐 아니라 기술적인 세계를 규정하는 미시적 근원에 대해 더 많이 알고 싶다는 소망이 생겼다면 일시적인 결말이 될 것이다. 이 여행은 많은 연관 관계를 밝혔고, 작은 것, 큰 것 그리고 우리에게서 일어나는 것과의 긴밀한 관계를 밝혔다. 작은 세계의 구조와 그 구조의 원칙은 우리가 일상에서 아는 것의 축소판은 아니더라도, 여행에서 만난 작은 것, 큰 것, 우리 자신 속의 구조는 수수께끼 같이 맞물려 있는 것처럼 보인다. 우리 자신, 육체, 정신은 우리가 탐구하고자 하는 자연의 한 부분이다. 많은 수의 구조는 거시계 차원의 넓은 영역을 거쳐 미시계 영역에 이르기까지 통용되는 하나의 포괄적인 것으로 예속되어 있음이 분명하다.

과학은 인간의 다양한 경험에서 영감을 얻는다. 우리는 문학적 본보기에서 출발해 작은 세계까지 이르렀으며, 미시적 사건에 있어 현실적일 뿐만 아니라 가상의 관찰자 및 참여자였다. 우리는 실제적 그리고 사고의 실험을 통해 작은 것에 대해 적절하고 유효한 형태와 모델을 산출하고 조사하고자 시도했다. 인간의 침잠, 문제가 되는 영역에로의 몰두, 가능한 많은 관계를 확립하고, 새로운 연상을 결합시키는 것들은 과학적이고 기술적인 창의력의 기초가 될 것이다. 그 핵심에는 이론과 경험의 생산적인 연결, 일상 경험에 접목하는 것(모두가 보는 것을 보는 것), 이론에 의해 유도된 일반화(보이지는 않지만, 일반적으로 유효한 것에 대한 인식), 그리고 마지막으로 지금까지 말한 것을 점검하는 것이 있다. 우리는 이러한 창의력을 절실히 필요로 하며 우리 미래를 적극적으로 형성하기 위해 그 창의력을 더 촉진시켜야 한다.

참고문헌

DREXLER, K. Eric: Nanosystems: Molecular Machinery, Manufacturing, and Computation. Wiley, New York 1992.

EULER, Manfred: Mikrowelten -Eine Reise in die Mikrosystemtechnik. VDI/VDE Technologiezentrum. Teltow 2001.

EULER, Manfred:Das kreative Uhrwerksuniversum. Biologie in unserer Zeit 34, 2004, S.180–86.

LENZ,Peter: Biologische Motoren. Physik Journal 3, 2004, S.41–6.

LEIBNIZ, Gottfried Wilhelm: Monadologie. Stuttgart 1954.

LUKREZ: Von der Natur (Übers.H. Diels). München 1991.

MCMAHON,Thomas A. und John Tyler BONNER: Form und Leben -Konstruktionen vom Reißbrett der Natur. Heidelberg 1985.

VOGEL, Steven: Life in moving fluids: The physical biology of flow. Princeton 1994.

세계의 지배자와 그 그림자

펠릭스 아우어바흐

스웨터는 잔털을 떨어트린다. 그러나 잔털은 스웨터가 되지 못한다. 일견 진부한 이 확신에 중요한 자연법칙이 숨겨져 있다. 왜냐하면 물질로 이루어진 모든 재료는 뿔뿔이 흩어지려는 경향이 있기 때문이다. 유리에서 깨진 조각이 생기고 깨진 조각에서 파편이 생긴다. 그러나 파편들을 다시 유리로 짜 맞출 수 없다. 이러한 모든 과정의 배후에는, 그리고 먼지가 발생되는 모든 과정 뒤에도 엔트로피 증가의 법칙이 깃들어 있다. 물리학자 펠릭스 아우어바흐(Felix Auerbach, 1856-1933)는 이러한 법칙을 발견하지는 않았지만 이미 100여 년 전에 출간한 자신의 논문에서 아주 분명하고 유머러스하게 이 법칙을 설명했다. 우리는 이 책에서 그의 논문을 약간 요약한 형태로 받아들이고자 한다.

모든 것 위에 최상의 기본법으로 군림하는 헌법을 갖추는 순간 국가란 이름이 어울린다면, 우리는 자연 연구자의 관점에서 이것을 세계 전체에 적용해 '자연과학의 세계는 아직 놀라우리만치 기원이 짧다'고 말해야 한다. 왜냐하면 우리는 불과 몇 십 년 이래로 모든 자연현상이 따라야 하는, 즉 예전에 '힘의 보존법칙'이라 했고, 오늘날에는 '에너지 보존의 법칙'이라고 하는 기본법칙을 가지고 있기 때문이다. 무한한 공간, 끝없이 흘러가는 시간의 물결 속에서 진행되는 모든 것 위에 에너지가 여왕처럼 여기서는 주면서 저기서는 받고, 그러면서도 전체적으로는 주지도 받지도 않으면서 군림하고 있다. 소리 큰 정의 아래 선택할 여지없이 그녀는 사방에서 권력을 행사하며, 미세한 먼지뿐만 아니라 천재적인 인간에게까지도 그녀의 조용하고 영원히 광채를 드리우고 있다.

빛이 있는 곳, 거기에는 그림자가 있기 마련이다. 지배자인 에너지가 자신의 뒤로 던지는 그림자는 깊고 검으며 다양하고 움직임이 많다. 그림자는 독자적인 삶을 지닌 것처럼 심지어 세계를 지배하는 척한다. 그것을 보자면 우울한 예감을 억제할 수가 없다. 그림자는 에너지, 즉 빛을 발하는 지배자가 존재 속으로 퍼트리려는 크고 아름답고 선한 것을 파괴하지는 않더라도 간섭하려는 사악한 데몬(demon)이다. 사악한 데몬을 엔트로피라 칭하자. 그는 자라고 또 자라, 서서히 그러나 확실히 그의 악의에 찬 성향을 전개한다는 것이 밝혀졌다. 그녀를 전복시키기 위한 힘이 중단 없이 작동한다면, 헌법은 우리에게 어떤 위안을 베풀어 줄 수 있겠는가? 에너지의 그림자가 지상에서 저녁이 될수록 점점 길어지고 급기야 모든 것을 어두운 밤으로 감싸면 결국에 에너지는 무슨 쓸모가 있겠는가?

우리 모두는 에너지의 보호 아래 있으며 엔트로피의 만성 독에 노출되어 있다. 우리가 세계라는 건물의 어느 부분에선가 인류의 이상을 위해 어떤 부분에 종사하든지, 우리 자신을 위해서 저 두 악마의 본질과 친숙해지고 그들의 활동을 자세히 관찰할 가치가 있지 않겠는가? 천상의 사물을 제대로 보기 위해 섬세히 다룰 줄도 모르는 전문가의 현미경에 의해서가 아니라, 많은 것을 포기하면서도 그때까지 감춰졌던 것을 바라볼 수 있는 연인의 확대경을 통해서 말이다.

항상 섬세하게 느끼는 언어는 에너지와 엔트로피를 여성으로 그려냈다. 그리고 여성의 본질을 탐구하는 것은 인류의 사고 이래로 가장 까다로운 과제 중 하나였다. 물론 여기에도 차이는 있다. 청년이라면 이미 낮이나 밤이나 남편에 충실해 변함없이 머무는 정숙한 여자에 대체로 만족하는 반면에, 변신을 추구하는 요부의 심원한 영혼에 스며들 수 있는 무언가가 아직도 성숙한 사람들을 씨름하게 만들고 있다. 에너지 또한, 수세기에 걸친 노력으로 그 본질이 분명히 밝혀졌지만, 엔트로피는 그만큼 더 변덕스럽고 예측 불가능한 것이다. 사람들이 그녀에게 가까이 접근하고자 하면 항상 새로운 수수께끼를 제시했다. 정말이지 엔트로피는 그렇게 멀리까지 사악한 마술을 뻗치고 있으며 때로 우리에게 속삭여 착한 누이를 의심하게 한다. 그녀를 믿지 않으면 그녀는 그녀인 것처럼 보이지 않는다. 그러나 지난 십 년간의 사고 작업은 그러한 기교에 대해 우리를 견고하게 해 주었으며, 지금 20세기의 문턱에서 우리는 이 자매가 어떤 관계를 가지고 있는지에 대해 알고 있다. 그것은 탁월한 발견이나 발명의 역사가 걸어 온 독특한 진행이며, 사람들은 그 속에서 거의 한 유형의 법칙을 보고 있다는 착각을 겪는다. 발견은 나타나며, 그 원조와 정신적으로 같은 수준이 아닌 사회에서 전혀 이해받지 못하거나 혹은 별로 이해받지 못하며, 마땅한 가치평가를 받기까지는 한 세대, 즉 수십 년의 세월을 필요로 한다. 그러고 나서는 전도가 일어나고 발견의 의미는 과대평가된다. 마지막으로 이러한 과도한 열광을 완화시키고 올바른 한계를 확정하는 것이 전혀 쉬운 과제가 아니다. 이것은 물리적이고 정신적인 과정의 시초에 균형이 잡히기 전 일어나는 것처럼 진자의 움직임과도 같은 것이다.

여기서도 우리는 에너지 원칙이 완전히 관철될 때까지 거의 한 인간의 나이만큼이나 걸린 다음에 과대평가의 시기가 시작된 것을 보게 된다. 사람들은 누차 에너지 원칙에서 자연 인식의 결합에 대한 만병통치약을 갖는다고 믿게 되었고 우주 모든 현상의 기본법칙이라고 선언했다.

이제 우리는 주된 고찰을 계속하기에 앞서 작은 설명을 해야 한다. 사람들은 기본법칙이 하나라는 것에 대해서는 전혀 거론도 할 수 없노라고 말할 것이다. 왜냐하면 우리는 이미 2개의 법칙, 즉 물질의 보존과 에너지 보존의 법칙을 알고 있기 때문이다. 아주 옳은 얘기다. 그러나 이 2개의 법칙은 본질적으로 하나의 내용이며, 하나의 법칙, 즉 보존법칙으로 수렴될 수 있다. 우리는 한걸음 더 나아가서 물질법칙을 에너지법칙의 특수한 경우로 간주할 수 있다. 즉 물질이 마지막 단계에서는 에너지효과가 여러 배의 내구성에 의해 아주 뚜렷하게 경계 지워진 형태일 뿐이라는 사실에서 출발하면서 말이다. 우리는 예를 들어 압력효과나 빛의 효과가 에너지효과의 운반자, 에너지 복합체의 한 독특한 종류로 간주할 수 있는 어떤 것이라는 데에서 출발할 수 있다. 그러나 상세히 설명하기 어려운 이러한 생각을 여기서 더 이상 추적하지 않을 것이며, 보존법칙을 물질과 에너지를 포괄하는 통합적인 기본법칙으로 세우고자 한다.

핵심으로 돌아가자면, 보존법칙이 정말 모든 자연사건의 법칙일까? 이 질문은 어떤 의미에서 그렇다고 답할 수 있으나, 보다 심오한 의미에서는 그렇지 않다고 할 수 있다. 자연사건이란 대체 무엇인가? 우주의 사건과 과정에 있어 공통점이란 대체 무엇인가? 분명 변화일 것이다. 공간, 운동의 속도와 방향, 압력, 형태와 색깔, 생명체의 세포와 기관 등 변화할 수 있는 것은 여러 가지다. 운동은 열로, 전기는 빛으로 전환된다. 삶과 죽음은 끊임없이 바뀐다. 모든 변화는 물질량이나 에너지량의 변화 없이 이루어진다. 즉 에너지법칙을 준수하며 이루어진다. 그러나 그 변화들이 에너지법칙을 동인

(動因, drive)으로 해서 이루어지는 것일까? 분명히 아니다. 왜냐하면 에너지법칙의 요구는 전혀 아무 것도 일어나지 않는다는 사실에 의해서도 아주 간단하게 충족되기 때문이다. 내가 작은 장식품으로 넘치는 어두운 방에서 아무것도 부수지 않는다는 과제를 부여받고 의자에 앉아 있다면, 내가 이 과제를 아무 것도 건드리지 않고 의자에 앉아 있는 방식으로 해결하지 않는다면 매우 어리석은 짓일 것이다. 내가 계속해서 깨어지기 쉬운 물건 사이로 정말 교묘하게 비집고 다닐 수도 있을 것이나 이러한 식으로 주어진 과제를 해결하는 것은 불필요하게 복잡한 것이다. 즉 보존법칙만이 문제가 된다면 세계에는 아무 것도 일어날 필요가 없을 것이다. 이로써 이 원칙도 참모습을 드러낸다.

이 원칙은 그 지대한 의미에도 불구하고 자연의 모든 변화에 물질과 에너지는 변함이 없다고 진술하면서 근본적으로는 부정적인 성격을 지니고 있다. 그러니까 이 원칙이 모든 변화의 기본원칙에 대한 질문에 물질과 에너지량은 변하지 않는다고 답한다면 정말이지 본질적으로 이상한 것이다. 그것은 마치 내가 로베르트 마이어(Robert Mayer)[18]가 생에서 겪었던 변화에 대한 질문에 "그는 변함없이 로베르트 마이어였다."고 답하는 것과 같다. 혹은 덜 피상적으로 말한다면, "그는 언제나, 그의 명성의 절정기에도 단순히 소박하고 경건한 그 자신이었다."일 것이다. 그가 그렇게 머물렀다는 것은 확실히 매우 재미있기는 하나 그가 어떤 변화를 겪었나는 질문에 대한 답변이 아니다.

18) 열역학 분야를 개척한 독일의 의사이지 물리학자 율리우스 폰 마이어(Julius Robert von Mayer, 1814-1878)를 가리키는 듯하다.

보존법칙은 그 계율에 어긋나는 어떤 것도 일어나서는 안 된다는 의미를 가지고 있다. 이 법칙은 그의 주도 아래 실제로 무언가가 일어난다는 의미를 가지고 있는 것이 아니며 감독기관일 뿐 시도자는 아니다. 그것은 생산하는 성격이 아니라 규제적인 성격을 갖고 있는 것이다.

이러한 반대 명제는 다음과 같은 질문을 시사한다. 보존법칙 외에 변화법칙은 없는가? 말하자면 언제 세계에 무엇이 일어나고 그 다음에 무엇이 일어나는가를 진술하는 그러한 원칙 말이다. 우리는 이와 같은 원칙으로부터 너무 많은 것을 요구해서는 안 된다. 왜냐하면 그것은 모든 자연사건의 엄청난 다양성을 하나의 끈으로 엮어야 하기 때문이다. 우리는 공통적이며 모든 과정에 적용되는 경향에 만족해야 한다. 다음과 같은 것이 성공한다면 우리는 이미 놀라운 것을 달성한 것이다. 첫째, 그 조건 하에서는 아무것도 일어나지 않고 어떤 것이 일어나는 다른 조건을 서로 대비시키며, 둘째, 어떤 일이 일어나면 왜 그것이 일어나고 그 반대는 일어나지 않는지를 진술하는 것 말이다. 그러한 상반된 가능성은 순전히 논리적으로 말하자면 항상 존재한다. 한 물체는 그것이 그 장소에 머무르지 않는다면 왼쪽이나 오른쪽으로 움직일 수 있으며, 따뜻해지거나 차가워질 수 있다. 소금 용액에 들어 있는 크리스털은 용해에 의해 작아질 수 있고, 잘라냄으로 커질 수도 있으며, 병은 회복될 수도 있고 죽음에 이를 수도 있다. 이것은 이미 말했듯이 논리적인, 다시 말해서 사고 상의 가능성이다. 실제로는 당연히 단지 하나나 혹은 다른 하나만이 일어날 수 있다. 그렇지 않으면 모든 명확성, 모든 세계 질서가 중단될 것이기 때문이다. 그리고 실제로 하나가 일어나고 다른 하나가 일어나지 않는지, 아니면 반대로 다른 하나가 일어나고 하나가 일어나지 않는지, 그것이 여기서 문제시되는 중요한 질문이다.

자연의 과정들에서 어떤 경향을 인식하는 것은 그리 어려운 일이 아니다. 물체의 장소 변동에서 시작해보자. 중력, 다시 말해서 지구의 심층부에 있다고 생각되는 인력에 속한다고 간주하는 운동을 취해보자. 이것은 낙하운동이며 이 명칭에 이미 그 경향이 내재되어 있다. '모든 것은 아래로 떨어지지 위로 떨어지지 않는다'고 민중의 언어는 말한다. 자연계의 하천은 모두 계곡 아래로 흐르고, 이때 딱딱한 조각들을 끌고 가서 하구에 내려놓는다. 모든 눈사태와 산사태는 물질을 위에서 아래로, 높은 차원에서 낮은 차원으로 이동한다. 우리는 이것을 지구 표면 위에 있는 차원 차이의 평준화라고 규정하는 것보다 더 적절하게 특징지을 수는 없다. 다시 말해서 아주 서서히, 그러나 가차 없이 진행되는 평준화인 것이다. 사람들은 거대한 산악지대인 알프스가 수천 년 뒤에 그러한 과정의 결과로 평평하게 되리라는 것을 계산하고자 이미 시도하지 않았던가.

차이를 평준화한다는 이론에 대해 물론 자명하고 정당한 이의가 제기될 수 있으며, 이것은 우리를 서로 다른 종류의 과정을 대비시키는 것으로 인도한다. 말하자면 현존하는 수준차이를 완화시키는 것이 아니라 그 반대로 더 증폭시키는 사건이 수없이 있다는 것이다. 예를 들어 건물의 재료를 지표면에서 높이 올리는 사람들의 일을 생각할 수 있다. 그러나 자연 스스로도 같은 의미에서 일하는 경우가 드물지 않다. 화산활동에서 용암의 분출과 지각 내부의 돌덩이가 밀려 나오는 것이 예다. 우리는 여기서 상반되는 행위를 보이는 두 종류의 현상–자발적인 것과 강요된 현상이라 규정할 수 있는–을 구분해야 한다. 자발적인 현상이라 하면 스스로 힘으로 일어나는 것이며 이에 반해 강요된 현상은 외부의 낯선 힘에 의한 현상을 일컫는다. 첫 예에서는 인간이 이러한 도움을 수행하며, 두 번째에서는 지구 내부에 존재하는 장력(張力, Spannungskraft)이 수행한다. 모든 자발적인 현상은 마지막에는 수준 차이의 평준화로 귀결된다. 강제적인 현상은 물론 이를 행하지 않으며 이것을 수행하자면 외부의 도움을 요구한다. 그리고 이로 인해 이러한 경향에 대해 판단하는 것을 방해하는 어려움이 생겨난다.

우리는 이제까지 물질의 운동과 이로 인해 야기되는 수준의 평준화에 대해 거론했다. 그러나 이에 상응하는 것이 모든 영역에, 예를 들어 열에 대해서도 적용된다. 두 가지 아주 중요한 열적 과정은 열복사와 열전도다. 뜨거운 태양은 복사에 의해 열을 보다 차가운 지구로 보내며 견고한 지구는 스스로 잉여 열을 주변 대기권으로 보낸다. 우리가 금속 지팡이의 한 끝을 데운 뒤 놓아두면 열은 뜨거운 쪽 끝에서 차가운 쪽 끝으로 흐른다. 전자는 점차 차가워지고 후자는 따듯해진다. 말하자면 온도의 평준화가 일어나는 것이다.

이제 우리들의 생각을 일반화시켜 레벨, 긴장, 온도 평준화 등에 응용해보자면 강요된 과정들도 결국에는 평준화의 법칙에 순응한다는 것을 이해하기 시작하는 것이다. 왜냐하면 화산폭발의 경우 평준화 경향에 반해 많은 물질들이 위로 올라오기는 하지만 그 대신 지구 내부에서는 아마 더욱 중요한 장력의 평준화가 일어나기 때문이다. 우리는 평준화의 경향이 직접적이든 간접적이든 가차 없는 강제력을 지니고 도처에 배어 있는 것을 보게 된다. 상황에 따라 가능한 평준화가 이미 존재한다면 아무것도 일어나지 않는 것이며 평형이 지배하는 것이다. 그게 아니라면 무엇인가가 일어나는 것이며 이와 같은 사건의 경향은 진행성 평준화일 것이다.

모든 자연 사건의 성격에 대한 질문처럼 그렇게 중요하고 포괄적인 질문은 제기되는 모든 방식으로 조명 받을 가치가 있다. 그래서 이제 우리는 세 번째 견해에 이르기 전에 두 번째 견해를 논의하고자 한다. 다시 간단한 예에서 시작한다. 차가운 물이 들어 있는 큰 통과 뜨거운 물이 가득 찬 작은 유리컵을 생각하자. 그리고 뜨거운 물을 찬물에 쏟아 붓는다고 하자. 결과는 통에 있는 차가운 물이 약간 미지근해질 것이다. 원래의 온도가 통의 물이 대략 5도, 유리컵의 물이 95도였다면 지금 통의 물 온도는 6도 정도일 것이다. 에너지보존법칙에 따르자면 이 혼합과정에서 열에너지의 전체 양은 변하지 않았을 것이다. 그러나 유리컵에 있는 에너지가 이전에는 집중되어 있었던 반면에, 지금은 통의 커다란 공간에 흩어져 있다. 즉 우리는 이 묘사된 과정을 에너지 분산이라 특징지을 수 있다. 에너지 분산은 그것이 운동의 분산이든, 열의 분산이든 혹은 빛, 전하, 자기력의 분산이든 자연계 도처에서 일어난다.

운동에너지의 분산에 주로 책임이 있는 현상은 마찰이다. 마찰은 물체가 움직이면 그 물체가 주변을 같이 움직이게 하는 결과를 낳는다. 배는 상당한 양의 물을, 비행기는 상당량의 공기를 같이 끌고 다닌다, 물론 자신의 비용으로 그러며 이것이 에너지 분산이다. 우리가 어떤 것을 가열하려면 좋던 싫던 막대한 주변 영역을 같이 가열해야 하는데, 이것도 에너지 분산인 것이다. 우리가 전류의 흐름을 발생시키기 위해 발전기의 전기자를 자기화하려면 자기에너지의 일부가 공기 중으로 소실되는 것을 막을 수가 없다. 이것 역시 에너지 분산이다.

우리는 이와 같이 기묘한 과정을 보다 정확하게 파악하고자 하는데, 이것이 우리를 이미 예고된 고찰의 세 번째 부분으로 인도한다. 에너지가 흩어지면 그 에너지에 무슨 일이 일어나는가? 그의 공헌도가 변하지 않는 점은 확실하다. 그러나 무언가가 변했다는 것 또한 확실하다. 이것이 모순이 아니라는 것은 숫자 12의 예가 보여준다. 12는 그것을 만드는 법칙이 1×12로부터 2×6에서 혹은 3×4에서 변한다 할지라도 언제나 12에 머무른다. 에너지 또한 두 인수의 산물로 이해할 수 있으며, 심지어 이 인수에 아주 독특한 이름을 덧붙일 수 있다. 하나는 확산성인수, 다른 하나는 강도인수다. 예를 들어 뜨거운 물 한 잔을 갖고 있다면 확산인수는 작고, 강도인수는 크다. 통 속의 미지근한 물의 경우는 그 반대다. 그러나 그 산물, 에너지량은 두 경우 모두 아주 똑같은 것이 된다. 이와 같은 인수는 상이한 에너지 형태에서 중요한 역할을 한다. 예를 들어 전류의 흐름이 수행할 수 있는 것은 첫째 흐름의 양(보통 흐름의 세기라 부른다)에 달려 있고 둘째는 흐름의 전압에 달려 있다. 전자는 암페르(A)로 측정되는 확산성인수, 후자는 볼트(V)로 측정되는 전류 에너지의 강도성인수인 것이다.

우리는 이제 이러한 개념의 도움을 받아 자연계의 과정에 있는 경향을 다음과 같이, 즉 에너지는 확산성(Extensitaet)에서 증가하며 강도성(Intensitaet)에서는 감소한다고 규정할 수 있다. 이것은 자발적인 현상의 경우 두 말할 것 없이 맞다. 강제된 현상의 경우에도 여기서 외부의 에너지가 이입되고 이 외부에너지를 마땅히 같이 계산의 범주에 넣어야 한다는 것을 준수하면 역시 맞다. 에너지의 분산은 자발적으로 일어나며 그것을 다시 모으는 것은 도움을 위해 이입된 외부 에너지의 분산을 통해 강요되고 보상 받아야 한다. 이것은 내가 손수 그리고 공짜로 깨뜨릴 수 있지만 반면에 다시 짜 맞추기 위해서는 재주 있고 숙달된 세공업자를 필요로 하며 그에게 보수를 지불해야 되는 꽃병의 경우와 같다.

자연에서 일어나는 모든 것이 다시 되돌려질 수 있을까? 이 질문을 부정으로 답하는 데는 삶의 과정과 같이 최상급의 질서를 가진 과정을 들먹거릴 필요 없이 아주 단순한 과정만으로도 충분하다. 통 속에 있는 미지근한 물을 상기하면 우리는 이미 하나의 예를 가지고 있다. 왜냐하면 누구도 통으로부터 원래 유리컵에 있던 뜨거운 물을 걸러 낼 수 없기 때문이다. 그래서 사람들은 '돌이킬 수 있는(가역적인)' 과정과는 대조적으로 '돌이킬 수 없는(비가역적)' 과정에 대해 말하곤 한다. 전자 중에서는 아주 많은 과정들이 그 가역성이라는 것이 발상으로는 완전하나 현실에서는 커다란 어려움에 직면한다. 완두콩 한 포대를 흩뿌리는 것은 매우 쉬우나 그 완두콩을 다시 모으는 것은 아주 수고스러운 일이다. 우리는 그 경우에 수천 개의 완두콩 중에서 하나나 혹은 몇 개의 완두콩이 분실될 것이라고 안심하고 내기할 수 있다. 이것을 자연이나 혹은 기술의 실질적인 현상에 응용하면 우리는 많은 과정을 거꾸로 돌릴 수는 있기는 하나 완전한 복귀에는 도달할 수 없다는 것을 알게 된다. 모든 기계의 피스톤은 올라갔다 내려갔다 혹은 이리저리 가면서 그 운동의 방향을 지속적으로 바꾼다. 그러나 이와 연관된 어떤 부수현상, 예를 들어 이리저리 움직이는 과정에서 소모되는 재료는 평준화되지 않으며 그 반대로 증가할 것이다. 즉 결과는 이 과정이 완전히 가역적인 것이 아니라는 것이다.

그러니까 도처에 전혀 돌아갈 수 없거나 아니면 완전치 못하게 돌아갈 수 있는 과정만이 있는 것이다. 일어난 것은 일어난 것이며 이 과정에서 흩어진 에너지는 다시 모을 수 없거나 불완전하게 모을 수 있을 뿐이다. 이것은 마치 더 상급의 관청이 자연의 과정에 대해 세금을 징수하는 것과 흡사하며, 강제적인 역과정을 도입해 이 세금을 피하고자 시도하면 착복세가 뒤따른다. 우리는 지금까지 운동과 정과 열현상을 그러한 것으로만 생각해왔다. 그러나 더욱 흥미로운 것은 에너지가 그 질을 바꾸는, 즉 예를 들어 열이 운동으로 변환되는 과정들이다.

증기기관에서 일어나는 그러한 과정을 살펴보자. 증기기관은 수증기의 열장력을 운동, 즉 일로 바꾸는 목적을 가지고 있다. 여기에는 에너지법칙이 적용된다. 즉 에너지는 상실되지도 얻어지지도 않는다. 우리가 이것을 기계가 소모된 열의 양과 동일한 일의 양, 그러니까 매 칼로리 당 428mkg을 제공한다고 이해한다면 실제 결과에 크게 실망할 것이다. 기계는 훨씬 더 적은 일을 제공하며 그러므로 '나머지는 어디에 있는가?'란 의문이 생긴다. 우리는 그에 답할 준비가 충분히 되어 있다. 나머지는 흩어진 것이다. 그중 일부는 기계의 물질 속으로 들어가서 소모되었다. 이것이 바로 부수적 과정의 비가역성이다. 그러나 이것을 차치한다 하더라도, 기계의 일을 가역적인 과정으로 간주한다 하더라도 일부가 그것도 아주 큰 일부가 일로 바뀌지 않고 미지근한 열 상태로 남아 오히려 콘덴서 혹은 냉각기로 가거나 이것이 없는 곳에서는 냉각기의 역할을 떠맡는 공기 중으로 간다. 어떤 열기관도 증기기관 하나만을 가지고 작동할 수는 없으며 냉각기를 반드시 갖추어야 한다. 증기기관 에너지의 일부는 일로 바뀌며 나머지 일부는 미지근한 열로 냉각기를 통해 배출된다. 이것이 이미 거론되었던 세금이며 이 세금이 소득세로 징수되는 국가에서는 아마도 대부분의 주민들이 곧 이주할 것이다. 왜냐하면 그 세금은 아주 유리한 경우에도 70%에 달하기 때문이다.

기계에 들어가 일로 바뀐 부분을 효율도라 한다. 나머지는 분산율이라 부를 수 있다. 세금을 좋아서 내는 사람은 없다. 그래서 사람들은 오래 전부터 증기력을 효율성이 좋은 다른 힘으로 대치하고자 노력해 왔으며, 부분적으로 성과가 있기도 했지만 결정적인 성과는 없었다. 그러나 우리들에게 원칙적으로 중요한 것은 효율성이 결코 100%에 이를 수 없다는 사실이다. 여기서도 에너지의 분산 없이는 아무 것도 진행되지 않는다. 우리는 이제 모든 사건의 경향, 모든 것이 진행되는 원칙에 대한 하나의 상을 얻었으며, 이제 이 원칙의 보유자를 세우고 하나의 개념을 도입하는 일만 남았다. 즉 에너지보존법칙의 슬로건, 에너지 하에 서 있듯이 그 명령 하에 세계 속의 변화가 서 있는 그러한 개념 말이다. 이 분야에서 다른 어떤 이보다 더 큰 업적을 이룬 독일 학자 루돌프 클라우지우스(Rudolf Clausius, 1822–1888)[19]가 이 개념을 위해 하나의 이름을 고안해 냈는데, 이 개념과 이름은 많은 점에서 매우 다행스럽고, 많은 점에서 불행하게 선택되었다.

클라우지우스에 따라 에너지의 분산율, 그의 확산성인수를 엔트로피라 칭하자. 그러면 우리는 세계를 포괄하는 의미가 있는 즉, '전체적으로 보아 엔트로피는 지속적으로 증가한다, 혹은 엔트로피는 최대치를 지향한다.'라는 원칙을 갖게 된다. 엔트로피는 '안으로 돌아간다'라는 뜻이며 사람들이 이러한 규정이 어떻게 분산율로서 엔트로피의 의미와 화합하는지를 묻는 것은 지당하다. 이를 위해서 우리는 조금 멀리 소급해 이야기해야 한다.

채굴장과 채굴장 사이에는 차이가 있다. 즉 분해 가능한 것과 분해 불가능한 것이 있다. 후자는 가치가 없기 때문이 아니라, 분해 불가능하거나 쉽지 않기 때문이다. 에너지의 경우에도 비슷한 사정이

19) 독일 물리학자이자 수학자로 열역학 분야의 기초를 만든 핵심적인 인물이다.

다. 두 개의 에너지량이 숫자에서 완전히 같을 수 있으나, 하나는 분해 가능한, 따라서 가치 있고, 다른 하나는 분해 불가능한, 따라서 가치가 없을 수 있다. 우리는 끓는 물 한 냄비로 작은 증기기관을 움직일 수 있다. 그러나 주변 온도와 같은 물이 들어 있는 통으로는 아무 것도 할 수 없다. 대서양에는 상상할 수 없을 정도로 많은 에너지가 열의 형태로 들어 있어서 우리는 에너지법칙에 따른 이론상 세계의 모든 증기선을 추진시킬 수 있으며 다른 많은 것도 할 수도 있다. 그러나 실제로는 아무 것도 할 수 없는 이유는 이 에너지가 분산되어 평형상태에 있기 때문이다. 대서양이라는 솥에는 냉각장치가 없다. 우리가 보았듯이 증기기관의 과정에는 사용된 뜨거운 열의 일부가 일로 이용되며, 나머지는 차가운 열로 탈가치화된다. 따라서 에너지의 분산 대신에 에너지의 탈가치화라고 말할 수도 있다. 이 같은 탈가치화는 '안으로 돌아감'이란 의미로 이해되고, 이러한 면에 한해서 엔트로피란 표현은 아주 운 좋게 선택되었다. 불행하게 선택되었다는 것은 이 표현이 증가함이라는 특성에 의해 쉽사리 잘못된 생각을 일깨우거나 올바른 생각을 방해하는 것에 한에서 그렇다는 것이다. 에너지의 확산인수가 아니라 강도인수에 이름을 부여하고–이 경우 '엑트로피(Ektropie, 바깥으로 향함)'라는 말이 걸맞다–이것에 대해 원칙을 세우는 것이 더 나았을 것이다. 즉, 세계의 엑트로피는 최소치를 지향한다.

에너지에 대한 전체 학설, 한편으로는 보존법칙, 다른 한편으로는 탈가치화에 대해 말장난이라는 비난이 나올 법하다. 왜냐하면 에너지는 보존되거나 아니면 탈가치화되기 때문이다. 반면에 주어진 설명에서 양자가 조화될 수 있다는 것이 드러나는데 이를 위해 두 개의 간단한 비유를 예로 들을 수 있다.

그중 하나는 이전에 이미 사용된 것과 관련된다. 즉 자연은 어떤 종류의 에너지 손실에 대해 보험에 들어 있다는-예를 들어 열의 형태로 잃어버린 일에 대해 보상을 받는다는-생각 말이다. 돌은 바닥으로 떨어지며 그의 살아있는 힘은 그곳으로 가고 땅은 데워진다. 열은 살아있는 힘에 대한 숫자상의 보상이다. 물론 이 보상은 바닥열의 도움으로 돌에 그의 살아있는 힘이 다시 재현되지 않는 한 만족스러운 것이 아니다. 사정은 몇 개의 귀중한 필사본이 타버리고 감정가가 확정된 가치에 따라 돈으로 배상되는 경우와 똑같다. 보험회사는 더 이상은 할 수 없으며 나에게도 별로 도움이 되지 않는다. 나는 돈으로 필사본을 다시 나타나게 할 수 없다. 그것은 잃어버려 찾을 수 없게 된 것이다. 자연계에서도 대등한 보상이 유용한 에너지가 지속적으로 상실되는 것과 엑트로피가 계속 감소하고 엔트로피가 계속 증가하는 것을 막지 못한다.

일상적으로 그리고 도처에서 진행되는 또다른 과정은-이 경우 보존과 가치변환이 함께 나타나는-사업이다. 가격은 상품과 등가이며 상대자 모두가 이윤을 남긴다(그렇지 않으면 거래를 하지 않을 것이다). 객관적인 가치의 액수는 교환에 의해 변하지 않지만 주관적 가치의 액수는 올라간다. 자연 또한 쉼 없이 교환사업을 하며 매번 가치가 덜한 것을 얻고 점점 가난해진다.

우리는 결론, 미래에 대한 전망에 이르렀다. 에너지는 불변하며 엔트로피는 증가한다. 태양은 빛나고 있지만 그림자는 점점 길어진다. 도처에서 분산되고, 평준화되고, 탈가치화된다. 석탄은 타서 재가 되고, 재가 석탄이 되지는 않으며 산은 허물어지고 다시 세워지지 않으며, 열의 원천에서 복사가 일어나고 다시 보충될 기회는 없다. 모든 것이 엔트로피이고 엑트로피는 없는 순간이 와야 되는 것

아닌가? 왜냐하면 자연이나 인간에 의해 연출된 현상들은–그 경우 예외적으로 에너지가 집중되고, 세분화되고 고양되는–단지 뜨거운 돌 위의 물 한 방울이고, 전체 진행을 기껏해야 다소 지체시킬 수는 있지만, 저지할 수는 없다는 사실에 대해서 우리는 속지 말아야 한다. 그 다음에 일어나는 상태는 삶, 사건이라 하는 모든 것의 전반적인 정지 상태와 다를 바 없다. 인류에게는 탄탈루스(Tantalus) 그리고 그의 고통과 비교할 수 있는 그러한–사방에 에너지, 그러나 인식할 수 없는–상태인 것이다.

다행스럽게도 이러한 관점에서 절망을 덜어주는 고찰이 있으며 다음은 이러한 고찰에 대한 차례다. 평준화과정은 대립이 존재하는 곳에서만 일어날 수 있다. 대립이 강할수록 평준화도 격렬해지며, 대립이 약할수록 평준화도 약해진다. 그러나 평준화과정을 통해서 대립은 지속적으로 완화된다. 그 경향이 서글픈 전망을 보여주는 전 세계 진행이 점점 더 서서히 진행되는 것을, 아무튼 그가 현재 자연의 질풍과 노도 같은 시기보다 훨씬 더 조용해 진 것을 깨닫게 된다.

"처음에는 크고 강력하게, 그러나 이제는 현명하고 신중하게 가는구나"

이 진행 과정의 템포는 점점 더 느려질 것이며 그 끝은 예측할 수 없는 거리에 있다. 우리는 점점 길어지는 그림자에 현혹되지 않고 세계 지배자의 축복(예측할 수 없는 시간)에 감사하고 기뻐할 수 있을 것이다.

[출처] 요약된 텍스트는 다음에서 차용했다:
Himmel und der Erde. Hrsg. von der Gesellschaft Urania, Berlin, XIV. Jahrgang. Juli 1902, Heft 10, S. 433–520.

2

우주 먼지에서 꽃가루까지, 자연의 먼지

먼지를 구성하는 입자는 바람이나 그 밖의 다른 힘에 의해 실려 가는 떠돌이로 때로 먼 여정을 거친다. 현대의 분석기술은 아주 작은 입자까지도 그 여행경로를 재구성할 수 있기 때문에 우리는 먼지가 이야기해 주는 역사를 들을 수 있다.

인간에 의해 만들어진 먼지에 비해 자연의 먼지가 압도적으로 많다. 대기권에서 선회하는 먼지의 대략 90%가 자연적 근원지에서 유래한다. 그것은 태양빛 속에서 이리저리 춤추는 다채로운 무리다. 우주, 사막의 모래, 화산재, 나방이 날갯짓할 때 떨어지는 비늘 입자들. 심지어 가장 큰 먼지의 근원지는 젖어 있다. 바로 공기에 미세한 소금을 가미한 해양이다.

별 먼지의 기억,
우주 먼지와 그 연구 방법

토마스 슈테판

우리는 먼지와 그림자다(Pulvis et umbra sumus).

호라티우스(Quintus Horatius Flaccus, 기원전 65–8)

우리 태양계는 약 46억 년 전에 거대한 성간가스와 태양계 이전의 먼지구름에 의해 탄생했다. 천문학자들은 오늘날까지도 성간물질의 구름 속에서 그러한 별들의 탄생과정을 관찰하고 있다. 가스와 먼지가 태양계 형성과정에서 마침내 보다 큰 물체로 농축된 것이다.

태양 자신을 차치한다면 이러한 물체에 속하는 것은 안쪽의 소위 육지로 된, 수성, 금성, 지구, 화성이며 주로 태양계 이전 구름의 먼지 요소에서 탄생했다. 더 멀리 밖으로는 먼지 외에도 달아나는 가스 요소를 잡아둘 수 있는 커다란 가스행성인 목성, 토성, 천왕성, 해왕성이 있다. 반면에 가스행성의 수많은 위성들은 육지로 된 행성과 비슷하다.

그 외에도 태양계에는 소유성, 혜성과도 같은 수많은 작은 물체가 있다. 흔히 작은 행성으로도 불리는 소유성은 대부분 지름이 914㎞ 미만이며, 1만 개 넘게 알려진 소유성 중에서 대략 140개만이 지름이 100㎞ 이상이다. 우리는 이 물체의 대부분을 소유성 띠, 즉 태양에서 약 2.8천문단위(AU)만큼 떨어져 있는 화성과 목성의 궤도 사이에서 발견한다. 1천문단위(1AU, astronomical unit)는 지구와 태양 사이의 평균 거리이며 약 1억5천만㎞이다. 반면 혜성은 태양계의 아주 바깥쪽, 30에서 1천 AU에 이르는 해왕성 궤도와 5천에서 2십만 AU에 이르는 오르트 구름(Oort cloud)[20] 건너편에 있는 카이퍼 띠(Kuiper Belt)에서 유래한다. 카이퍼 띠의 경우는 소유성 띠와 비슷하게 고리 형태의 큰 저장소인 반면에 오르트 구름은 태양계와 그 바깥쪽 경계를 에워싸고 있는 원 형태의 구름을 상상해야 한다. 태양계의 9번째 행성인 명왕성[21]은 그동안 카이퍼 띠의 물체로서 관찰되었으며 최근에 발견된 소행성인 콰오아(Quaoar)[22]와 세드나(Sedna)[23]도 그러하다. 후자는 오르트 구름에서 유래할 수도 있으며 그의 강력한 타원형 궤도에서 오르트 구름의 심장부를 카이퍼 띠와 연결할 수도 있다.

처음에는 먼지였다

이 모든 물체는 태양계 이전의 먼지구름이 수많은 충돌을 통해 점점 더 큰 물체로 통합되었을 때 탄생했다. 그 후 이 물체들의 역사는 대체로 두 개의 중요한 요인에 달려 있다. 그중 하나는 중심별, 즉 태양으로부터의 거리다. 물체가 중심별로부터 멀리 떨어질수록 그가 자신의 역사에서 경험한 최대온도는 적어진다. 다른 하나는 물체의 크기다. 작은 물체가 상대적으로 큰 표면을—열을 바깥쪽으로 빨리 방출할 수 있는—갖는 반면에 큰 물체는 상대적으로 적은 표면을 갖

20) 태양계 가장 외곽에 있는 엄청남 양의 먼지와 얼음으로 이뤄진 띠
21) 현재 명왕성은 2006년 8월에 변경된 국제천문연맹(IAU)의 새로운 행성 분류법에 따라 행성(planet) 지위를 박탈당하고 왜소행성(dwarf planet)으로 분류한다. 명왕성이 소행성 목록에 포함됨에 따라 명왕성이라는 이름 대신 '134340'이란 고유번호로 불린다.
22) 2002년 발견된 소행성. 지름이 1,280km로, 지구의 약 1/10 크기며, 공전주기는 288년이다.
23) 2003년 발견된 소행성으로 해왕성에 위치한다. 일부 장주기 혜성을 제외하면 태양계 가장 외곽의 소행성이다.

는다. 따라서 천천히 식으며 강력하게 데워진다. 태양계 초기단계에 내부 열의 원천으로 두 가지 과정이 물체에 사용되었다. 한편으로는 물질을 붙잡아 가두어 운동에너지와 중력에너지가 열에너지로 전환되었고, 다른 한편으로는 태양계가 탄생할 때 수명이 짧은 방사성 동위원소가 수없이 있었다. 여기서 가장 중요한 것은 반감기가 71만 6천 년이며 오늘날에는 사멸한 알루미늄 동위원소 ^{26}Al이다. 그러나 그것은 태양계가 탄생하기 바로 그 이전에 다른 별이나 별의 폭발에서 만들어져 많은 양이 존재했으며, 그의 붕괴는 커다란 물체의 내부를 데워주었던 바로 그 열의 원천이었다. 작은 물체, 특히 아주 바깥에 있던 것들은 에너지를 빨리 바깥으로 방출할 수 있었기 때문에 상대적으로 차가웠다. 이런 이유로 태양계 초기의 역사에서 소유성과 혜성이 주목받는다. 더 큰 물체들은 대부분 이 시기에 모든 흔적이 지워졌기 때문이다.

수명이 제한적인 먼지

그러므로 태양계 탄생 초기에 이미 막대한 양의 먼지가 있었음에도 오늘날 지구로 떨어지는 먼지는 태양계 이전 구름의 잔재는 아니다. 먼지는 태양계에서 수명이 제한되기 때문이다. 행성, 소유성, 혜성에서는 중력의 영향이 크지만, 먼지입자에 작용하는 힘은 중력만이 아니다. 1㎛(1/1,000㎜)보다 작은 먼지입자는 태양의 복사압력에 의해 우리 태양계를 떠나며, 자외선과 복사열에 의해 전하를 띤 입자에 자기력이 작용해 태양계에서 안정된 궤도를 유지하는 것이 불가능하다. 반면에 지름이 약 10㎛ 이상인 큰 먼지입자는 태양의 복사에 의해 속도가 늦춰지고 나선궤도 위에서 태양 방향으로 이동한다. 이때 태양은 거대한 진공청소기처럼 작용해 이러한 입자의 수명을 약 1만 년으로 제한한다. 100㎛(0.1㎜)보다 큰 입자는 다른 입자와 충돌해 작은 입자로 쪼개지며 위와 같은 영향을 받아 역시 약 1만 년으로 수명이 제한된다.

이러한 시간은 한 먼지 연구자의 생애와 비교할 때 길어 보일지라도, 46억년 동안 지속되었던 태양계의 역사와 비교하면 매우 짧은 것이다. 한때 우리 태양계를 탄생시켰던 먼지는 작은 입자 형태로는 살아남을 수가 없었다. 그래서 오늘날 우리가 태양계에서 관찰하고 지상에서 연구하는 먼지는 비교적 최근에 일어난 과정에서 생겨났어야 한다. 우리는 망원경으로 달을 바라보며 오늘날도 역시 먼지를 방출하는 과정의 흔적을, 즉 운석이 떨어져 생겨난 커다란 분화구를 볼 수 있다. 이렇게 끊임없이 달 표면에 운석이 떨어지는 것은 달 표면이 수 미터 두께의 먼지와 파편 층으로 덮여 있다는 사실을 말해준다.

운석 충돌과 '빈자(貧者)의 우주탐사'

태양계에서 커다란 물체의 궤도는 변하지 않는 것으로 보이지만 그 궤도는 지난 46억 년간 항상 서로를 방해해 왔다. 큰 행성의 영향에 의해 변하는 것은 무엇보다도 작은 물체들의 궤도다. 이로 인해 소유성 띠에서 충돌이 일어날 수도 있고, 소유성의 파편 조각이 행성 및 지구의 궤도와 교차하는 궤도에 진입한다.

지구 또한 우주의 폭격으로부터 안전하지 않다는 것은 남부 독일에 있는 북부의 분지처럼 커다란 운석구덩이가 증명한다. 6천500만 년 전에 공룡도 희생된 대규모의 멸종사태가 그와 같은 우주적 사건에 의해 야기되었다는 것이 사실로 판명되었다. 80년대 초에는 백악기에서 제3기로의 이행을 나타내는 획기적인 변화에 대한 지구 외부적 요인을 직접적으로 증명하기 어려웠으나 흔히 운석에서 발견되는 희귀한 금속인 이리듐 축척물이 해당 지층에서 발견되었고, 나중에 명백히 커다란 운석이 떨어져 변화된 광물과 같은 다른 증거도 발견되었다. 사람들은 마침내 멕시코의 유카탄 반도 해안에서 약 180㎞에 달하는 커다란 운석구덩이를 발견했는데, 이것의 형성 시기는 6천500만 년 전으로 정확히 백악기-제3기 경계와 맞아 떨어졌다.

지구도 과거에 달과 비슷한 방식으로 우주 폭격에 노출되었던 것이 분명하다. 지구는 심지어 자신의 큰 질량과 표면 때문에 달보다 많은 운석을 잡아당겼어야 했다. 지구 표면이 이러한 낙하에 의해 패이지 않은 데에는 많은 이유가 있다. 첫째는 대기권 때문이다. 대기권은 시간당 200-300㎞로 지구 표면에 도달하는 운석의 속도를 늦추어서 해를 입지 않게 한다. 둘째는 지구 표면의 70% 이상이 바다여서 흔적이 남을 수가 없었다. 다른 한편으로는 지구의 표면은 달의 표면과는 달리 끊임없이 변화하고 있었다. 지각운동 혹은 침전과 같은 지질학적 과정은 운석의 흔적을 효과적으로 지웠다. 그래서 운석구덩이 또한 두꺼운 퇴적물 층에 묻혀 있었기 때문에 오랜 기간 동안 발견되지 않았다.

거대한 운석의 낙하보다는 덜 스펙터클하지만 과학적 관점에서 흥미로운 것은 우주의 물질이 먼지의 형태로 지구에 들어오는 것이다. 이러한 행성 간의 먼지는 매년 지구로 들어오는 1만에서 4만 톤에 이르는 물질의 대부분을 차지한다. 먼지입자는 모체인 물체, 즉 그것이 유래하는 태양계의 물체에 대한 정보를 제공한다. 먼지는 이미 언급했듯이 모체로부터 1만 년 전보다도 더 일찍 떨어져 나올 수는 없었다 할지라도 대부분의 모체는 46억 년 전에 형성되었으며 먼지의 도움으로 이 탄생에 대해 어느 정도 알아내는 것이 가능하다.

미국의 아폴로 계획과 소련의 루나 계획이 진행되던 시절에는 달에서 가져온 시료로 연구할 수 있었다. 하지만 그럴 수 없는 현재는 운석과 우주먼지가 연구자들이 구할 수 있는 유일한 지구 바깥에서 온 물질이다. 그것들을 구하는 방법은 간단하다. 지표면을 뒤져서 찾아내기만 하면 된다. 그래서 우리는 그것을 '빈자(貧者)의 우주탐사'라고 부른다.

혜성의 먼지, 삶의 초석

거의 모든 운석은 소유성에서 유래하지만 혜성도 먼지입자의 모체로서 중요하다. 혜성이 태양계 내부에 진입하면, 즉 중심별에 가까워지면, 먼지와 이온화된 가스로 이루어진 스펙터클한 꼬리를 형성하는데, 이것이 태양계의 먼지를 생산하는 또 하나의 근원지다.

혜성은 이미 언급했듯이 형성된 이후 대부분을 태양계 외부에서 머무른다. 추측컨대 혜성은 우리가 태양계에서 획득할 수 있는 가장 근원적인 물질일 것이다. 태양계의 차가운 영역에서는 아주 빠른 구성 요소조차도 응결될 수 있었고 이 때문에 대부분 사라지지 않았다. 따라서 혜성의 물질은 우리 태양계를 탄생시킨 구성 요소에 가장 가까워야 한다.

먼지는 지구 위 삶의 발전에 대해 그리고 경우에 따라서는 다른 천체의 삶의 발전에 있어서도 중요한 역할을 했을 것이다. 혜성의 먼지는 삶의 구성 요소로 기여했을 유기적 결합물을 함유하고 있다. 심지어 생명이 먼지를 통해 한 천체에서 다른 천체로 운반되며 우리의 지구에도 도달했다는 것이라는 이론도 있다. 범종설(汎種說, Panspermia)이라 불리는 이 학설은 1970년대에 영국의 천문학자이자 수학자, 공상과학소설 작가인 프레드 호일(Fred Hoyle)과 스리랑

카 출신의 동료인 찬드라 위크라마싱(Chandra Wickramasinghe)에 의해 세워졌으나 예나 제나 격렬하게 논란이 되고 있다. 어쨌든 확실한 것은 행성 간의 매체인 먼지구름에 유기체의 결합물이 있다는 것이며, 우리는 연구실에서 우주먼지입자에 있는 그 잔해를 분석할 수 있다는 것이다.

먼지가 태양계에 존재한다는 인식은 이탈리아-프랑스계 학자인 지오바니 도메니코 카시니(Giovanni Domenico Cassini, 1625-1712)로 거슬러 올라간다. 그는 1683년에 이미 황도광(黃道光, zodiacal light)이 태양광선의 먼지입자에서 산란해 동물계(그리스어인 조디아쿠스(Zodiakus)는 동물계를 뜻한다) 차원에 생겨난다는 것을 알아차렸다. 공기 오염과 불빛 때문에 카시니의 시대와는 비교할 수 없지만, 우리는 일출이나 일몰 너머로 하늘이 원추형으로 밝아지는 것을 관찰할 수 있으며 연초에는 서쪽에서 일몰 조금 후에 그리고 가을에는 일출 조금 전에 동쪽에서 관찰할 수 있다.

성층권에 있는 사냥꾼과 수집가

먼지입자가 지구의 대기권에 진입하면 그들은 대개 속도가 현저하게 줄어서 완전히 기화한다. 어쨌든 대기권에 진입할 때 그들의 속도는 최소한 매 초당 11㎞에 달한다. 이때 대기권 상층부에 있는 가스는 자극을 받아 빛을 발한다. 이러한 현상을 유성 혹은 별똥별이라 한다. 그러나 많은 경우, 특히 발생하는 열을 빨리 방출할 수 있는 아주 작은 입자의 경우에 입자는 완전히 기화하지 못한다. 그들은 단지 속도가 현저하게 느려져, 천천히 땅으로 떨어진다.

이와 같은 먼지는 우리 지구의 도처에 있으며 분명 여러분이 읽고 있는 이 책 위에도 이런 저런 우주의 먼지입자가 있다. 그러나 이와 같은 먼지를 발견하고 보통의 집먼지와 분리하는 데에는 어려움이 있다. 그래서 계획적으로 행성 간의 먼지를 찾아서 연구에 이용하려는 생각은 카시니 이후 300년이 지나서야 실현되었다 미국학자 도날드 E. 브라운리(Donald E. Brownlee)는 1976년에 성층권에 있는 먼지를 수집하자고 제안했다. NASA는 1981년 이래 20㎞ 높이의 성층권에 먼지를 수집하는 비행기를 투입했다.

먼지는 이 높이에서 아주 깨끗하다. 지상 먼지의 깊숙한 층에서의 우주먼지입자 사냥이 짚더미에서 바늘 찾는 격인 반면, 여기에서의 성공률은 50%까지 달한다. 우리는 20㎞ 높이에서 행성 간의 먼지입자 외에도 비행 여행과 우주선 여행에서, 심지어 화산재에서 유래하는 입자를 여전히 발견하기는 하지만, 이러한 입자를 화학적 조성을 바탕으로 일목요연하게 그 근원지에 연결시키는 것이 가능하다.

입자를 수집하는 것은 비교적 간단하다. 30-300㎠ 크기의 플렉시글라스(plexiglass)[24]를 사용하며, 이것은 끈끈한 실리콘기름으로 덧칠되어 있다. 유리판은 이 높이에서 공기의 흐름 속에 투입하기 위해 특수 제작된 비행기의 날개 아래 보관된다. 작은 집전기(30㎠)에서 노출 시간당 지름 10㎛보다 큰 우주적 근원을 갖는 먼지입자를 1-2개 얻을 수 있다.

우주의 노획물은 지구로 돌아와 NASA의 고도로 청결한 연구실에서 학자들에 의해 검사된다. 이 노획물에서 우선 실리콘기름이 제거되어야 한다. 그것은 플렉시글라스에 입자를 부착시키고 낮은 공기층에 있는 수분과 같은 주변의 영향으로부터 입자를 보호하는 임무를 마쳤다. 입자를 실리콘기름으로부터 떼어내기 위해서 해체 용

---

24) 유리처럼 투명한 합성수지. 비행기 창문 등의 소재로 쓴다.

액인 헥산용액에서 세척하는데 이때 기술의 핵심은 단지 1/100㎜의 전형적인 크기를 지닌 입자를 잃어버리지 않는 데에 있다. 이때 우주먼지가 일반적인 집먼지와 섞이지 않도록, 반도체산업에서와 같은 클린룸을 이용해야 한다.

오늘날은 하나의 입자로 여러 가지를 분석할 수 있다. 이러한 분석은 입자 그리고 때로는 1㎛ 크기의 구성 요소 파편의 화학적, 물리적 그리고 광물적인 특성에 대한 정보를 제공한다. 먼지입자는 대개가 아주 상이한 요소들로 이루어져 있다. 연구는 전 세계의 여러 연구소에서 실행되며, NASA를 통해 제공한다.

성층권에서 수집된 수천 개의 먼지입자가 바늘머리 하나도 채우지 못한다 하더라도 먼지의 모체와 전체로서의 태양계 탄생에 대한 지식을 결정적으로 확장시켰다. 이를 위한 전제조건은 작은 표본의 연구를 가능케 한 기술적 발전이었다. 여기서는 특히 혜성에서 온 입자들이 커다란 흥밋거리다. 우리는 그들로부터 우리 태양계가 오래 전에 무엇에서 기원했는지를 알 수 있다. 특히 흥미로운 것은 태양계 탄생 이전의 시기에 대한 정보를 지니고 있는 특정한 구성 요소들이다.

먼지에 대한 연구는 태양계를 이해하도록 했고, 결국에는 우리의 근원을 잘 이해하는 데 기여했다. 먼지는 물질순환의 중요한 구성 요소이며, 이 먼지에서 별들이 탄생했고 그 별들은 생의 마지막에 다시 먼지로 되돌아간다.

태양계보다 오래된 먼지

46억 년 전 우리 태양계를 형성한 먼지는 그 기원을 이 시기 전의 서로 다른 항성들의 진행 과정에 두고 있다. 그래서 실질적으로 물을

행성 간의 먼지입자를 주사형전자현미경으로 촬영한 것 ©토마스 슈테판(Thomas Stephan).
이 사진은 NASA의 연구소에 연구차 체류할 때 저자가 촬영한 것이다. 이 먼지입자가 너무 작아서 그냥 눈으로는 알아차릴 수 없다 하더라도 독특한 정보를 풍부하게 간직하고 있다. 그 때문에 이 먼지입자는 수없이 많은 연구의 대상이었으며(최소한 7가지 다른 방법으로 9번 분석), 1994년과 2000년 사이에 휴스턴(텍사스), 하이델베르크, 뮌스터 그리고 할레에서 실행되었다. 이 작업에는 독일, 미국과 일본에서 온 학자 11명이 참여했다.

제외한 모든 원소와 빅뱅 이후 얼마 되지 않아 형성된 대부분의 헬륨이 항성의 거대한 핵융합(원자)로에서 만들어졌다. 이제 이러한 요소들은 항성의 생애 말기에 주변 즉 성간매질로 방출된다. 이러한 일은 항성의 바람에 의해, 혹은 외피가 파열되거나 종종 하나의 항성을 전 은하계처럼 밝히는 초신성의 거대한 폭발을 통해서 일어날 수 있다. 날아가지 않는 물질은 마지막에 먼지입자로 응결되며, 이로부터 새로운 항성계가 탄생할 수 있다.

태양계의 탄생에는 항성들과 항성 세대의 수없이 많은 먼지들이 잘 섞여서, 개별적인 항성의 기원에 대한 정보가 사라졌다. 여기서 태양계 이전의 먼지가 예외인데 이 먼지는 오늘날도 기묘한 동위원소 관계의 형태로 이 정보를 간직하고 있다. 이러한 태양계 이전의 입자는 1980년대 후반에 원시적인 운석에서 처음 발견되었다. 그들이 유래한 소유성은 이러한 먼지를 보존할 수 있었다. 처음에 발견되었던 태양계 이전의 광물질 다이아몬드, 실리콘카바이드(SiC), 흑연은 화학적뿐만 아니라 열역학적으로도 공격하기 어렵지만 오히려 드물게 형성된 것 같다. 지구 대부분의 암석, 운석 그리고 우주의 먼지를 구성하고 있는 규산염이 훨씬 더 흔한 것으로 생각된다. 규산염으로 이루어진 먼지 대부분은 태양계의 탄생을 이겨 낼 수가 없었고 그래서 잘 혼합되었다. 우리는 성간 먼지입자와 몇 개의 원시적인 운석에서 오랫동안 찾던 태양계 이전의 규산염을 발견했다.

우리에게는 이제 혜성 내지는 운석의 물질이 제시되었고, 그 물질의 입자 하나하나는 그 이전 항성의 대기권이나 성간에서 응결되었던 개별적인 입자를 포함하고 있다. 이러한 종류의 천체물리학적 먼지 연구에서 각별한 것은 이로 인해 항성의 물질을 연구소에서 직접 연구하는 것이 가능해졌다는 것이다. 천문학이 보통 전자기적 복사 특히 멀리 떨어진 물체의 빛을 망원경으로 연구할 수 있는 반면에, 최첨단 전자현미경과 질량분석기[25]로 항성의 먼지를 직접 관찰한다. 오늘날 천체물리학자와의 공동 작업이 널리 확대되어 한편으로는 행성먼지학자가 천체물리학자에게서 어떤 항성의 타입이 그

25) 질량(스펙트럼)분석기(Massenspektrometer): 원자와 분자의 질량을 규정하고 혼합물질을 특징 지우기 위한 기구. 질량분광계는 혼합 상태에 있는 상이한 화학적 결합을 분리하고 확인하며 양적으로 규정하기 위해 전기장과 자기장을 사용한다. 이 방법은 연대 규정과 화학적 결합의 정성적 분석 방법으로서 특히 가스와 액체를 양적으로 규정하는 데에 적합하다. J. J. Thomson이 1910년 최초로 질량분광계를 제작했다.

먼지입자의 탄생처로 여겨지는지를 알 수 있으며, 다른 한편 천체물리학자는 연구실작업을 통해 항성들의 진행 과정에 대한 상세한 정보를 알 수 있다.

공기보다 가볍지만 견고한 에어로졸

성층권에 있는 우주먼지의 수집을 차치한다면 당연히 먼지입자를 우주에서 직접 포획하는 것을 생각할 수 있다. 그러나 이것은 비할 수 없을 정도로 어렵고 실제로 얼마 전까지도 불가능했다. 먼지입자는 무인측정기와도 같은 견고한 장애물에 부딪히면 높은 상대속도를 바탕으로 완전히 기화한다. 따라서 우리는 우주의 먼지를 포획하려면 부드럽게 속도를 줄일 수 있는 매개체를 필요로 한다. 성층권에서 수집되는 먼지의 경우는 제일 높은 대기층이 도와준다. 우주에서는 이를 위해 '에어로젤(Aerogel)'이라는 명칭을 지닌 물질이 사용될 수 있다. 여기서 중요한 것은 굉장히 적은 밀도를 지닌, 이산화규소로 된 견고한 물체다. 화학적으로 비슷한 구조지만 그것의 밀도는 유리보다 인수 1,000 아래에 있다. 게다가 그간 공기보다 가벼운 에어로젤을 생산하는 데 성공했다. 그물 구조로 구성된 견고한 물체에서 초당 수 킬로미터의 속도를 내는 입자를 몇 밀리미터 안에서 파괴시키지 않고 속도를 늦추는 것이 가능하다.

1999년 2월 7일 에어로젤로 된 먼지포획기를 실은 미국의 무인우주탐측기 스타더스트(Stardust)가 빌트 2(Wild 2)[26] 혜성으로 향했으며, 그 탐측기는 2004년 1월 2일 236km 거리에서 혜성을 지나갔

26) 스위스 천문학자 파울 빌트(Paul Wild)가 1978년 발견한 혜성. 혜성 이름은 발견자의 이름을 따서 붙였다.

다. 거기서 수집된 혜성의 먼지는 2006년 1월 15일 캡슐에 안전하게 포장되고 낙하산에 의해 속도가 제어되어 미국의 유타주 사막에 착륙했다. 유래지가 분명한 최초의 혜성 먼지다. 이 먼지가 여전히 수수께끼 같은 천체를 이해하는 데 기여할 것이 분명하다.

참고문헌

Gruen Eberhard, Bo A. S. Gustafson, Stan Dermott und Hugo Fechtig(Ed.): Interplanetary Dust. Berlin 2001.

두꺼운 공기, 대기권에 있는 먼지

마틴 에버트

환경매체인 토양, 물 그리고 공기는 일견 잘 분리되어 있는 듯이 보이지만, 사실은 사람들이 생각하는 것보다 훨씬 더 강하게 얽혀 있다. 발밑에서 느끼는 토양의 견고한 암석층은 우리가 생각하는 것처럼 전혀 견고하지 않다. 그것은 단지 50-150㎞ 두께이고 그 밑에 있는 맨틀의 흐르거나 부분적으로 녹아 있는 층 위에서 표류하고 있다. 구조지질학의 기본원칙은 여기에 근거한다. 전체 지구가 굳어 있는 것이 아니라는 것은 화산분출에 의해 분명히 알 수 있다.

대기권 또한 우리를 에워싸고 있는 단순한 가스혼합과는 전혀 다르다. 대기권에서 일어나는 엄청나게 복잡한 과정을 이해하려면 대기권을 사실 그대로 이해해야 한다. 즉 그것은 가스, 고체 그리고 액체 요소로 된 복잡한 다인자 시스템으로 커다란 반응지대라고 볼 수 있다. 대기권에는 많은 양의 물이 있는데 부분적으로(구름방울 혹은 빗방울로) 흐르며, 부분적으로는 얼음, 우박, 눈송이처럼 견고하다. 그러나 무엇보다도 대기에 수증기로 존재하는 양이 많다. 물은 습도에 따라 대기권 전체 질량의 1-5%에 달한다.

가스 형태의 요소는 당연히 대기권 질량에서 월등히 큰 부분을 차지한다. 건조한 공기에 적용하면 질소(78%), 산소(21%), 아르곤

(0.9%)로 3종류 가스가 전체 질량의 대략 99.9%를 차지한다. 물론 대기권에 증가하는 미량 가스의 농축이 우리에게 어떤 영향을 미칠지는 잘 알려져 있다. 인간이 야기한 이산화탄소, 메탄, 오존, 산화질소, 황산 등과 같은 미량 가스의 상승은 온실효과, 오존구멍, 여름 오존안개 혹은 산성비와 같은 격렬하게 논의 된 많은 효과로 이어졌다.

대기권의 에어로졸입자

대기권에 있는 세 번째 구성 요소는 먼지입자다. 먼지입자는 충분히 작고 가벼워서 바람에 실려 대기권에 머물 수 있다. 먼지입자는 1㎥ 공기 중에 1-100㎍으로 대기권 전체 질량의 0.0000001-0.00001% 만을 차지한다.

과학에서는 기체에서 고체입자와 액체입자의 안정된 배합을 에어로졸[27]이라 부른다. 이 정의에 따르면 우리 대기권 전체는 하나의 커다란 에어로졸을 나타내고 거기에 포함된 먼지입자는 '대기권의 에어로졸입자'라 규정된다. 여기에서 혼란을 피하기 위해 지적할 점은 일반적으로 '에어로졸'을 말할 때면 고체의 에어로졸입자를 의미한다.

에어로졸입자의 크기는 1㎚(1/1,000,000만㎜)에서 몇 ㎛(1,000,000 ㎚=1,000㎛=1㎜), 그러니까 4개의 차원에 걸쳐 있다. 이 경우 아주 큰 에어로졸입자조차도 작아서 인간의 눈으로는 인지할 수 없다(인간의 눈이 식별할 수 있는 것은 약 20㎛에 달한다). 비교적 작은 에

27) 에어로졸(Aerosol): 공기나 다른 가스에 아주 미세하게 분포된 고체 혹은 액체입자. 작은 크기(0.001-100㎛) 덕에 에어로졸은 오랜 기간 동안 떠돈다. 현상태(現象態)는 연기, 먼지, 아지랑이, 안개방울, 박테리아 혹은 꽃가루 등이다.

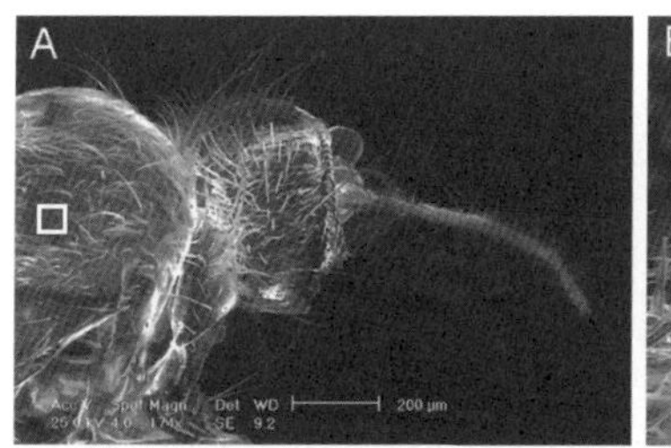

(A) 약 2㎜ 크기의 모기를 주사형전자현미경으로 촬영한 것. (B) A에서 네모로 표시한 단면을 확대한 것으로 모기에 부착되어 있는 약 10㎛ 크기의 먼지입자를 보여준다.

어로졸입자는 주사형전자현미경[28]으로 볼 수 있으며, 아주 작은 입자는 이것으로도 어렵다.

그림에서 주사형전자현미경으로 촬영한 사진은 에어로졸입자가 얼마나 작은 지를 상상하게 한다. 그림 B에 나타난 먼지입자는 그림 A에서 2㎜ 크기의 모기 위에 있는, 먼지입자 중에서는 아주 큰 것을 100배 이상 확대한 것인데도 전혀 인식할 수가 없다.

구름방울과 얼음은 10-100㎛로 비교적 크고, 빗방울, 눈송이, 우박은 몇 밀리미터로 아주 크고 무거워서 대기권에서 내리거나 지표면으로 떨어진다.

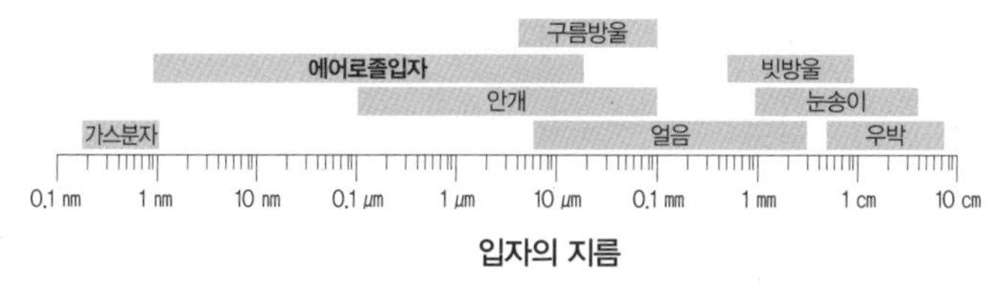

대기 중의 액체와 고체의 에어로졸입자의 로그(유형적 대수)를 사용해서 나타낸 것이다.

28) 전자현미경의 특수한 형태로, 표면을 검사하는 데에 적합하다. 이 기구는 조사대상을 점으로 나타내는 전자파로 작업한다. 20만 배 확대에도 예리한 상을 제공한다. 1937년 M.v. Ardenne가 최초로 제작했다.

에어로졸입자의 근원지와 농도

대기권에서 기체 형태의 분자 농도와는 대조적으로 상이한 장소와 시간에 따른 에어로졸입자의 농도는 매우 차이가 있다. 이것은 에어로졸입자가 대기권의 맨 아래층, 즉 대류권에서 오래 머물지 않는 데에서 유래한다. 작은 입자는(〈0.1㎛) 대류권에서 빨리 다른 입자들과 층을 이루고 불어난다. 반면 큰 입자는(〉1㎛) 질량 때문에 빠르게 떨어져나간다. 단지 중간 크기(0.1−1㎛)의 경우 건조한 상태로 떨어져 나가는 효과적인 메커니즘이 없어서 이 입자들은 비가 와서 씻겨나갈 때까지 몇 주 동안 대류권에 머무른다.

먼지입자는 사막의 모래폭풍이나 화산폭발에서처럼 아주 높은 고도에 도달할 때만 매우 큰 입자들도 몇 주 동안 대기권에 머무를 수 있으며 이 시기에 지구 전역에 걸쳐 운반될 수 있다. 그래서 사하라의 모래폭풍이 며칠 뒤 중부유럽에서 발견되기도 하다. 그러나 몇 주 간의 체류 시기도 지구 전역에 걸쳐 에어로졸을 균일하게 혼합하기에는 너무 짧다. 이를 위해서는 몇 년의 체류 시간이 필요하다.

이러한 이유에서 에어로졸입자의 농도는 직접적인 지역의 환경과 거기에 존재하는 입자의 근원지에 의해 강력하게 좌우된다. 도시에서는 전형적으로 1㎤ 공기 당(약 50μg/㎥) 10만 개의 입자가, 간선도로 바로 옆에서는 10배 이상의 입자가 측정된다. 시골에서도 여전히 약 10,000개의 입자/㎤(약 10μg/㎥), 해양 위에서는 1,000개의 입자/㎤(약 5μg/㎥)보다 적게, 그리고 극지방에서는 때로 100개의 입자/㎤(〈1μg/㎥)보다 적게 측정된다.

입자의 경우 1차적인 입자와 2차적인 입자를 구분한다. 1차적인 입자란 직접 방출된 입자를 말한다. 이에 반해 2차적 입자는 기체형태로 방출된 선행 물질(암모늄, 이산화황, 산화질소 혹은 유기체적 결합물)의 대기화학적 과정을 통해 생긴다. 대기권의 그 다음 상층부, 약 10㎞ 높이에서 시작되는 성층권에서는 1차 입자가 훨씬 적게 발견된다. 대류권과는 달리 일단 성층권에 도달한 입자는 거기에서 오래 머무를 수 있다. 이것이 왜 화산폭발에서 나온 먼지를 몇 달 간 지구 전역에 걸쳐 추적하고, 왜 높은 곳을 나는 음속 비행기에서 나오는 배기가스가 비판받는지에 대한 이유이기도 하다. 이 높이에서 방출된 입자는 아주 서서히 대기권에서 사라지기 때문이다.

그러나 인간은 무엇보다도 지상에서 연소과정을 통해 무수히 많

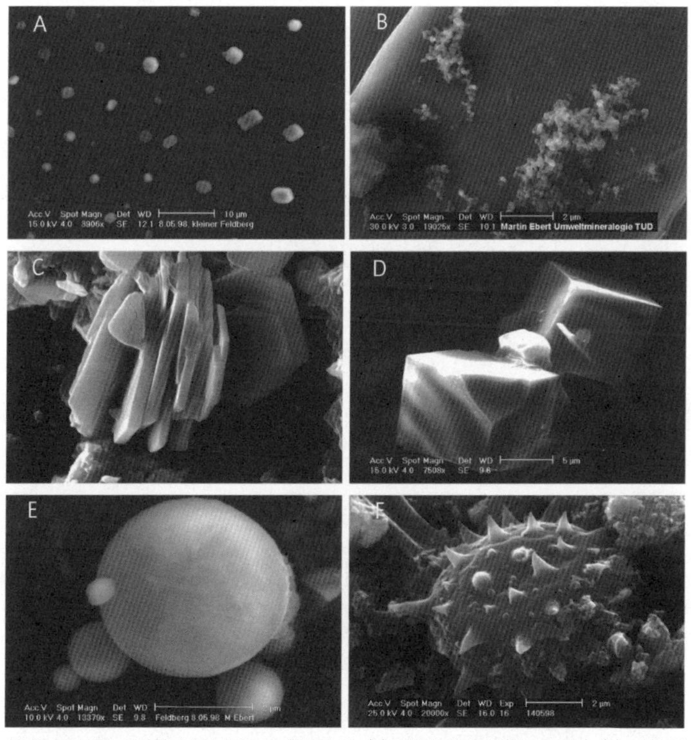

에어로졸입자를 주사형전자현미경으로 촬영한 것: (A) 2차적 에어로졸(황산암모늄); (B) 디젤 입자; (C) 지표면의 먼지입자; (D) 해양 소금; (E) 산업먼지(적철광–비행재); (F) 생물학적 입자(균류의 포자). 이 모든 입자는 프랑크푸르트의 펠트베르크에 있는 입자측정연구소에서 수집한 것들이다.

은 작은 1차적 입자를 만들어 냈다. 그래서 디젤차, 가스 및 기름 난방 매연입자를 주변에 무수히 방출한다. 산업 또한 고온에서 용해된 광물질이나 금속 부품이 냉각될 때 생기는 입자를 방출한다.

마모나 솟아오름에 의해 형성되는 1차적 입자는 대개 자연적 근원지가 있다. 아주 적은 숫자가 대기권에 도달하나 분명 크고(대개 〉2㎛) 에어로졸입자의 전체 질량에 영향을 준다. 그래서 질문제기에 따라서는 때로 에어로졸입자의 구성 요소들이 큰 의미를 갖는다. 입자의 숫자에 달려 있는 에어로졸입자의 영향을 연구해보면, 연소과정에서 생기는 많은 작은 입자들이 결정적인 역할을 한다. 이에 반해 입자의 질량에 달려 있는 에어로졸입자의 영향을 연구해보면 때로 적지만 무겁고 큰 지표면의 먼지입자들이 결정적이다.

지표면 먼지가 솟아오르는 것, 즉 바람에 의한 지표면의 침식은 에어로졸입자의 가장 빈번하고 자연적인 형성과정이다. 이 과정에서는 인간의 다양한 개입이 중요한 역할을 한다. 건설, 벌채, 자동차 이용 등이 먼지를 일으키는 데 공헌한다.

지구는 약 3/4이 물로 덮여 있다. 놀랍게 들리겠지만 해양 또한 먼지입자의 중요한 근원지다. 물마루에서 생기는 물방울이 부서질 때 해양의 소금 방울은 대기권에 도달하며 그것은 부분적으로 혹은 완전히 건조된 해양 소금의 입자로 내륙 깊숙이 운반된다.

다른 중요한 입자그룹은 바이러스, 박테리아, 포자, 꽃가루, 혹은 식물 파편과 같은 모든 종류의 생물학적 입자들이다. 많은 박테리아와 바이러스들은 식물이 자신의 씨앗이나 꽃가루를 증식 목적으로 내보내듯이 자신을 바람에 실어 먼 구간을 운반하게 한다.

지구 바깥에 있는 입자들 또한 대기권으로 들어온다. 이러한 입자들은 에어로졸의 전체 질량에 아무런 역할도 하지 않으나, 어쨌든 이러한 입자를 성층권에서 수집하는 것은 가능하다. 그것들을 분석함으로써 태양계와 물질의 탄생에 대해 몇 가지를 배울 수 있다.

그림에는 전 세계에 걸쳐 매년 발생되는 몇 백만 톤에 달하는 입자의 방출량이 보고되어 있다. 이 묘사에 따르면 산업과 교통 등 인간에 의해 야기된 입자방출이 큰 의미가 없다는 인상을 받을 수도 있다. 그러나 그것은 잘못된 것이다. 인간에 의해 야기된 입자는 대부분 해양 소금이나 지표면의 먼지보다 훨씬 작기 때문에 대기권에 훨씬 오래 머물며 이로 인해 실질적인 대기권에서의 농축은 방출된 양에 비해 훨씬 더 강력하다. 그 외에도 인간이 방출한 많은 입자는 여러 과정에 있어서 입자들을 자연발생적인 입자보다 몇 배나 더 효과적이게 하는 화학적 및 물리적 특성을 가지고 있다. 이것은 온실효과의 경우와 비슷하다. 예를 들어 염화불화탄소(CFC; Chloro fluoro carbon)의 한 분자가 이산화탄소의 한 분자보다 8,000배나 큰 온실

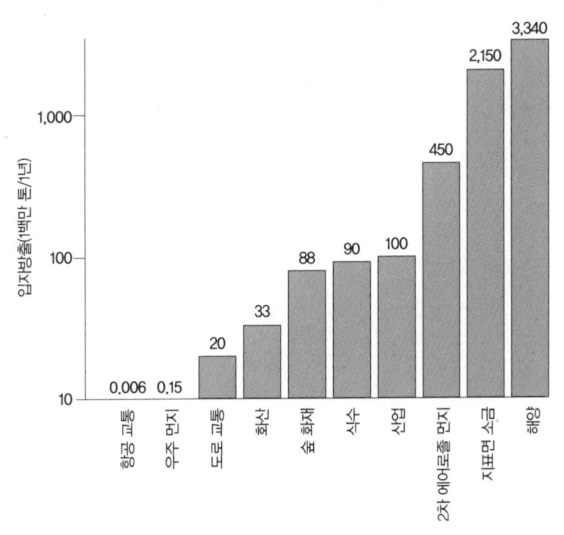

세계에 걸쳐 추정된 매년 수백만 톤의 입자방출량. 입자의 질량에 따라 입자방출의 수치는 어림잡은 것이다. 화산분출의 경우에 추정 수치는 연구자에 따라 매년 4–10,000톤 사이에서 유동적일 수 있다.

효과를 지닌다.

물순환에 대한 영향과 대기권 화학

에어로졸입자는 얼음결정, 구름방울 및 안개방울에 대해 응결의 핵으로 기여하면서 전 세계적인 순환의 중요한 요소로 작용한다. 방울 내지 얼음입자 형성은 그 형성 과정에서 견고한 표면이 존재하면 훨씬 간단하게 진행될 수 있다. 아주 단순하게 말하자면, 실제로 지표면으로 내리는 모든 빗방울이나 눈송이는 에어로졸입자의 표면에서 형성되었다고 할 수 있다. 에어로졸입자는 대기권의 전체 화학에 있어서 중요하다. 그들이 제공하는 표면은 방울과 얼음결정 형성에 반드시 필요할 뿐만 아니라 일련의 화학적 반응을 촉진시킬 수 있기 때문이다. 입자는 그렇게 성층권에서 오존을 파괴하는 염소가스의 촉매[29] 작용에, 여러 유기체적 결합물의 산화작용에, 혹은 유기체적인 그리고 비유기체적인 산의 형성에 관여하고 있다.

마찬가지로 에어로졸입자에 의해 많은 양의 물질이 지구를 돌아 운반된다. 사하라에서 온 광물먼지는 해양에 있는 철의 가장 중요한 수입원으로 여겨진다. 이것은 특히 중요하다. 해양의 넓은 영역이 미량금속인 철의 부족에 시달리고 있으며 그 때문에 해조류(식물성 플랑크톤)와 같은 생물학적 생산이 제한되기 때문이다.

더 나아가서 에어로졸입자와 그의 도움으로 형성되는 작은 물방

---

29) 그리이스어인 카탈리지스(katalysis, 해체))에서 파생된 명칭으로, 한 물질, 소위 촉매가 존재함으로써 화학반응의 속도가 영향을 받는 것을 말한다. 동질적인 촉매와—이때는 촉매와 반응계가 같은 상에 속한다(예를 들어 액체촉매가 액체 반응혼합물에 녹는다)—이질적인 촉매—촉매가 일반적으로 고체로 존재해, 즉 반응물질과 촉매가 서로 닿지만 그러나 다른 상(相)에 속한다—를 구분한다.

울은 대기권의 시계(視界)를 결정한다. 공기 중에 입자가 적으면 우리는 더 멀리 볼 수 있다. 이 때문에 비가 온 다음에 시계가 좋은 것이다. 빗방울이 대기권의 많은 에어로졸입자를 씻어낸 것이다.

기후에 대한 영향

물과 이산화탄소는 태양에서 지구로 오는 복사를 통과시키나 지표면에 의해 복사된 열을 부분적으로 온실처럼 붙잡아두는 특성이 있다. 이처럼 열을 데우는 온실효과는 기온을 평균 섭씨 15도로 지속되게 한다. 이와 같은 자연의 온실효과가 없다면 평균 온도는 섭씨 영하 15도에 머물 것이며 지구에서의 삶이 가능하지 않을 것이다. 학자들은 지난 수십 년 사이에 지구의 평균온도 상승이 인류가 야기한 이산화탄소 증가와 다른 배기가스 증가가 직접적인 원인이라는 데 대체적으로 동의한다(IPCC2001).

그러나 에어로졸입자 또한 지구의 복사에 영향을 주고 있다. 증가하는 에어로졸입자의 농도는 우주에서 태양광선 반사의 증가로 이어지며 그것은 곧 지표면의 냉각으로 이어진다. 이것이 직접적인 에어로졸효과다. 이러한 효과로 대략 1950년 이래 평균온도의 하강은 해명되었다. 1970년대 후반, 평균온도가 다시 상승하기 전에는 증가하는 에어로졸입자의 농도로 인해 새로운 빙하기에 이를 것이라고도 추측했다. 물론 보다 정확한 분석에서 에어로졸의 기후에 대한 영향은 입자의 화학적 조성에 달려 있다는 점이 밝혀졌지만 말이다. 황산염 에어로졸처럼 심하게 빛을 산란시키는 요소들은 냉각으로 이어지며, 반면에 검은 매연입자처럼 심하게 빛을 흡수하는 요소들은 대기권을 데운다.

에어로졸입자는 응결의 핵으로 작용하기 때문에 본질적으로 구름층의 규모와 구름의 시각적 특성에 영향을 미치고, 이것은 다시 커다란 기후효과를 가져오며, 이 효과는 경우에 따라 에어로졸의 직접적인 효과보다 크다.

에어로졸입자가 야기하는 효과의 정확한 크기는 한 기후시스템 안에서 일어나는 복잡한 상호작용과 되물림과정으로 인해 간단하게 진술할 수 없다. 그래서 지금까지는 대기권복사의 대차대조표에 대한 간접적인 효과의 영향이 단지 징후로 이해되어왔다. 현재의 지식수준에 따르면 에어로졸이 냉각시키는 효과, 즉 인간이 야기한 온실가스의 증가에 의해 초래된 온난화를 현저하게 약화시키는 효과를 갖고 있다.

에어로졸입자가 건강에 미치는 영향

에어로졸입자 대부분은 우리의 호흡기에 침입할 수 있으며 건강에 부정적인 영향을 미친다. 방사능이 있는 입자, 석면섬유 혹은 유리섬유와 같은 특수한 입자그룹에 대해서는 건강에 미치는 나쁜 영향이 알려져 있다. 이것은 니켈 가공이나 광산에서 일하는 노동자들처럼 매일 많은 먼지에 시달리는 특별한 직업그룹의 오염에 해당된다.

그러나 입자 농도의 상승이 정상적인 삶의 환경에서 인간에게 부정적인 영향력을 행사한다는 것이 역학적인 연구에서 증명되었다는 사실은 별로 알려지지 않았다. 예를 들어 대기권의 입자농도와 같은 조건에서의 사망 건수와의 연관 관계는 여러 차례 밝혀졌다. 이것이 의미하는 바는 도시에서는 에어로졸 오염의 상승으로 인간의 사망률이 높다는 것이다. 그것은 오랜 노출에 대해서만 해당되는 것이 아니어서 우리를 더욱 불안하게 만든다. 사망률의 증가는 오히려 대기권에 며칠 간 계속되는 입자 농도의 증가에도 영향을 받는다. 여러 연구는 입자농도 100μg/m^3 증가의 경우 해당 지역의 인간 사망률이 5-17% 증가한다는 것을 밝혔다. 이러한 효과는 상대적으로 에어로졸 농도가 낮은(〈150μg/m^3) 지역에서도 관찰된다.

에어로졸입자가 건강에 미치는 영향이 확실한데도 아직까지 입자의 숫자, 질량, 화학적 조성, 표면 혹은 다른 특성이 이와 같은 부정적인 효과에 대해 책임이 있는지는 밝혀지지 않았다.

네덜란드의 가장 최근 연구는 무엇보다도 도로교통의 먼지 기여도가 사망률 증가에 문제가 된다는 의혹을 제기하고 있다. 네덜란드에서 8년간 실험한 결과, 간선도로에 가깝게(고속도로에 100m보다 가깝게 혹은 간선도로에 50m보다 가깝게) 거주하는 사람들의 심장·폐질환으로 인한 사망률이 다른 사람들보다 거의 2배나 높다는 것이 밝혀졌다. 물론 이것이 매연입자에만 해당되는지 혹은 소음이나 가스 형태의 오염과 같은 교통의 부정적인 요인도 작용한 것인지는 밝혀지지 않았다.

독일의 먼지 현황

독일의 현재 미세먼지농도(PM_{10}=10㎛보다 적은 모든 에어로졸입자의 전체 질량)는 지역으로 나누어 연방환경청 홈페이지에서 매일 제공한다. 독일의 PM_{10} 수치는 도시지역에서는 20-70μg/m^3사이에, 시골지역에서는 그 반 정도에 머문다. 이것은 1년의 평균치에 있어서는 맞는 얘기다. 다른 곳에서 방출된 입자가 수백 킬로미터를 거쳐 운반될 수 있기 때문에 주위에 강력한 먼지의 근원지가 없더라도 어느 날 중부유럽의 거의 모든 곳에 입자오염이 증가할 수 있다.

독일에서 에어로졸오염에 관한한 슬픈 선두주자는 1m^3 공기 당 100㎎ 수치로 여전히 두이스부르크, 함부르크, 마그데부르크와 같은 산업 밀집지역들이다. 이것은 세계적으로 비교하면 여전히 낮은 수치다. 왜냐하면 베이징, 델리, 카이로와 같은 도시는 때로 4배나 많은 입자농도를 보이기 때문이다. 이러한 입자농도에서는 시계가 몇 백 미터로 떨어진다. 주민들의 건강상 부담이 실로 크다. 많은 평가는 공기오염이 심한 나라의 수만에서 수십만에 이르는 사망의 경우가 에어로졸오염에 원인이 있다고 한다. 연방환경청의 한 연구에 따르면 1990년 이래 독일에서 인간이 야기한 미세먼지 중에서 산업이 39%이며, 2002년도에 가장 많이 방출되었고, 오염의 20%를 교통이 야기했다. 이 분야는 월등하게 가장 큰 증가율을 기록했다. 미세먼지에 의한 전체오염에 농업이 15%, 소규모 소비자가 23%, 에너지 공급이 3%를 제공했다.

2005년부터는 유럽의 새로운 법은 50㎍/㎥의 PM_{10}에 대한 한계수치가 인간의 건강을 보호하기 위해 매년 35일 이상을 넘어서는 안 된다고 정하고 있다. 이것이 많은 지역에서 이미 이루어진 반면에 몇몇 산업 밀집지역에서는 쉽지 않아 보인다. 산업계는 최신 배출가스 정화처리와 필터 시설을 도입해 지난 수십 년 사이 독일의 공기 질을 크게 개선했지만 디젤차에 매연필터를 도입해야만 더욱 확실히 개선할 수 있다.

과학의 시각에서 볼 때 앞으로는 입자의 질량만을 주목할 것이 아니라, 입자의 화학적 조성, 근원지 그리고 무엇보다도 입자의 크기를 고려하는 것이 중요하다. 대기권 에어로졸의 복잡한 특성은 모든 예상을 극도로 어렵게 한다. 예를 들면 1990년대 초반에 새로운 필터 기술을 투입해 PM_{10} 수치를 빨리 낮출 수 있었지만 빠른 효과를 얻기 위해서 큰 입자를 우선 제거한 것이 나중에는 결국 건강에 더 해로운 작은 입자의 증가를 초래했다. 커다란 입자의 표면이 작은 입자를 포획해 붙잡아두는 역할을 했던 것이다.

참고문헌

HOEK, Gerard et al.: Association between mortality and indicators of traf-ficrelated air pollution in the Netherlands: a cohort study.The Lancet 360, 2002, S. 1203-1209.

IPCC: Climate Change 2001-The scientific basis.Contribution of workingroup I to the third assessment report of the intergovernmental panel on cli-mate change. Edited by J.T. Houghton, Y. Ding, D.J. Griggs,M. Noguer, P.J. van der

Linden, X. Dai, K. Maskell and C.A. Johnson. Cambridge 2001.

SHARP, Mike: Unhealthy Particles. Journal of Environmental Monitoring 2, 2000, S. 71-75.

바람에 흩날리는 사막과 화산의 광물먼지

로타 쉬츠

먼지 없이는 대기권에서 거의 아무것도 이루어지지 않는다. 거기서 끊임없이 진행되는 막대한 물질과 에너지 총량은 먼지가 없고서는 전혀 생각할 수 없다. 침전물의 형성은 먼지입자 혹은 에어로졸입자의 존재에 달려 있다. 먼지입자는 얼음 형성의 핵(얼음의 씨)이며 그들의 표면(응결핵)에서 구름과 빗방울이 형성된다. 바로 이 침전요소의 형성과 잠재적인 열의 방출은 밀접한 관련이 있다. 즉 태양이 수증기를 증발시킬 때 지표면에 소모하는 에너지다. 구름은 다시 지구의 에너지 살림에 커다란 영향을 끼친다. 구름은 우주공간으로 향하는 태양 복사를 반사할 뿐만 아니라, 지구로부터의 복사열이 우주공간으로 가지 못하게 한다.

먼지와 하늘의 색깔

대기권에 정지해 있는 입자의 직접적인 영향은 태양과 육상의 파장길이 범위, 즉 자외선의 파장 길이에서 가시광선의 스펙트럼 영역을 거쳐 먼 적외선에 이르기까지 전자기적 복사의 약화를 거쳐 이루어진다. 약화는 빛의 산란[30]과 흡수를 의미한다. 산란은 다시 광선의 굴절과 휨, 반사로 이루어지며 대기권 내에서 태양광선의 방향을 바뀌게 한다. 복사가 지구 표면에 도달할 때까지 대기분자와 먼지입자에서 여러 번의 방향전환이 일어난다. 바로 이 과정이 하늘의 색깔에 영향을 준다. 태양 복사경로 앞에 먼지입자가 적으면 하늘은 파랗게 보이며 대기 중에 먼지입자가 많으면 하얗게 보인다.

광선의 방향전환 외에 대기권에서 빛의 약화에 기여하는 또 하나의 중요한 과정이 흡수다. 태양과 지구의 에너지를 입자가 수용하는 것인데, 이렇게 수용된 에너지는 열복사 형태로 지구에 다시 방출된다. 잘 알려진 예는 매연으로, 디젤 엔진 혹은 화재로부터 인간에 의해 만들어져 입자 형태로 대기권에 유입된다. 이러한 에너지론적 관점에서 알 수 있는 것은 대기권 복사의 대차대조표와 기후가 대기권의 입자 유입량에 의해 결정된다는 것이다. 그래서 국제적으로 주목 받는 기후변화협약에서는 대기권의 에어로졸입자를 주목하고 있다. 입자들이 온실가스에 의한 온난화를 저지할 수 있기 때문이다.

대기권의 입자는 대체로 자연계에서 유래하나 인간의 영향도 있다. 지구의 커다란 인구밀집지역의 오염된 입자는 국지적인 확산만 하는 것이 아니라 대기권까지 운반되고 순환의 틀 내에서 대기권에 있는 미량물질을 확산시키는 데 기여한다. 자연에서는 엄청나게 많은 양의 입자가 광물자원, 생물량, 화산먼지의 풍화작용 같은 파편화과정을 통해 만들어진다. 여기에 해양으로부터의 해양 소금이 추가되고 전 세계로 운반된다. 바다가 근원지인 이 입자는 지름이 50 nm~50㎛에 이른다.

---

30) 광선의 방향변경, 광선의 궤도에 있는 장애물에 의해 야기된다.

나노입자, 즉 기체상태의 입자형성에는 연소가 영향을 준다. 연소할 때 반유기체적이거나 유기체적인 기체에서 분자가 방출되며, 이것들은 신속히 결합해 지름이 몇 나노미터인 아주 작은 입자를 형성한다. 이들은 다시 응결해 지름이 몇 백 나노미터인 보다 큰 입자로 성장한다. 이렇게 해서 질소, 황, 탄화수소 같이 질량이 큰 입자가 탄생한다. 대기권에서 그들의 체류시간은 근원지와 침강과정에 달려 있다.

입자는 다른 입자와 결합되는 것 외에도 대기권으로부터의 침전을 통해 분리된다. 그래서 아주 작은 입자와 아주 큰 입자는 자연스럽게 체류시간이 짧다. 대략 1/10㎛에서 몇 마이크로미터에 이르는 중간 크기의 입자는 그들이 침전형성에 같이 포함되거나 비에 의해 씻겨 내려갈 때까지 지표면 근처에서 일주일 정도 체류할 수 있다. 비에 씻겨 내려오지 않는 모든 입자는 방울이 건조된 후에 대기권에 머무르며 다시 순환과정에 참여한다. 즉 그들은 대기권에서 수증기가 응결할 수 있게 하는 중요한 원천인 셈이다. 대기권에 먼지가 없으면 수증기는 지구 표면과 모든 생명체에 응결되어야 한다. 그러면 인간은 아마도 모두가 물방울포획기를 코 아래에 걸고 돌아다녀야 할 것이다.

사막은 먼지를 일으킨다

대기권 입자의 가장 큰 근원지는 사막이다. 매년 약 15억 톤에 달하는 사막먼지가 대기권으로 들어온다. 이 양은 자연과 인간에 근원을 두고 있는 약 50억 톤의 에어로졸입자가 대기권으로 방출되는 것에 비교하면 많은 양이라 할 수 있다. 광물먼지는 아열대 영역에 있는 대륙의 커다란 건조 지역과 연중 대부분 건조한 지역에서 유래한다.

아마도 사하라가 가장 큰 근원지이며, 이어 아랍반도의 사막, 중동 아시아 사막, 중국의 타클라마칸과 고비사막이 그 뒤를 따른다. 여기에 북미의 사막, 남반부에서 오스트레일리아의 넓은 지역 및 남아프리카의 나미브사막이 추가된다. 먼지방출량은 계절적인 특성이 있기 때문에 이러한 근원지의 기여도를 일일이 평가하기란 쉽지 않다.

여기에 여전히 연구의 필요성이 있다. 우리는 현재 남반부 사막의 영향에 대해 아는 바가 별로 없다. 오스트레일리아 주변과 나미브 앞 심해의 침전물들을 사막의 배기깃발[31]로 조사한 결과에 따르면, 그것이 공기에 의해 태평양, 인도양, 대서양 바닥으로 운반된 입자들의 침전물이라는 것을 알 수 있다. 이러한 사실은 최소한 과거와 현재 먼지 근원지의 활동성을 보여준다. 논란의 여지가 없는 것은 사하라사막이다. 면적이나, 질량 그리고 끊임없는 먼지 생산과 방출로 볼 때 활동적인 근원지의 선두인 것이 분명하다. 약 9억 톤의 광물먼지가 사하라에서 유래하며, 나머지 6억 톤은 그 외의 사막에서 유래한다. 이 경우 교통, 농업 같은 인간 활동의 비중은 약 10%로 평가된다.

형태적으로 볼 때 이와 같은 사막은 암석, 돌 더미, 자갈밭, 모래사막이며, 거의 모두가 풍화작용에 의해 먼지를 생산한다. 그중 일부는 공기에 실린 상태로 1만 킬로미터에 이르는 대륙 사이의 먼 거리로 운반된다. 그러나 장거리 운반에 영향을 주는 표면은 사막의 표면 전체에 비해 작다. 예를 들어 호가(Hoggar, 알제리), 에어(Air, 니제르), 티베스티(Tibesti, 차드)의 산악지대 변두리들이다. 여기에는

31) 화산 분출이나 황사와 같은 미세 흙먼지가 대기 상층부의 제트기류나 편서풍 등 대기의 흐름에 따라 이동하다가 육지나 바다에 침강하면, 침강물 성분의 동일 여부에 따라 흙먼지의 이동경로를 추적하는 장치. 이를테면 대기오염물질의 감시체계망

특히 미세입자 물질이 쌓여 있는 와디(Wadi)[32]와 저지대(Depression)들이 이런 지역에 속한다. 위성사진은 이러한 가정을 뒷받침해주고 활동적이고 지역적으로 제한된 열점(Hot spot)들이 사하라 전역에 분포되어 있다는 것을 보여준다. 가장 유명한 곳은 차드에 위치한 보델레 저지대(Bodélé depression) 또는 튀니지와 알제리의 국경에 있는 쇼뜨 엘 제리드(Chott el Djerid)이다.

이외에도 매일 셀 수 없이 작은 회오리바람(모래기둥)이 사막 위로 형성되는데 이것은 대기에 실린 지표면의 물질이 공기로 흘러가도록 한다. 그러니 대기권이 먼지로 인해 흐릿해지는 것이 항상 모래폭풍이나 먼지폭풍 때문만은 아닌 것이다. 표면의 커다란 사구(Erg, 砂丘)나 모래호수는 공기에 실린 먼지의 근원지가 아니다. 그 먼지는 거의 예외 없이 모래파편(입자지름 63㎛-2㎜)으로 이루어져 있기 때문이다. 그것은 미사(微砂, 입자지름 2㎛-63㎛)를 적게 함유하고 있으며 실제로 쉽게 침식되고 공기에 의해 운반될 수 있는 알루미늄규산염(입자지름 2㎛ 이하)은 갖고 있지 않다. 그래서 장거리 운반되는 사막먼지가 고능석(高陵石, 고령토의 주성분), 녹니석(綠泥石)과 같은 알루미늄규산염 및 석영, 미사의 파편에서 나온 광물을 많이 함유하고 있다 해도 그리 놀랄 일이 아니다. 비록 현재까지는 각 지역을 대표하는 전형적인 먼지의 광물 조성을 말할 수는 없어도, 분명 조사 지역별로 먼지 조성 성분에 특징이 있는 것은 사실이다. 연구자들은 지금도 먼지의 근원지를 알 수 있는 '지문'을 찾는데 열중하고 있다.

32) 중동과 북아프리카의 우기 때 외에는 물이 없는 계곡 수로

사막의 바람

사하라와 그 주변 지역 그리고 중국의 사막에 대한 연구는 지름이 약 10㎛보다 작은 입자는 대기권에서 떨어져 나가거나 침전에 의해 제거될 때까지 수천 킬로미터를 넘는 거리로 운반된다는 것을 보여주었다. 이러한 과정은 사하라 같은 사막 위에 있는 입자가 약 5㎞ 높이에 있는 강력한 대류에 의해 운반되고 아울러 다시금 장거리 운반을 유리하게 하는 강풍 지역에 도달한다. 거의 영원한 사하라 먼지의 흐름은 남쪽의 북대서양을 거쳐 카리브해, 중부아메리카, 아마존 지역으로 운반되며, 먼지의 구성 요소 중 용해될 수 있는 것은 우림에 비료로 작용한다.

수천 킬로미터에 달하는 어마어마한 이동거리에 따라 근원지에서 방출된 질량의 1/5정도가 대기에 실려 운반된다. 사하라는 아프리카를 거쳐 남쪽으로, 기니(서아프리카에 있는 국가)의 내해로 그리고 열대지방의 수렴지대까지 막대한 양을 우림 방향으로 전파한다. 이것이 적도 근방에서 꼭대기 높이가 18㎞에 달하는 거대하고 건조한 뇌우폭풍 형성에 큰 역할을 담당한다. 또 사하라로부터 북쪽으로의 운반은 매년 대략 1억 톤에 달하며 동쪽 지중해에 도달한다. 유럽은 규칙적으로 먼지의 내습을 기록하는데 사하라의 먼지는 늦겨울에서 여름에 이르는 시기에 스칸디나비아에서도 관찰된다.

심해의 침전물 외에 공기에 의해 운반되는 물질의 규칙적인 유입량은 알프스에서와 같이 얼음에 구멍을 뚫어 얻은 시료를 통해서 알 수 있다. 알프스의 눈 덮인 지역 위에서는 빨갛고 노란 먼지 침전물이 규칙적으로 발견된다. 중부유럽 다른 곳에서도 축축한 사하라 먼지가 유입되는 것이 해마다 여러 차례 관찰된다. 그것은 특히 비가 올 때 아열대의 기단(氣團)과 결합되어 나타난다. 사하라 북부에서 온 먼지가 탄산염을 중성화시키는 효과는 비의 산성 성분을 분명하게 낮추는 데에서 나타난다.

아시아의 먼지도 자연의 먼지가 인간이 야기한 미량물질과 일으키는 상호작용을 보여준다. 타클라마칸과 고비사막에서 온 사막먼지는 중국에서 온 산업 배기가스에 흡착 내지는 반응해 지표면에 가까운 오존과 일산화물은 먼지에서 파괴되고 그로 인해 대기에서 제거된다. 이 먼지는 태평양을 거쳐 북극 지방의 분지까지 뻗치고 마지막에는 그린란드의 고평원에 도달한다. 얼음천공핵 연구는 아시아의 사막에서 온 광물먼지의 근원지를 증명한다.

모형화와 측정

대기권에 광물먼지가 도처에 있다는 것은 기후변화와 사막 증가가 전 지구적 문제임을 역설한다. 서두에 거론했던 대기권에서 복사의 전환과 침전물 형성의 중요한 과정들은 시뮬레이션을 통해 근사적으로 그려낼 수 있다. 물론 모형화는 현장에서 측정하는 검증을 전제로 한다. 따라서 장래의 연구는 사막 표면에서부터 그 위 대기권까지의 포괄적인 자료를 얻기 위한 공동의 협약된 활동을 지향해야 한다. 획득한 데이터로 모형화를 실행하고 그 결과를 바탕으로 다른 사막 지역에 대한 과정을 계산해 마침내 전 세계적 기후시스템 전개를 위해 잘 평가해야할 것이다. 한 독일의 연구단체(SAMUM)가 이러한 목표를 내걸었으며, 이 단체는 향후 몇 년간 독일 연구단체의(DFG) 후원으로 모로코 남부에서 현장 원정실험을 수행하게 된다. 이 실험에서는 광물먼지가 기후에 미치는 영향과 장거리 탐측방법의 개선을 위해 포괄적인 시뮬레이션도 실시된다.

화산과 기후

대기권으로 운반되는 모든 먼지의 연 대차대조표를 고려할 경우 화산폭발의 먼지가 낮은 순위인 반면, 성층권까지 먼지를 분출하는 거대한 화산 폭발은 기후에 영향을 미친다. 많은 사람들이 1992년 필리핀의 피나투보(Pinatubo) 화산 폭발을 기억할 것이다. 매체를 통해 스펙터클한 장면과 거대한 화산먼지 우산으로 하늘이 어두워지는 것을 보았다. 이것은 태양복사가 먼지에 부딪혀 대규모로 약화되는 지역적이고 시간적인 영향이었으며, 뒤이어 폭발지역에 온도 하강이 왔다. 이외에도 이 사건은 북반부 광역에 걸쳐 기후적인 영향을 끼쳤다. 멀리 성층권에 들어간 분출에 의해 먼지는 북반구에서 신속하게 운송되었다. 성층권에서 먼지입자의 체류시간은 연간 차원에 달하기 때문에, 북반부의 평균온도가 섭씨 0.5도만큼 줄었다.

이미 과거에도 기후에 영향을 끼친 중요한 관찰이(AGU, 1992) 있었다. 1815년 인도네시아에서 피나투보 화산보다 10배나 많은 용암을 분출했던 탐보라(Tambora) 화산 폭발 이후 유럽의 광범위한 지역에서 재앙적인 흉작이 기록되었다. 여름이 사라졌기 때문이었다. 성층권까지 먼지를 분출하는 화산폭발은 항상 기후에 영향을 준다. 지구의 역사에서 커다란 운석이 떨어져 전 지구적인 재앙을 맞았을 때와 마찬가지로, 화산폭발의 결과로 성층권에 거대한 먼지구름이 생겨 태양 광선이 약화되어 기후변화가 왔을 것이다. 단지 대류권(12km까지 중간 폭의 높이)까지 분출하는 화산폭발이었다면 북반구 전역에 그처럼 영향을 미치지 않았을 것이며, 화산 주변의 지역에서만 일시적인 영향을 끼쳤을 것이다. 먼지는 대류권에서 침전물 형성에 포함되어 늦어도 몇 주 후에는 비와 더불어 대기권에서 사라진다. 지표면 가까이에 있는 모든 근원지의 먼지는 침전물 사이클과 밀접히 연관되어 있어 우리 삶의 공간에서 평균 체류시간은 1~2주에 이른다.

참고문헌

AGU: Volcanism & Climate Change. American Geophysical Union. Special Report, May 1992.

IPCC: Climate Change 2001-The scientific basis. Contribution of working-group I to the third assessment report of the intergovermental panel on Climate Change. Edited by J. T. Houghton, Y. Ding, D. J. Griggs, M. Noguer, P. J. van der Linden, X. Dai, K. Maskell and C. A. Johnson. Cambrige 2001.

SAMUM: Saharan Mineral Dust Experiment. Forschergruppe der Deutschen Forschungsgemeinschaft(DFG).

(http://samum.tropos.de:8090/index.html).

자연의 서고, 꽃가루

아르네 프리트만 · 마티누스 페스크-마틴 · 미하엘 페터스

글로 된 고전이나 고대 수도원의 도서관 기록에서 과거의 환경에 대한 정보를 얻을 수 있다. 그러나 대개 고전은 중세 초기 이전까지 안내하지는 못한다. 그에 반해 자연과학적 방법은 아주 오래된 고대의 문을 연다. 이러한 자연의 서고는 상처 입지 않은 유기물질이 건조 상태나 산소 차단에 의해 보존된다. 물론 전제 조건은 이 생물체의 잔재가 시간적으로 층을 이루어 퇴적된다는 것이다. 그러한 연대기적으로 구분된 퇴적물이 이탄지(泥炭地)[33]로 된 소택지나 호수의 바닥에 침전물로 존재한다. 꽃가루 혹은 곤충의 키틴질로 이루어진 껍질 같은 생물학적 물질은 산소가 차단된 자연의 서고에서 몇 천 년 넘게 보존된다.

화석화된 먼지로부터의 정보

소택지는 자연의 도서관이다. 표면에 모인 먼지, 그중에서도 특히 꽃가루가 지속적으로 퇴적되는 소택지의 층에 에워싸여 있다. 말하

33) 부패와 분해가 완전히 되지 않은 식물의 유해가 진흙과 함께 늪이나 못의 물 밑에 퇴적한 지층

자면 매년 꽃가루의 연대기가 이탄층 속에 보존되는 것이다. 이렇게 자연적으로 보존된 환경정보는 꽃가루와 포자 분석 및 큰 잔재를 분석하는 것으로 되살아날 수 있다. 꽃가루는 외관에 따라 구분할 수 있기 때문에 꽃가루 침전물을 만들어 낸 식물의 과(科), 속(屬), 부분적으로는 종(種)까지도 알 수 있다. 우리는 그렇게 지난 수천 년, 선사시대의 식물계까지도 엿볼 수 있다.

한 소택지의 이탄층에서 얻은 식물의 잔재는 기후변화와 지역적인 토양 이용을 해석하는 귀중한 정보를 제공한다. 즉 그것은 식물계 역사와 경관의 역사를 재구성하기 위해 중요한, 때로는 유일한 원천이다.

꽃가루란 무엇인가? 그것은 꽃의 먼지와 같다. 명사 '꽃가루(der Pollen, Pollenkoerner)'는 단수를 뜻한다. 복수 형태인 '꽃가루들(die Pollen)'은 때로 사용되기는 하지만 옳지 않다.

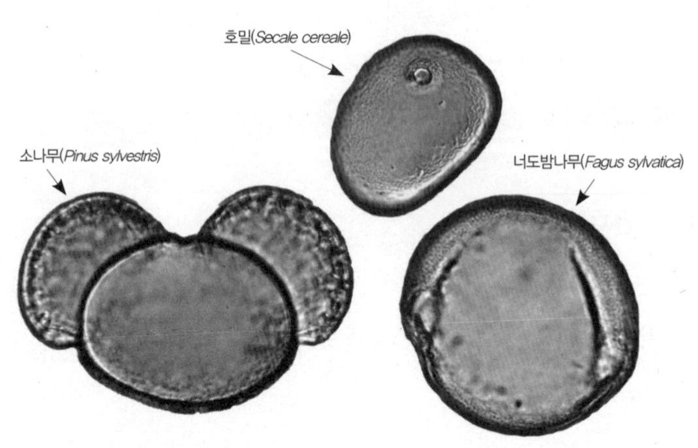

꽃가루 몇 가지를 전자현미경으로 촬영한 것.

꽃가루의 생산과 가공

식물은 종마다 꽃가루 생산량이 다르며 이 꽃가루를 또한 각기 다른 방식으로 전파한다.

몇 개 수종의 꽃가루 생산량(1994)

수종	수꽃 화서(花序)의 꽃가루 생산량(단위: 백만)
소나무(*Pinus sylvestris*)	5.8
오리나무(*Alnus glutinosa*)	4.5
개암나무(*Corylus avellana*)	3.9
로버참나무(*Quercus robur*)	1.125
너도밤나무(*Fagus sylvatica*)	0.175

- 풍매화: 대부분 비교적 많은 양의 꽃가루를 생산하며 바람에 의해 운반된다(소나무, 양치식물).
- 충매화: 비교적 적은 양의 꽃가루를 생산하며 곤충에 의해 운반된다(너도밤나무, 호밀, 참질경이).
- 양친매화: 비교적 많은 양의 꽃가루를 생산하며 주로 곤충에 의해 운반되며 부분적으로 바람에 의해서도 운반된다(버드나무, 보리수, 여뀌).

꽃가루(10-100㎛=0.1-0.01㎜)는 현화식물에서 번식을 목적으로 수꽃술의 꽃밥에서 생긴다. 꽃가루에는 수꽃 식물의 유전정보(생식핵의 DNS)가 저장되어 있다. 꽃가루는 바람 또는 곤충 같은 운반 수단에 의해 암그루의 꽃(암술머리)으로 운반된다.

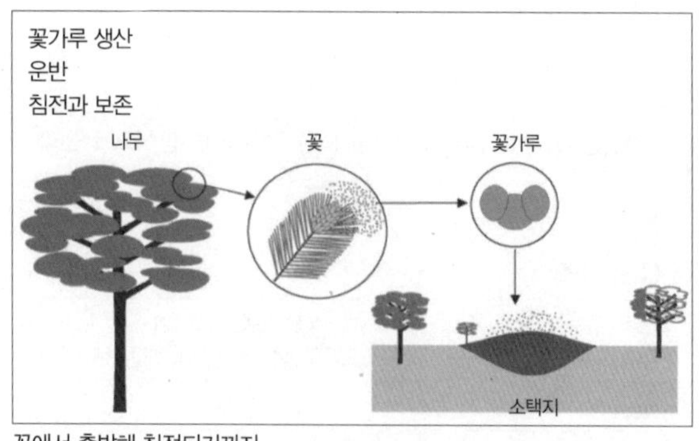

꽃에서 출발해 침전되기까지

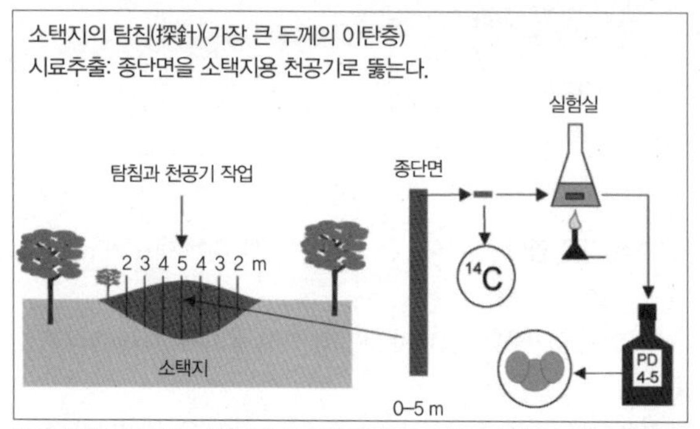

꽃가루 및 포자 분석: 소택지에 보존된 꽃가루에서 꽃가루 화식도(花式圖)까지

반화석화되거나 화석화된 꽃가루의 보존 상태가 얼마나 양호한지는 꽃가루의 구조에서 알 수 있다. 그것은 3개의 부분으로 이루어져 있다. 원래의 세포로 된 꽃가루의 내용물, 즉 수꽃의 생식세포와 무성생식세포로 이루어진 미세 불균질 탈륨과 내부의 꽃가루벽(인티네) 그리고 소택지나 호수에 퇴적될 때 신속히 용해되는 꽃가루는 아주 저항력이 강한 외부벽(엑시네)을 갖고 있다. 이것은 테르펜 중합체(식물기름 속의 탄화수소) 스포로폴레닌[34]으로 이루어져 있는

34) 산과 알카리에 저항성이 있는 생물중합체로서 소위 말하는 엑시네, 화분세포벽의 외부층을 구성하고 있다.

데 강력한 알카리액, 산, 심지어 불화수소산조차도 거의 피해를 입힐 수 없다. 스포로폴레닌은 유기체 영역에서 가장 저항력 있는 물질에 속한다. 그렇게 해서 꽃가루는 지질학적 시간을 뛰어넘어 자연의 서고에 보존된다. 물론 꽃가루가 산소 없는 환경에 에워싸인다는 전제 하에서 말이다.

모든 꽃가루 분석은 이에 따라 꽃가루 외벽의 양호한 보존 능력에 바탕을 두며, 과, 속 그리고 부분적으로 개개의 종이 그들만의 독특한 형태를 만들어 내는 것에 착안한다. 외벽(엑시네)의 특수한 형태는 꽃가루표본을 현미경으로 평가할 때 중요한 지표가 된다. 꽃가루는 여기서 개화 지시와 빈도뿐만 아니라 서로 다른 꽃가루 타입의 빈도에 대해 양적인 진술을 할 수 있도록 수를 센다. 양적 결과는 꽃가루 화식도 형태로 만들어진다. 종단면의 순서와 상이한 꽃가루 타입의 비율 및 ^{14}C 연대 기입이 동시에 나란히 밝혀진다.

꽃가루의 연대기

'자연의 도서관'으로서의 소택지는 지나간 시기의 중요한 환경 정보를 보존하고 있다. 빙하기 이후 바이에른 지방의 식물계 발전을 재구성하는 것은 꽃가루 분석 결과만으로도 가능했다.

꽃가루 분석 방법은 고고학에 있어서도 큰 의미가 있다. 지나간 경관 변화 분석에 의해 그리고 문화의 지침 즉, 경작에 대한 최초의 증거로 곡식의 꽃가루를 찾아내 선사시대와 역사시대 문화의 생태학적이고 경제학적인 조건에 대해 역추론을 할 수 있다.

이어서 슈타른베르크 호수 주위의 경관을 바탕으로 환경의 동력학과 변천을 본보기로 제시한다. 이 지역적인 식물계의 역사는 많은 꽃가루 분석을 비교하는 고찰로부터 탄생했다.

후기 빙하기(Spätglazial; 11,580년 전) 마지막 빙하기에(뷔름빙하기)에 이자르(도나우의 오른쪽 지류) 앞쪽 땅 빙하의 뷔름호수 빙하설(舌)은 북쪽의 칼스부르크(현재의 슈타른베르크 호수)에 이르기까지 뻗쳐 있었다. 호수의 분지는 18,000년 전까지도 빙하로 채워져 있었다. 빙퇴석과 빙하의 형태가 경관 변화가 풍부한 부각(浮刻)을 만들어 냈다. 빙하기의 절정 다음에 찾아왔던 후기 빙하기의 온난화 단계에서는 덮였던 얼음이 사라지고 작은 덤불이 풍부한 초원 생태계가 다시 시작될 수 있었다.

곧(뵐링간빙기; 14,000-13,000년 전) 자작나무, 소나무와 같은 키가 큰 수목들이 식물계를 형성했다. 이제는 빈번히 산불이 일어났다. 물론 소나무와 자작나무는 까다롭지 않은 선구자적 종으로 재생 잠재력이 높아 타버린 표면을 신속히 무성하게 했다. 후기 빙하기의 숲은 아직 연한 색깔이었으며 쑥, 루타(운향과식물), 백일화, 양지꽃, 바위취와 같은 아(亞)북극의 식물들로 뒤섞여 있었다. 상대적으로 따뜻했던 알뢰드간빙기(13,000-12,000년 전)에는 소나무 삼림 지역이 빽빽해졌으며 탁 트인 지역의 비율이 현저하게 줄어들었다.

알뢰드간빙기의 온난화 단계와는 대조적으로 초기 드리아스 시기(12,000-11,100년 전)의 기후 불안정은 숲의 구성과 구조에 대해 전반적으로 영향이 없었다. 소나무와 자작나무는 추위에 아주 강한 나무여서 온도 저하도 견디어 냈다. 단지 알프스의 숲 경계에서(당시 해발 약 1,500m) 마지막으로 주요했던 기후악화가 나무 성장에 부정적으로 영향을 미쳤을 것이다.

선온난화 시기(Präboreal; 11,580-9,800년 전) 대략 11,100년 전 빙하기 이후 시기의 시작과 함께 짧은 기간에 연평균 온도는 섭씨 3-5도 상승했다. 부르가(Burga)와 페레트(Perret)에 따르면 이로써 식물계의 주기가 4–5주 늘어났다. 그러나 슈타른베르크 호수의 식물상은 수백 년 동안 변함이 없었다. 수천 년 전과 마찬가지로 소나무가 지배적이었고 비교적 연한 색의 숲에는 툰드라 식물계의 전형적인 대표자가 자리를 차지하고 있었다. 이 자리에서 강조할 것은 남부독일 최초의 소나무숲이 오늘날의 것과는 완전히 다르게 구성되었다는 것이다. 당시에는 소나무가 최상의 자리를 점하고 있었으나 오늘날은 반대로 극한지역(소택지, 고지대, 산)에 제한되어 있으며, 거기서 그들은 더 경쟁력이 센 나무들에게 추방되지는 않지만 그들의 생리학적인 최적 조건에서 멀리 떨어져 있다. 볼프라트하우젠에 있는 이자르강(도나우의 오른쪽 지류)의 자갈 위에 있는 것과 같은 소나무숲을 후기 빙하기 소나무숲의 유물로 규정하는 것이 가장 적절할 것이다.

선온난기가 계속 진행되면서 초원 종은 계속 드물어지고 슈타른베르크 호수 주위의 숲에는 느릅나무, 보리수, 떡갈나무가 소나무 사이로 섞이기 시작했으며, 오리나무가 서서히 이주해왔다. 당시 뷔름 골짜기 주변의 자갈바닥에는 주로 초록색 오리나무가 서식했다. 강의 시스템은 아직 안정되지 않았으며 오리나무가 자라는 장소를 주기적으로 파괴하곤 했다. 처음에는 풀의 종 다양성이 여전히 작았다. 숲의 바닥에는 빛을 좋아하는 종이 압도적이었으며 그것도 주로 자갈층이나 숲의 양지에서였다. 거기에 오늘날과 같은 의미에서 초원은 아직 없었다.

초기 온난기(Boreal; 9,800–8,200년 전) 초기 온난기는 빙하기 이후 숲의 역사에 상대적으로 짧은 단계를 나타내고 있다. 단계적으로 빙하기 이후 중부유럽의 전형적인 식물상이 형성되었다. 지배적인 생태계 시스템이었던 넓은 면적의 소나무숲이 이러한 변천 과정에서 사라졌다.

꽃가루 분석 기술

꽃가루 분석을 위한 표본시료 추출은 고지대의 소택지에서 천공기로 구멍을 뚫어 수행한다. 목표는 오랜 기간 방해받지 않은 이탄층의 종단면을 얻는 것이다. 떼어낸 알맹이는 실험실로 보내 냉동시킨다. 그 후 얼은 상태에서 절개하고(표본의 간격은 1, 2, 5 혹은 10㎝) 꽃가루의 밀도에 따라 1-5㎤ 크기로 떼어낸다. 이러한 이탄표본은 수십 년에 걸친 꽃가루 침전시기를 포괄하고 분석이 얼마나 고용해적인지를 결정한다. 현미경에서 꽃가루를 인식하려면 이들은 농축되고, 석회, 부식산, 광물질 등 동반물질로부터 분리되어야 한다. 이 농축에 대해서는 다음과 같은 처리방식이 신뢰성이 있다.

- 표본에 있는 석회를(탄산칼슘) 10% 염산으로 용해한다.
- 나중에 육안으로 보이는 잔재를 분석하기 위해 큰 잔재를 체로 거른다.
- 수산화칼리액(KOH)이나 가성소다액(NaOH)을 첨가해 부식액을 제거한다.
- 아쩨톨리제(Azetolyse, 초산-무수물(無水物) + 농축황산)로 섬유소를 제거한다.
- 40% 불화수소산(HF)으로 규산염을 분리한다.
- 다른 침전물질을 체(마이크로그물)로 걸러 내거나, 대야에서 초음파로 분리한다.

축적된 꽃가루는 글리세린으로 섞어 초음파 진동기로 균일하게 만든다. 이러한 혼합물은 코르크가 있는 유리병에 보관되거나 혹은 직접 꽃가루를 세기 위한 물체운반기에 올려 진다.

꽃가루예비표본은 이어서 위상(位相)대조렌즈[35]와 십자 책상을 갖춘 투사현미경으로 400배에서 1,000배로 확대해 센다. 표본마다 최소한 500종 내지는 1,000종의 지상에 있는 꽃가루가 있는데, 이것은 1m 천공기 구간마다 100,000개의 꽃가루를 보여준다. 개개의 화분 종이 수목화분 전체 양의 몇 퍼센트 혹은 나타나는 육상 식물종 전체 합계의 몇 퍼센트로 계산된다.

지나간 삶의 재구성은 시간을 요한다. 3-4m 길이의 소택지 천공기의 핵을 평가하기 위해서는 최소한 1년이 필요하다.

35) 세포를 염색하지 않고 직접 세포의 두께 별 위치 차이, 즉 위상차를 이용해 검경하는 현미경

다양한 종으로 구성된 떡갈나무 혼합림군과 더불어 이제 최초로 안정된 활엽수림이 생겨났다. 이때 슈타른베르크 호수에는 떡갈나무가 많은, 그러나 알프스 경계 쪽으로는 느릅나무가 많은 지역이 발전했으며 이것이 식물계의 경계선을(북쪽에는 떡갈나무, 남쪽에는 느릅나무) 형성했는데, 이 경계선은 동쪽의 킴제와 서쪽의 숀가우 사이를 지난다.

초기 온난화 시기의 떡갈나무와 느릅나무 삼림의 성장에서 이제는 개암나무가 점점 더 많이 나타났다. 퀴스터는 해양성으로 강력히 각인된, 습한 기후로의 발전을 이러한 관목종이 서쪽에서 동쪽으로 확산되는 데 대한 시작으로 간주하고 있다. 이제는 한 발자국, 한 발자국 가문비나무도 이주하고 중기 온난기부터는 대규모 확산을 시작한다.

중기 온난기(Atlantikum; 8,200–5,100년 전) 점점 더 습해지고 온화해지는 중기 온난기의 기후에서 개암나무와 떡갈나무 혼합림의 성장조건이 계속 개선되었다. 이제는 떡갈나무, 느릅나무, 보리수가 풍부한 순수 활엽수림이 초기 빙하석 경관의 넓은 부분을 덮었다. 중기 온난기에는 가문비나무의 확산 또한 절정에 달했으며 이때 결정적으로 소나무를 변두리로 몰아냈다.

아주 조금 뒤에 두 종류의 새로운 나무가 나타났다. 전나무와 너도밤나무가 점차 떡갈나무 혼합림에 섞였으며, 이때 전나무는 조금 일찍 그리고 초기에는 너도밤나무보다 강렬히 확산되었다. 알프스 외각지대에서 전나무는 느릅나무의 위치를 점령했으며 이들을 보다 습한 지역으로 몰아냈다. 그러나 이미 중기 온난기가 끝나고 후기 온난기로 넘어가면서 전나무는 너도밤나무에게 많은 자리를 양보해야 했다. 추측컨대 인간도 너도밤나무의 신속한 확산에 참여한 것 같다. 초기 촌락의 등장과 동시에 너도밤나무의 화분곡선이 남부 독일의 무수한 화식도에서 증가하고 있기 때문이다. 촌락 지표는 곡식종의 화분이나 인간이 다니는 길에서 번창하는 참질경이의 화분과 같은 것들이다.

아주 최근의 연구결과에 따르면 중기 신석기 이래(약 6,000년 전) 슈타인 베르크 호숫가에 최초의 농경문화가 정착하기 시작했다. 당시 외톨밀과 엠머(밀의 일종)의 경작 외에도 아마(亞麻) 경작이 큰 역할을 했던 것 같다. 경작과 가축 사육이 있는 소유적인 농경생활로의 경제적, 사회적 변혁과 함께 이제는 자연경관에서 문화경관으로의 개혁이 시작되었다.

후기 온난기(Suboreal; 5,100–2,800년 전) 후기 온난기는 너도밤나무의 시기였다. 이제부터는 그들이 결정적으로 슈타인 베르크 호수 주위의 숲을 지배했으며, 무엇보다도 떡갈나무를 그들의 생태학적인 최적지로부터 몰아냈다. 남쪽의 알프스 앞쪽에서 알프스까지도 이제는 너도밤나무 지역이었다. 느릅나무는 보다 습기 찬 경사지역으로, 보리수는 햇빛이 드는 건조한 장소로 물러나야 했다.

마침내 기원전 1,000년에는 마지막으로 서양소사나무[36]가 자리잡기 시작했다. 이제는 다시 전나무가 눈에 띄게 확산되었으며 그것도 알프스의 외곽 지역뿐만이 아니라 북쪽의 알프스 앞쪽 지역에 있는 너도밤나무 숲에서도. 자연의 수역(水域)[37] 시스템은 중기 온난기

36) 울타리로 많이 쓰이며 줄기와 잎이 너도밤나무와 비슷함
37) 강, 호수, 해양 등의 총칭

이래 안정되어서 시냇가에는 수풀이 지속적으로 형성될 수 있었다. 여기에서도 느릅나무와 떡갈나무의 퇴각지역을 발견했다. 연한 나무가 있는 물가의 초지가 버드나무와 특히 오리나무에 의해 구축되었다. 가축사육과 경작은 청동기와 철기시대 동안 꾸준히 증가했다.

온난기 이후(Subatlantikum; 2,750년 전부터 현재까지) 온난기 이후 초기에는 남부 바이에른 전체가 분명한 개간지 형상을 띠게 되었으며 그중에서 가장 지속적인 것은 로마의 점령기(기원후 15년부터)와 관련해서 볼 수 있다. 이 당시 사람들은 숯을 얻는데 주로 너도밤나무를 이용했으며 전나무는 오히려 건축용 목재로 베었다. 그래서 로마인에 의해 너도밤나무와 전나무는 알프스 앞 지역에서도 감소했다.

로마점령기 이후 인구밀도가 일시적으로 감소했다. 이로 인해 숲에 대한 압력이 줄어들었으며 숲은 회복될 수 있었다. 너도밤나무는 슈타인 베르크 호수의 경관에서 대략 1,000년 전에 가졌던 중요성을 다시 되찾았다. 많은 것들이 로마점령 전 너도밤나무의 분포지역 확산을 암시하고 있으며 너도밤나무는 이제야 북쪽 전체의 빙하석 지역에서 지배적인 종이 되었다.

민족이동기가 끝나고 얼마 되지 않아 슈타인 베르크 호수의 농업 생산량은 증가했으며, 중세초기 이후에는 숲 지역까지도 경작지로 이용되었다. 어떻게든 꾸준히 성장하는 인구를 먹여 살리는 것이 중요했기 때문이다. 이제 숲은 점점 더 문화적인 면적에 양보해야 했거나 가축사육을 위한 사료로 쓰이며 변화되었다.

중세중기와 중세후기에 남부 바이에른의 숲에서 너도밤나무와 전나무의 비율은 떡갈나무와 가문비나무와는 반대로 계속 감소했다. 필경 전자는 베어졌으며 후자는 그렇지 않았으리라. 얼마 후에는 많은 곳의 토지이용이 삼림의 황폐화를 가져왔다. 삼림을 파괴하는 이용방식은 서서히 숲의 몰락으로 이어졌다. 남은 숲에서는 떡갈나무, 가문비나무, 개암나무 외에 서양소사나무가 최종적으로 자리 잡을 수 있었다. 이것은 농부들의 저지대 숲 농업의 결과로 돌릴 수 있는데 여기서는 발육이 센 종은 장려되나 너도밤나무는 감소했던 것이다. 포트는 이러한 것을 '서양소사나무 효과'라고 묘사했다. 결과는 오늘날과 같은 형태의 수많은 떡갈나무와 서양소사나무 숲의 형성인데 그중에서 적은 수만을 자연스러운 것으로 볼 수 있다.

18세기에 문화지역에서 숲의 비율은 최소치로 줄어들었다. 수목지역이 얼마나 존재했는지는 확인할 길이 없다. 이제는 폐기된 경작지와 당시 농가의 숲이 가문비나무로 재조림되고 있다. 슈타인 베르크 호수와 암머 호수의 경사지역에는 너도밤나무와 떡갈나무가 비교적 중요한 의미를 가지고 있다. 이 숲 지역이 아마 한번도 완전히 파괴된 적이 없다는 것 때문이다.

슈타인 베르크 호수 식물계의 역사에 대한 묘사가 보여주는 것처럼, 소택지와 호수의 침전물에 있는 꽃가루의 분석은 환경의 발전과 변천 그리고 동력학을 재구성하는 데에 아주 신뢰성이 높은 방법이다. 꽃가루 분석은 지방 경관의 수천 년에 걸친 과거를 들여다보는 타임머신인 것이다.

참고문헌

BEHRE, K.-E.: The interpretation of anthropogenic indicators in pollendiagrams. Pollen et Spores 23, 1981, S. 225-245.

BEUG, Hans-Jürgen: Leitfaden der Pollenbestimmung. München 2004.

BURGA, Conradin A. und Roger PERRET: Vegetation und Klima der Schweiz seit dem jüngeren Eiszeitalter. Thun 1998.

FAEGRI, Knut und Johannes IVERSEN: Textbook of Pollen Analysis. Chichester 1989.

FESQ-MARTIN, Martinus, Amei LANG und Michael PETERS: Scherben der Münchshöfener Kultur von der Roseninsel im Starnberger See, Gde. Feldafing, Lkr. Starnberg.-Bayerische Vorgeschbl. 67, 2002, S. 167 ff.

FIRBAS, Franz: Spät-und nacheiszeitliche Waldgeschichte Mitteleuropas nördlich der Alpen. Band 1 und 2. Jena 1949/52.

FRIEDMANN,Arne: Die spät-und postglaziale Landschafts-und Vegetationsgeschichte des südlichen Oberrheintieflands und Schwarzwalds. In:Freiburger Geogr. Hefte 62, 2000.

FRIEDMANN, Arne: Moorwelten-Die Moore der Erde. In: Nationalpark 122 (Sonderheft Moore). 2003, S. 4-8.

KLAUS, Wilhelm: Einführung in die Paläobotanik.Band I.Wien 1987.

Kossack, G und H. Schmeidl: Vorneolithischer Getreidebau im Bayrischen Alpenvorland. Jahresbericht der Bayrischen Bodendenkmalpflege, 15/16, 1974/75, S. 7-23.

Kuester, Hansjoerg: Postglaziale Vegetationsgeschichte Suedbayerns: Geobotanische Studien zur praehistorischen Landschaftskunde. Berlin 1995.

Lang, Gerhard: Quartaere Vegetationsgeschichte Europas. Jena 1994.

Mueller, T.: Die Eichen-Hainbuchenwaelder Sueddeutschlands.-Berichte der Reinhold-Tuexen-Gesellschaft 2, 1990, S. 121-184.

Peter, Michael, Arne Friedmann und Martinus Fesq-Martin: Moore als Umweltarchive.-In: Nationalpark 122, 2003, S. 14-16.

Pott, Richard: Der Einfluss der Niederholzwirtschaft auf die Physiognomie und die floristisch-soziologische Struktur von Kalkbuchenwaeldern. Tuexenia, 1, 1981, S. 233-244.

Pott, Richard: Vegetationsgeschichte und pflanzensoziologische Untersuchungen zur Niederwaldwirtschrift in Westfalen. Westfael. Mus. Naturkunde, Muenster, 47, 1985, S. 1-75.

꽃가루와 알레르기

마티누스 페스크-마틴 · 아르네 프리드만 · 하이케 페스크

종자식물의 꽃가루는 양치류와 선태류의 포자와 함께 식물성 근원을 가진 가장 흔한 먼지입자다. 종에 따라 꽃가루 크기는 1/100-1/10㎜(10-100㎛)이다. 몇몇 달맞이꽃과 식물의 꽃가루는 특별히 큰 것도 있는데, 관상용 식물인 후크시아도 여기에 속한다. 그들의 고향인 남아메리카에서 인기 있는 이 관상용 식물은 바람이나 곤충에 의해서가 아니라 벌새에 의해 수분된다. 후크시아 마겔란치카(*Fuchsia magellanica*)의 꽃가루는 지름이 108㎛로(0.108㎜) 이론상 맨눈으로도(해상력 0.1㎜) 볼 수 있다. 그러나 대부분 현화식물의 꽃가루는 광학적인 도움 없이 낱개로 인지할 수 없다.

이 때문에 17세기 현미경의 발명은 꽃가루의 형태적 다양성을 이해할 수 있는 전제조건이었다. 식물을 현미경으로 해부해 상세하게 다루었던 초기의 연구자는 마르첼로 말피기(Marcello Malpighi), 로버트 훅(Robert Hooke), 네헤미아 그루(Nehemiah Grew) 등이었다. 특히 말피기와 그루에 의해서는 꽃의 미세구조에 대한 체계적인 묘사가 이루어졌다. 네헤미아 그루는 1680년에 최초로 화분의 수꽃술을 수꽃의 생식기관으로, 암술을 암꽃의 생식기관으로 규정했다.

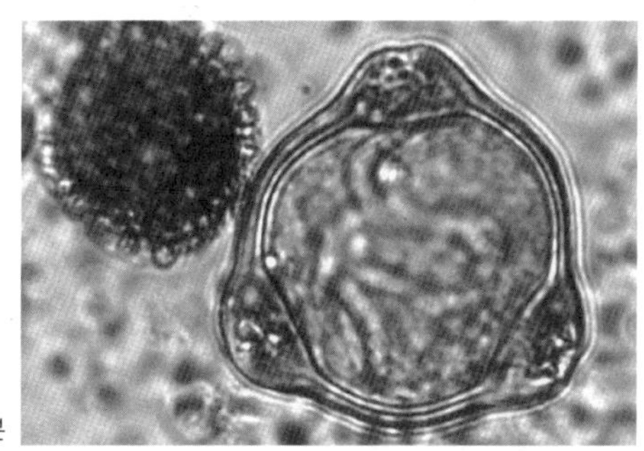

현미경으로 본 후크시아의 화분

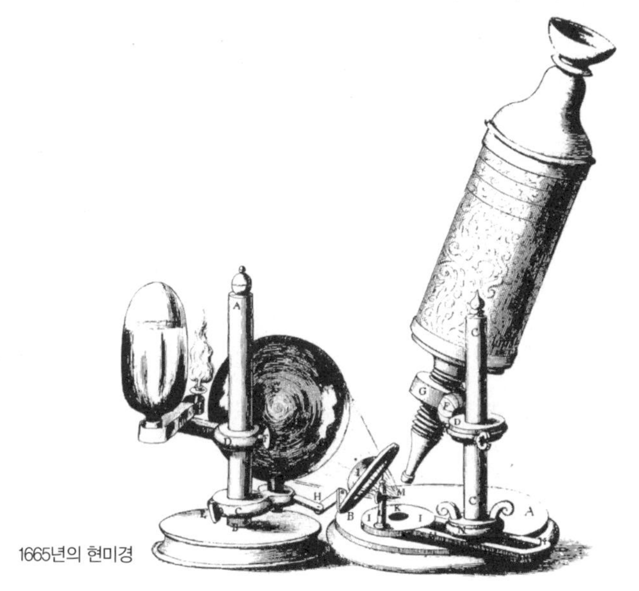

1665년의 현미경

종자입자와 화분학(花粉學)

꽃가루가 씨앗의 형성을 위해 반드시 필요하다는 것은 요한 고틀립 글레디치(Johann Gottlieb Gleditsch)가 깨달았다. 그는 1749년 베를린의 식물원에 있는 야자나무(*Chamaerops humilis*)의 암꽃 표본을 라이프찌히 식물원의 수꽃표본의 화분과 성공적으로 수정시켰으며, 실험의 '결실'을 수확하기 위해 1750년과 1751년에 이 시도를 반복

했다. 요셉 고트로프 쾰로이터(Joseph Gottlob Kölreuter)는 1890년대에 부용속의 한 꽃에서 4,863개의 종자가루를 세었다. 그는 포낭에 약 30개의 종자를 맺기 위해 50-60개의 꽃가루면 충분하다는 것을 조사했다.

그러나 꽃가루의 생물학적 기능에 대한 이러한 초기의 인식은 후세에 버림받았다. 거의 19세기 중반까지도 식물이 양성에 의해 증식할 수 있는지에 대해 의심이 있었다. 1823년에 지오바니 바티스타 아미치(Giovanni Battista Amici)가 암컷의 암술머리에서 조달한 꽃가루로부터 플라스마의 흐름이 있는 관에서 싹이 트는 것을 발견했다. 아미치는 심지어 7년 뒤에 자신이 만든 현미경으로 암술대 조직에 있는 화분관이 어떻게 배주(胚株)의 미시계통에까지 내려 뻗는지 추적하는 데 성공했다.

그럼에도 화분은 암꽃의 원칙으로 간주되었다. 화분학자인 요하네스 호르켈(Johannes Horkel)과 마티아스 야콥 슐라이덴(Matthias Jacob Schleiden)은 식물의 배아가 수정된 난자세포에서가 아니라 배아가 난자세포로 침투한 다음에 화분관의 끝 지점에서 생긴다고 선언했다.

19세기 중반(1849, 1851)에야 프리드리히 빌헬름 호프마이스터(Friedrich Wilhelm Hofmeister)가 비로소 꽃가루에서 자라나온 화분관이 씨방을 통해 암꽃 난자의 배낭(胚囊)에 침투하며, 여기서 실질적인 수정이 이루어진다는 것을 보여줄 수 있었다. 이러한 관찰은 19세기 후반기 에두아르트 슈트라스부르거(Eduard Strasburger)에 의해 구체적으로 입증되었다. 1884년에 슈트라스부르거는 식물에서는 최초로, 실질적인 수정 과정이 수꽃과 암꽃의 세포핵이 융합됨으로써 이루어진다는 것을 증명했다. 이로써 오스카 헤르트비히

(Oscar Hertwig)가 1875년에 동물에게서 이미 증명한 바와 같이 식물의 수정 과정이 입증되었다.

이외에도 슈트라스부르거는 현화식물의 화분관에 하나의 큰 무성생식핵과 두 개의 작은 생식핵이 존재한다는 것을 발견했다. 생식핵 중의 하나가 난세포의 세포핵과 융합된다. 그러나 화분관에 있는 두 번째 작은 핵의 기능은 무엇인가? 이 질문은 세기의 전환(1898)에 이르러서야 세르지우스 나바신(Sergius Nawaschin)이 '이중수정'이라고 답했다. 화분관에 있는 두 번째 생식핵은 배낭의 부차적인 핵과 융합되고 미래의 씨앗에 있는 영양조직을(배유, 胚乳, Endosperm) 형성한다.

식물의 성생활이라는 틀 안에서 꽃가루의 세포벽에 있는 개구(開口)로부터 화분관의 발아나 혹은 성숙한 배주(胚株)의 배낭에 있는 생식세포의 융합 등 복잡한 과정의 연구는 오늘날 현대 생물학의 영역에 있어서 없어서는 안 될 기초를 형성하고 있다.

환경의 역사에 대한 지식의 원천

화분의 본질적인 생리학은 19세기에 표준화석[38]으로서의 의미로 고생물학 연구의 차원에서 인식되었다. 화분분석의 토대는 지구사의 오랜 시간을 넘어선 화분의 양호한 보존이다. 나아가서 꽃가루의 특수한 형태를 근거로 검사한 화분으로 한때 생산한 식물의 과, 속 그리고 종까지도 결정할 수 있다. 그렇게 해서 소택지나 호수의 퇴적물 같은 자연의 서고로부터 화분과 더불어 식물계와 환경, 지나간 시기의 경관을 재구성하는 것이 가능하다.

---

38) 지층감별의 자료가 되는 화석

식물학자인 하인리히 로버트 괴퍼르트(Heinrich Robert Goeppert)는 1840년에 최초로 제3기의 화분을 묘사했다. 75년 후인 1916년에 렌아르트 폰 포스트(Lennart von Post)에 의해 계량적인 화분분석이 도입되었다. 오슬로에서 열린 제16차 스칸디나비아 자연연구자 모임에서 폰 포스트가 최초로 화분의 화식도를 제시했다. 이와 같은 설명의 원칙은 식물계 역사를 나타내기 위해 오늘날까지 가장 널리 행해지는 형태다. 초기단계에서는 화분분석이 북유럽과 중부유럽에 집중되었던 반면에, 뒤이어 무수한 연구계획이 유럽 외의 지역에서도 이루어졌다. 다시금 스웨덴 사람인 렌아르트 폰 포스트가 선구자로 등장했다. 그에 의해 포이어란트에서 최초의 화분분석이 실행되었다. 오늘날 소택지나 호수와 같은 자연의 서고를 제시하는 세계의 수많은 지역에서 마지막 빙하기(후기 빙하기 및 완신세(完新世)) 이래 선사시대 및 역사시대에 대한 식물계의 역사 연구가 수행되고 있다.

한 연구지역에 적절하게 오래된 서고가 석탄이나 암염(岩塩) 형태로 존재한다면, 빙하기(홍적세) 이전에 퇴적된 화분이나 포자 더 미까지도 규정할 수 있다. 고식물계(실루리아기에서 이첩기까지, 4억4천만-2억6천만 년 전)로부터는 이미 양치류의 수많은 포자유형이 존재한다. 나자(裸子)식물이 식물계의 중세(Mesophytikum)부터 상부의 트리아스기에서 주라기를 거쳐 하부의 백악기(2억6천만-1억3천만 년 전)층까지 이르는 서고를 지배한다. 완전히 새로운 화분은 후기 신식대(新植代)[39]에 와서야 피자식물, 현화식물의 화분과 함께 나타난다.

---

39) 백악기 후반부터 현대까지 약 1억1천 년간

장미 열병

식물학과 고생물학의 꽃가루 대한 연구사는 의학사에서도 화분의 중요성에 대한 다른 관점을 보여준다. 건초성 비염은 아주 빈번하고 널리 퍼져 있는 현대의 알레르기병에 속한다. 의학사 연구가인 로이 포터(Roy Porter)에 의해 19세기 화분알레르기에 대한 분명한 해석이 처음 이루어졌다. 존 보스톡(John Bostock, 1773-1846)은 '여름 카타르(Sommerkatarrh, 점막의 염증)'라는 개념을 만들어 냈으며, 화분을 '책임이 있는 병인'으로 확인했다. 근세 초기에 이미 '장미열병(Rosenfieber)'이라는 시학적인 이름으로 화분알레르기를 묘사했다. 1556년에 포르투칼의 의사 아마투스 루지타누스(Amatus Lusitanus)가 매년 초에 불쾌한 장미 향기에 대한 공포와 함께 그의 방에 갇혀 있던 한 승려의 고통을 기록했다. 다른 한 교인도 마찬가지로 장미열병에 의해 심하게 고통을 받았다. 로마의 추기경인 올리비에리 카라피(Olivieri Caraffi)는 자신의 궁전 앞에 보초들을 세웠는데, 그들은 누군가가 접견 시에 장미다발을 가지고 오는 것을 저지했다고 한다. 1565년에 이미 이탈리아의 의사 레오나르도 보탈로(Leonardo Botallo)는 '장미의 이름'이라는 말로 알레르기성 질병의 징후에 대해 정확히 다루었다. 그는 장미가 피는 시기에 평소에는 완전히 건강한 사람들이 예기치 않게 두통, 재채기, 코 부위가 심한 경련에 시달리는 것을 관찰했다.

건초성 비염에 대한 역사적 명칭은 한스 샤데발트(Hans Schadewald)의 〈알레르기의 역사, Geschichte der Allergie〉에서 그럴듯하게 해석되었다. "그래서 우리는 역사적인 이유에서 장미열병이 화분알레르기에 대한 상징으로서 통용되어 왔고 이 고상한 꽃을 병에 대한 상을 확인하기 위해 제시했다는 견해에 찬동하고 싶다." 장미열병이란 개념은 그렇게 19세기까지도 통용되었다. 오늘날 퍼져 있는 동의어 '건초성 비염(영어로 hayfever)'은 마찬가지로 오로지 건초성 화본과(禾本科) 식물에 의해 야기되는 알레르기뿐만 아니라 식물의 꽃가루에 의해 야기된 모든 병의 증상을 뜻한다.

"1925년 5월 말 나는 건초성 비염으로 불편해서 보른에게 14일간 내 의무로부터 해방시켜 달라고 청을 해야 했다." 노벨 물리학상 수상자인 베르너 하이젠베르크(Werner Heisenberg)는 건초성 비염으로 인한 고통에 대해 생생히 묘사하고 있다. "나는 꽃이 피는 숲과 초원에서 멀리 떨어져 바다 공기로 건초성 비염을 완치시키기 위해 헬고란트 섬을 여행하고자 했다. 헬고란트에 도착했을 때 나의 부어오른 얼굴은 정말 가련했나 보다. 방 하나를 세주었던 집 주인은 내가 다른 사람과 치고받고 싸운 것으로 여겼다."

20세기 초에 클레멘스 페터 폰 피르켓(Peter von Pirquet)과 그의 조수인 벨라 쉭(Béla Schick)은 화분 노출이 사람들에게 일으킬 수 있는 반응을 최초로 상세히 연구했다. 피르켓은 화분의 항원 · 항체과정이 그 근저에 있다는 결론에 도달했으며, 특정한 이물질에 대해 비정상적인 반응을 보이는 과민한 상태를 '알레르기'라 규정했다.

화분알레르기든, 건초성 비염이든 혹은 장미열병이든 상관없이 꽃가루가 많은 사람들에게 고통을 주고 있다. 인구의 10-25%에서 건초성 비염이나 알레르기성 천식의 징후가 나타났으며, 최근에는 두 배 이상으로 늘었다. 왜 화분알레르기는 증가하는가? 화분과 인간, 무엇이 변했는가?

건초성 비염 현상을 해명하려는 수많은 시도가 있다. 몇 개의 가설은 꽃가루의 표면구조가 환경 유해물질에 의해 바뀌었다는 데에서 출발한다. 변형된 화분은 인간의 면역체계에 의해 잘못 인식되고 잠재적 병인으로 퇴치된다. 다른 설명은 알레르기 증가의 원인을 인간 자신에게서 찾는다. 어린이의 기생충감염, 특히 회충의 현저한 감소에 의해 많은 알레르기 환자들의 면역체계가 부담을 덜 받게 되었거나 단련되었다는 것이다. 결과는 주변의 무해한 입자, 예를 들어 꽃가루에 대한 신체 고유의 방어체계에 대한 무의미한 과민반응이라는 것이다.

화분은 인간의 환경 도처에 널려 있다. 그것은 비염, 알레르기성 천식, 아토피성 습진 같은 알레르기 병의 야기자인 동시에 과거의 환경, 경관 그리고 자연 동력학의 재구성을 위한 과학적 저장고다.

참고문헌

AAs, K., N. Aberg, C. Bachert, K. Bergmann, R. Bergmann, S. Bonni, J. Bousquet, A. de Weck, I. Farkas, K. Heidenberg: European Allergy White Paper: Allergic Diseases as a Public Health Problem. The UCB Institute of Allergy. Brussels 1997.

Behrendt, H., W. M. Becker, C. Fritzsche, W. Sliwa-Tomczok, J. Tomczok, K. H. Friedrichs, J. Ring: Air Pollution and Allergy: Experimental Studies on Modulation of Allergen Release from Pollen by Air Pollutants. Int. Arch Allergy Immunol. 113, 1997, S. 69-74.

Behrendt, H., W. M. Becker: Localization, release and bioavailability of pollen allergens: The Influence of environmental factors. Curr Opin Immunol, 13(2001), S. 709-715.

Eisenrova, V.: Botanische Disziplinen. In: Jahn, I(Ed. 2000): Geschichte der Biologie. Heidelberg 2000, S. 314-317.

Fesq-Martin, Martinus: Pollenanalytische Untersuchungen zur Rerkonstruktion der spaet-und postglazialen Vegetationsdynamik des Magellanischen Regenwaldes, Suedchile. Thesis (www.freidok.uni-freiburg.de/volltexte/697/), Geowissenschaftliche Fakultaet, Universitaet Freiburg 2003.

Heisenberg, W.: Der Teil und das Ganze. Muenchen 1969.

Heusser, C. J.: Pollen and Spore of Chile. Tuscon 1971.

Jahn, Ilse: Naturphilosophie und Empirie in der Fruehauklaerung(17.Jh.). In: Ilse Jahn(Hg.) Geschichte der Biologie. Heidelberg 2000, S.204–213.

Junker, Thomas: Geschichte der Biologie. Muenchen 2004.

Klaus, Wilhelm: Einfuehrung in die Palaeobotanik. Band I. Wien 1987.

Lang, Gerhard: Quartaere Vegetationsgeschichte Europas. Jena 1994.

Maegdefrau, Klaus: Geschichte der Botanik. Stuttgart 1973.

Porter, Roy: Die Kunst des Heilens. Heidelberg 2000.

Ring, Johannes: Epidemiologie allergischer Erkrankungen. Muenchen 1991.

Ring, Johannes: Angewandte Allergologie. Muenchen 1995.

Schadelwaldt, Hans: Geschichte der Allergie. 4 Baende. Muenchen 1980–84.

3 매연과 비듬, 인간의 먼지

대기권 먼지의 근원지가 대부분 자연이라 하더라도, 인간도 카이로, 베이징, 멕시코시티 같은 메갈로폴리스(megalopolis)에서처럼 많은 먼지를 일으킬 수 있다. 반면에 지난 수십 년 동안 유럽에서 공기의 부유먼지 함유량은 계속해서 감소했다. 현명한 환경정책의 성과다. 그런데도 다시 새로운 먼지가 생겨났고, 그에 따라 건강에 대한 새로운 위험도 생겨났다. 미세먼지가 그것이다.

먼지, 과소평가된 위험

라이너 레무스

인간은 항상 먼지오염과 더불어 산다. 되돌아보면 먼지는 예전부터 알려졌고, 공기 중의 해로운 물질에 속했다. 정말이지 먼지는 인간이 동굴에서 살며 처음으로 불을 지폈을 때부터 우리를 쫓아다녔다고 말할 수 있다. 이 동굴은 통풍장치가 없었기 때문에 석기시대의 인간은 연기구름 속에서 살았을 것이다. 실제로 미이라로 남은 석기시대 인간의 폐는 현대인의 것보다 여러 배나 검다. 최초의 도시와 더불어 인간에 의해 만들어진 먼지가 확산되고 이제는 동굴의 연무로 떠도는 것이 아니라 커다란 거주지의 좁은 골목을 다니고 있다. 석탄연료 도입으로 도시 공기의 먼지입자량은 또다시 증가했고 산업화와 더불어 절정에 도달했다. 산업도시의 연기와 매연은 주변 모두에 해를 끼친다.

작가 로버트 서티(Robert Southy)는 130년 전에 19세기 초 런던의 공기를 '습지 안개, 굴뚝 연기, 그을음 자국, 가루화 된 말똥거름의 혼합물'로 묘사했다. 한 다른 연대기 저자는 1874년 도시 공기의 먼지를 '도시에서 먼지는 특히 말똥거름의 부스러진 귀리 조각으로 이루어져 있다. 그러나 그것은 또한 옷, 양탄자, 깃털, 표피의 세포, 거미줄, 돌, 식물성 물질, 전분입자 등 모든 종류의 파편으로 밝혀졌다.'고 묘사했다. 이 진술에는 당시의 분석기술 수준이 반영되었으며, 먼지는 항상 직접적으로 그 근원지와 연계되었다. 이 작가들에게 먼지는 보고나서야 아는 것이었다. 매연은 박편(薄片) 크기일 때 비로소 인지되었으며, 분명한 것은 거실과 빨래가 빨리 더러워지는 것처럼 성가시고, 직접 볼 수 있는 것만 알았다. 동시에 도시에는 아직 자동차가 없었으나 그 대신 무수히 많은 마차가 있었다는 것도 이 글을 통해 알 수 있다.

산업적 진보 과정에서 이처럼 성가시게 느껴지는 것들과의 동반현상이 처음에는 증가했다. 스코틀랜드의 산업도시 글래스고우(Glasgow)에서는 주민들이 1950년대에도 매년 대략 1kg의 매연을 들이마셨다. 독일에서도 1960년 이후에야 조치를 취했다. 한국, 대만, 중국, 동부유럽의 많은 나라에서는 시간이 좀더 걸려 1980년대에 첫 조치가 도입되었다.

독일 먼지오염의 전개

독일에서 산업시설과 연소시설의 먼지 방출은 조치를 취한 1960년 이후 현저하게 줄어들었다. 특히 방출제한 같은 엄격한 법 규정으로 인간에 의해 야기된 먼지오염은 1970년의 3백만 톤에서(독일 전체) 1990년 185만 톤으로, 2000년에는 약 25만 톤으로 줄어들었다. 1990년 이후 눈에 띄게 줄어든 이유는 핵발전소의 폐쇄 영향이 가장 크다.

2000년 독일에 있는 고정된 근원지로부터의 미세먼지 방출 도표(오염보호법 1-04).

근원지그룹	1)전체먼지	2)미세먼지비율	미세먼지	전체 미세먼지
	kt	%	kt	비율
산업과정	99.0	60	59.4	49.1
발전소와 원격난방본부	23.0	95	21.9	18.1
산업용 연소시설	6.0	95	5.7	4.6
3)가정용 및 소규모 소비자를 위한 연소시설	26.4	97	25.5	21.1
산적(散積) 화물거래	43.0	20	8.6	7.1
합계	197.4		121.1	100.0

1) 잠정적인 진술, 2003년 4월

2) 연방 환경청의 평가, 1999년 12월

3) 반올림한 수치; 1.BlmSchV(연방환경오염방지법을 위한 1번째 시행령)의 효력권에 있는 시설

고정된 시설의 경우에 있어서 인간이 만든 미세먼지오염의 주오염자는 산업과정(약 59.4kt)이며, 철과 강철생산(약 35kt), 벽돌과 토양산업(13kt), 원자력발전소와 산업용연소(27.6kt), 가정용연소와 소규모 소비자 연소(약 25.5kt) 그리고 산적화물 거래(8.6kt)가 뒤따른다. 여기에 교통분야로부터 대략 54kt이 추가된다.

먼지오염의 양이 현저하게 줄은 반면에, 입자의 크기와 수 및 종류와 조성의 질을 고려해 볼 때 산업화 이전의 시기보다 위험잠재력이 더 크다는 것을 보여주고 있다. 중금속, 석면, 먼지에 결합된 특정한 유기물질, 특히 다이옥신 등은 공기 중에 전혀 없거나, 적은 농도로만 있었는데, 지금은 그렇지 않은 것이다.

미세먼지, 도대체 무엇인가?

먼지의 묘사와 관련해서 지난 시기에 다양한 정의와 협약이 내려졌다. 그에 따르면 먼지는 고체와 액체 입자로 된 복잡한 혼합물이다. 이러한 혼합물은 에어로졸이라고도 일컫는다. 대기권의 에어로졸은 입자 크기가 몇 나노미터(1nm=10^{-9}m)에서 몇 백 마이크로미터(1㎛=10^{-6}m=1/1,000㎜)에까지 이르는 범위를 포함한다. 인간의 눈은 개별적인 입자를 약 50㎛까지 인식할 수 있다.

형태와 밀도가 다른 입자를 묘사하기 위해 '에어로 동력학적인 지름'이 도입되었다. 에어로 동력학적인 지름은 밀도가 1g/㎤인 구형태 입자의 지름에 해당되는데, 이는 그것이 형태와 밀도가 다른 입자와 같은 침강속도를 갖도록 하려는 것이다. 미세먼지에 대해서는 보통 영어로 PM(Particulate Matter)이라는 명칭이 에어로 동력학적인 지름을 마이크로미터로 진술하기 전에 사용된다. PM_{10}은 차단시스템을 통과하는 입자 집합을 포괄하는데, 이 시스템은 작용효과에서 에어로 동력학적 지름이 10㎛인 입자를 50%까지 분리하는 침전 분리계의 이론적인 분리기능에 해당된다. 이러한 확정을 통해 인간의 호흡경로에서 서로 다른 크기의 입자가 어떤 확률로 침전되는지에 대한 유추가 이루어진다.

입자크기 0.5㎛부터는 융합(Difusion)이 결정적인 영향을 미치며, 그 때문에 0.5㎛보다 작은 입자의 묘사는 '융합속도'에 의해 이루어진다. 이러한 입자는 자신의 크기로 인해 어떠한 침전에도 예속되지 않는다. 즉 그들은 중력에 의해 침강하지 않으며 대기권에 아주 오래 머문다.

보통 미세먼지(PM)는 단위 부피당(㎍/㎥) 질량, 즉 질량 농도로 기술된다. 보통 2.5-10㎛ 사이는 '굵은 먼지' 그리고 2.5㎛ 미만은 '

미세먼지'로 분류한다. 0.1㎛보다 작은 입자는 '초미세먼지'라 한다.

여러 입자들의 크기 범주

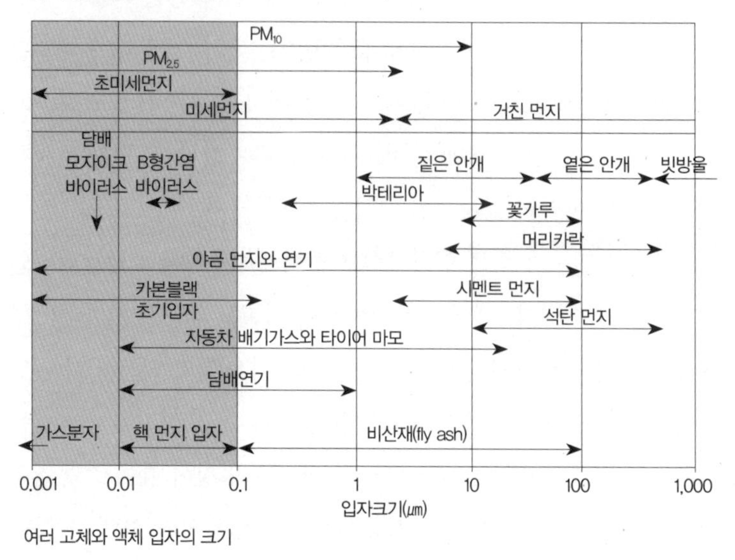

여러 고체와 액체 입자의 크기

그림에서 알 수 있듯이 인간이 만들어 낸 미세입자들은 매연, 흡연과 같은 연소과정과 야금에서 발생하며, 굵은 먼지들은 비열역학적인 부분과, 상업 및 산업적 과정, 재화의 저장과 운송, 지표면에서 일어나는 먼지에서 유래한다. 전형적인 자연의 먼지근원지는 해양의 물거품(미세한 해양 소금), 화산 및 포자, 화분, 박테리아, 바이러스와 같은 유기입자들이다.

부유먼지의 작용메커니즘

서서히 침전하는, 즉 대기권에 떠도는 모든 먼지입자를 '부유먼지'라 한다. 영어에서는 완전히 정지한 입자(TSP)라는 개념을 쓴다. 정의에 따라 문제가 되는 것은 PM_{30}㎛보다 작은 입자들이다. 그들은 환

호흡기의 여러 위치에 침투하는 크기가 다른 먼지에 대한 확률(DIN ISO 7708에 따른 것).

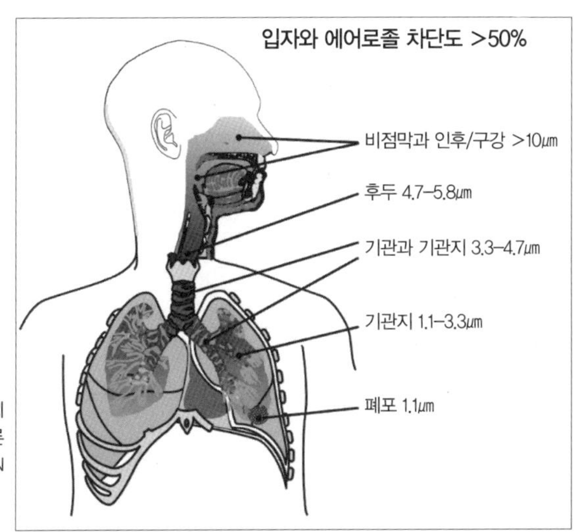

경, 혹은 오염농도를 형성한다.

부유먼지가 호흡기와 심장순환 시스템에 미치는 영향에 대한 연구는 입자가 작을수록 더욱 깊숙이 폐로 침투하면서 미세먼지의 해로운 영향은 증가한다는 것을 입증하고 있다. 여기서 도출되는 것은 작을수록 그만큼 나쁘다는 것이다. 이 점은 그림에 도표로 설명되어 있다. 에어로 동력학적 지름이 10㎛보다 큰 입자는 폐의 상부에서 차단된다. 1㎛ 크기의 입자는 폐의 가장 민감한 영역인 폐포(肺胞)까지 침투한다. 작용메커니즘과 효과를 특정 크기에 귀속시키는 것과 관련해 아직 몇 가지 의문이 남아 있기는 하지만 연구가 보여주는 것은 미세먼지에 의한 오염이 분명히 건강효과와 관련이 있다는 것이다. 징후로서 기침, 기관지염, 폐렴. 심폐기능 장애 및 폐암 등이 있으며 마지막 효과로는 수명을 짧아지게 한다.

입자는 근원지 내지는 탄생에 따라 크기, 형태, 색깔, 화학적 조성, 물리적 특성을 고려해서 구분한다. 다음 도표는 도시 공기의 미세입자 표본 하나의 유형별 조성을 보여주고 있다.

도시 공기에 있는 미세먼지의 주 내용물(UBA 연례보고서 1999).

㎛=1/1,000㎜

입자지름(㎛)	<2.5	<10
이산화규소	3	26
매연	14	6
유기체적 결합물	17	13
물	17	6
암모니아 이온	10	2
염화물 이온	2	3
질산염 이온	10	6
황산염 이온	21	8
기타 금속산	6	30

다환성방향족탄화수소(芳香族炭化水素, aromatic hydrocar-bons)와 같은 유기체적 결합물과 매연은 불완전연소에서 생긴다. 그것은 때로 암을 유발한다. 미세먼지오염에 중요한 근원지는 가정용과 소규모 상업용 연소시설, 산업의 연소시설, 발전소 그리고 특히 디젤 엔진이다. 우선 자동차와 트럭의 엔진을 생각할 수 있으나 소홀히 할 수 없는 것이 기계나 기차, 선박의 엔진이다. 또 타이어의 마모에서도 매연이 생긴다.

이산화규소(SiO_2)는 암석이나 모래에서 발견된다. 이산화규소 입자는 풍화, 바람, 먼지소용돌이, 도로의 마모, 천연재료를 얻는 과정, 건설작업에 의해 대기에 도달하며, 대부분 굵은 먼지 분류에 해당된다.

그러한 직접적인 먼지방출(1차적인 미세먼지오염)에 비해 선행재료(암모니아, 염소, 일산화물, 이산화황)에서 형성되는 것도 있는

데, 이것은 기체 형태로 방출되어 대기권에서 입자로 바뀌며(2차적인 미세먼지오염), 대개 무기물질인 소금(암모늄, 염화물, 질산염, 황산염이온)으로 이루어져 있다. 이러한 반응을 '가스의 입자 전환(GPC)'이라고 한다. 중금속은 금속산업, 촉매, 브레이크나 클러치의 마모에 의해 공기에 도달한다.

입자가 대기권에 체류하는 시간을 '수명'이라고도 한다. 지표면에 가까운 대기권에서의 수명은 대체적으로 입자의 크기에 달려 있다. 작은 입자는(0.001–0.05㎛까지) 높은 융합적 독자운동을 바탕으로 보다 쉽게 큰 입자로 결합될 수 있으며, 이어 지구의 중력에 의해 침전될 수 있다. 30㎛보다 큰 입자의 수명은 몇 시간에서 몇 분이다. 0.1–5㎛ 크기의 범위에서는 응결과 침전이 큰 역할을 하지 않는다. 따라서 이것이 가장 긴 수명을 지닌 크기의 영역인 동시에 대기권 미세먼지의 주된 질량이 여기에서 나온다. 이 크기 입자의 유입은 주로 침전에 의해 일어난다. 대기권에서 체류하는 긴 시간 동안 작은 입자들은 먼 거리를 이동한다. 그래서 카나리아 섬이나 독일에서도 사하라의 먼지가 발견될 수 있다.

미세먼지에 대한 최근 상황

연방과 주는 현재 독일의 약 420곳의 먼지 측정소에서 미세먼지(PM_{10})[40]를 측정하고 있다. 추가로 약 200곳의 측정소에서는 전체 부유먼지(TSP) 농도를 이용해 평가하고 있다. 전체 부유먼지에서 미세먼지의 비중은 평균 83%, PM_{10}에 대한 $PM_{2.5}$[41]의 비중은 40–

---

40) 알갱이 크기가 10㎛까지인 먼지. 폐 깊숙이까지 도달할 수 있다.
41) 알갱이 크기가 2.5㎛ 까지인 먼지. 후두를 지나 허파지역 깊숙이 침투해서 혈액순환으로 들어갈 수 있다.

90%(평균 약 70%)에 달해서, $PM_{2.5}$에 대해서도 TSP 내지는 PM_{10}을 이용해 평가할 수 있다.

이러한 평균치를 현재의 측정치와 비교하면, 1980년 이래 독일에서 미세먼지오염이 분명하게 줄어들었다는 것을 알 수 있다. 다음 도표는 산업과 도로, 그리고 교통에 가까운 장소 및 시골의 전형적인 농도를 보여주고 있다.

2001년도 독일 측정소의 PM_{10}의 전형적인 농도(KRdL, 2003년 7월).

장소	시골	도시	도로에 가까운 곳	산업시설 PM_{10} 근처 측정소 (근원지 불분명)
연평균치 ㎛/㎥	10–18	20–30	30–45	30–40
하루 평균치가 50㎛/㎥보다 적은 날의 숫자	0–5	5–20	15–100	50–90
최고치 하루 평균치 ㎛/㎥	50–70	60–100	70–150	100–200

미세먼지는 자연의 근원지에서 혹은 인간에 의해 야기될 수도 있으며 직접적인 먼지일 수도 있고, 선행물질에서 간접적(1차적 혹은 2차적)으로 방출될 수 있으며, 움직이거나 혹은 정지해 있는 근원지로부터 방출될 수도 있다.

국가적으로 미세먼지를 감소시키는 것은 자연적 오염을 제외한다면 모든 근원지에서 원칙적으로 가능하다. 장거리 이동에 의한 오염은 국가 간의 조치만으로도 슬기롭게 감소시킬 수 있다.

스위스의 한 연구는 인적이 드문 측정소에서조차 PM_{10}에 대해 상대적으로 일정한 원경(遠景)오염(자연의 방출과 장거리 운반된 입자에서 오는)이 6–12㎍/㎥ 사이에서 측정되는 것을 보여주었다. 대략적으로 독일 공기 중에 있는 먼지의 약 1/3은 자연의 근원지에서 유래하며(도시에서는 1/6), 1/3은 타이어와 브레이크, 그리고 도로 마모 등 교통에서(도시에서는 1/2), 나머지 1/3은 산업, 상업, 가정용 연소에서 오는 1·2차적인 먼지오염에서 온다고 한다.

도시에서는 교통이 먼지오염을 지배한다. 엔진의 배기가스와 더불어 방출된 입자는 주로 PM_{10}이며, 심지어는 $PM_{2.5}$보다 작은 미세먼지도 있다. 디젤 매연의 입자 크기는 두 개의 최대분포치(0.03과 0.1㎛)를 가지고 0.01-1㎛ 사이에 놓여 있다. 이것이 의미하는 바는 교통에서 오는 오염은 PM_{10}의 질량 비율에는 상대적으로 적게 영향을 주나 입자 수와 관련해서는 큰 부분을 차지한다는 것이다. 이와 달리 타이어, 브레이크, 클러치 라이닝, 도로 바닥의 마모로 발생하는 먼지는 비교적 큰 입자다. 교통의 경우 유의해야 할 것은 오염이 낮은 높이의 근원지에서 일어나기 때문에 초비율적 오염도를 발휘한다는 것이다.

종합적 전환 및 조처

오늘날 도시의 공기에는 10년이나 20년 전보다 먼지가 훨씬 적다. 이것은 산업지역도 마찬가지다. 그 이유는 최신의 필터시설, 차단기 시설과 함께 먼지를 적게 내는 새로운 기술들 때문이다. 그러나 아직 몇 가지 해야할 일이 있다. 새로운 측정방법은 오늘날 아주 작은 먼지에 의한 오염과 그들의 위험한 내용물질을 정확하게 규명하도록 해준다. 효과와 관련된 연구는 아주 미세한 먼지에 의한 비교적 작은 오염도 건강 장애에 이를 수 있다는 것을 보여주었다. 이 때문에 입법기관은 주변 공기에 있는 미세먼지 농도를 엄격히 제한했다. 이러한 한계수치는 현재 교통과 인접한 지역과 특히 도시에서 확실히 준수될 수 없다.

자연에 근원지를 갖는 특정한 근원지는 감축노력에서 제외된다. 이 때문에 인간에 의해 만들어진 비율이 최소한 한계치가 확실히 준수될 때까지 계속해서 축소되어야 하는 것이다. 한계치가 계속 초과할 경우 특정 지역에 대해서 공기 준수계획과 행동계획이 세워져야 한다. 이러한 계획은 한시적인 운전금지, 진입제한, 도시세, 도시내부차단과 같은 조치가 될 수 있겠는데, 우리 모두가 장차 겪게 될 수도 있다.

유럽의회와 협의회는 2002년 제6차 환경보호프로그램에서 목표를 '인류의 건강과 환경에 부정적인 효과가 크지 않고 이에 해당하는 위험을 야기하지 않는 공기질을 확보하는 것'이라 천명했다. 이산화유황, 암모니아와 같은 입자와 선행물질이 국경을 넘어 장거리 수송되는 것을 고려해 국제적인 협약이 사용된다.

주오염자는 교통이다. 자동차산업은 디젤차에 매연필터를 투입해 99% 이상의 차단율을 확보할 수 있다. 그러나 어려운 것은 브레이크, 클러치, 타이어와 차로의 마모 같은 교통으로 인한 오염이다.

이외에 다른 미세먼지의 중요한 근원지는 생산과 연소과정이다. 오늘날 이미 이 과정들의 대부분에 고성능 필터가 투입되었다. 제시된 것처럼 1차적 입자와 관련해서는 상황의 개선에 본질적으로 기대할 만한 것이 없다. 단지 입자를 생성하는 선행물질인 일산화물을 감소시켜 미세먼지 오염을 계속 줄일 수는 있다.

인간에 의해 만들어진 미세먼지에 대해서는 다른 조치가 취해져야 한다. 특히 가정용과 소규모 상업용 연소행위에서는 1차적 조치(에너지절약과 연소물질의 전환 등)에 의해 직접적 감소를 달성할 수 있다. 또한 전 세계 사람들에게 공기와 더불어 온갖 입자를 마시고 있다는 것을 잊게 해서는 안 된다.

참고문헌

Tochterrichtlinie 1999/30/EG vom 22.4.1999 ueber Grenzwerte fuer Schwefeldioxid, Stickstoffdioxid und Stickstoffoxide, Partikel (wie Russ einschliesslich Feinstaeube mit einem Durchmesser bis 10 Mikrometer) und Blei in der Luft) (AbR. EG, 163, S. 41–60)

Clean Air For Europe: Stefan Jakobi; European Commission, DG Environment. (http://secus.met.fu-berlin.de/veranstaltungen/Abstracts%20PM10/jacobi.htm).

Daten zur Umwelt–Der Zustand der Umwelt in Deutschland. Berlin 2001.

DIN EN 12341, Augs. 03/1999–Luftbeschaffenheit; Ermittlung der PM 10–Fraktion von Schwebstaub.

Dockery, Douglas W. et al: Epedemiologic evidence of cardiovascular effects of particulate air pollution. Environmental health perspectives, 109, 2001, S. 483–486.

Infotmationsaustausch im Rahmen der Richtlinie zur integrierten Vermeidung und Verminderung der Umweltverschmutzung(IVU–Richtlinie): BVT Merkblaeter unter: (http://eippcb.jrc.es/pages/Fmembers.htm).

Lahl, Uwe und Wilhelm Steven: Reduzierung von Partikelemissionen–eine gesundheitliche Schwerpunktaufgabe. Gefahrstoffe Reinhaltung der Luft. Duesseldorf 2004.

McNeill, John: Blue Planet. Die Geschichte der Umwelt im 20. Jahrhundert. Frankfurt am Main 2003 (ins. Kap. 3 und 4).

Meyers Konversationslexikon, 3. Auflage 1874, Bd. 2, Artikel Atmosphaere.

Multikomponentenprotokoll (Mai 2003): (www.bmu.de/de/1024/js/download/b_Multikomponentenprotokoll).

Remus, Rainer: Feinstaub–Entstehung und Quellen der Feinstaubemission. Neue gesetzliche Regelungen. Lengdorf: UB MEDIA Fachdatenbank Emissionsschutzrecht und Luftreinhaltung 2000.

Stellungnahmen der Kommission Reinhaltung der Luft im VDI und DIN(KRdL) zu Feinstaub und Stickstoffdioxid(Juli 2003)(http://www.bmu.de/de/800/js/download/b_stellungnahmen_krdl/).

Struschka, Michael, Volker Weiss und Guenter Baumbach: Feinstaub Emissionsfaktoren bei kleinen und mittleren Feuerungsanlagen. Immissionsschutz. Berlin 2004.

Tuev Sueddeutschland: Validierungsmessungen fuer Feinstaub(PM_{10} und $PM_{2,5}$) an diffusen Quellen bei Anlagen der Metallerzeugung im Hinblick auf die EU-Luftqualitaetsrahmenrichtlinie. Forschungsvorhaben im Auftrag des Umweltbundesamt. September 2002(UFOPLAN Nr.: 20044316).

UMEG: Schwebstaubbelastung in Baden-Wuertemberg. Herausgeber: Landesanstalt fuer Umweltschutz Baden-Wuertemberg. Mai 1998.

Umweltbundesamt: Jahresbericht 1999(Staub-die unterschaetzte Gefahr). Berlin 1999, S. 50-56.

VDI 3790 Blatt 1: 1999-05 Umweltmeteorologie; Emissionen von Gasen, Geruechen und Staeuben aus diffusen Quellen-Lagerung, Umschlag und Transport. Berlin 1999.

VDI 3677 Blatt 1: 1997-07 Filternde Abschneider-Oberflaechenfilter. Berlin 1997.

VDI 3677 Blatt 2: 2004-02 Filternde Abschneider-Tiefenfilter aus Fasern. Berlin 2004.

Wichmann, H. Erich: Sources and Elemental Composition of Ambient Particles in Erfurt, Germany. Landsberg am Lech 2002.

World Health Organisation: Air Quality Guidelines for Europe. WHO Europe, Copenhagen 1987(www.euro.who.int/air).

World Health Organisation: Update and Revision of the WHO Air Quality Guidelines for Europe. ICP EHH018VD96. 2/11. 1997.

World Health Organisation: Health Aspects of Air Pollution with Particular Matter, Ozone and Nitrogen Dioxide. Report on a WHG Working Group, Bonn 2003 (www.euro.who.int/document/e79097.pdf).

먼지의 기회와 위험 그리고 나노단계의 물질

아르민 렐러

먼지는 정말 다양하고 도처에 있으나, 먼지에 대한 동의어는 없으며, 견고한 부분으로 이루어져 있다는 것 또한 확실하다. 길거리 먼지에서는 저울질할 수 없고 위협적인 꽃가루는 종의 존속을 이어주는 매개체다. 먼지는 도처에서 다시 변형된 조성과 형태로 만날 수 있다. 섬유, 낟알, 입자, 정자(晶子)[42], 꽃가루 등이 먼지의 성격과 특성을 드러낸다. 우리가 먼지가 어디서 오는지, 무엇이 근원지인지를 알면, 우리는 먼지를 인식하게 되고 그러면 먼지는 최소한 그의 역사의 일부를 포기하는 것이다. 먼지가 한 장소에 머물거나, 긴 여행을 시도하거나, 생각지도 않은 곳에서 불시에 나타나거나, 계획된 재료 변형을 방해하는 것이 우리가 먼지를 귀찮고 내키지 않게 여기도록 한다. 그리고 대단히 완강한 것으로 여기게도 한다. 먼지는 먼지포획기, 걸레, 진공소제기로 잡힌다. 전체 산업분야가 먼지를 필터, 가스청소기, 접착제에 고정시키며 유지된다. 우리 인간은 먼지에게서 긍정적인 특성은 거의 얻을 수 없다.

그러나 쥐며느리나 개미는 이러한 먼지를 완전히 달리 본다. 그

42) 유리질의 화성암에 들어 있는 아주 작은 알갱이

들에게 있어서 먼지는 먹을 만한 것, 저장할 만한 것, 다른 용도로 사용할 수 있는 것들로 섞여 있는 요술봉지임에 틀림없다. 먼지가 이 행성의 생물권에서 중요한 기능을 담당하는 것이 아닐까? 이것은 수많은 형태의 먼지가 물질량의 증식과정, 성장과정, 재배분과정을 위해 어떤 과정을 거치는지를 깊이 생각해보면 분명하다. 모든 먼지무더기, 먼지구름, 먼지입자는 놀라움을 간직하고 있다.

먼지가 도처에 분포되어 있고 파악할 수 없을 정도로 다양하며, 귀찮으면서도 삶에 중요하게 대두되는데도 먼지에 대한 학문은 없다. 그리고 자연과학이 점점 더 마이크로 및 나노단계의 분류(分溜)를 다루고 있으면서도 먼지의 현상태(現象態), 화학적 조성, 반응방식에 대해서는 해당 문헌이 거의 없다. 내 추측은 먼지가 수량화할 수 없는 특성 때문에 포괄적이고 자연과학적인, 특히 물리학적이고 화학적인 분석을 벗어난다는 것이다. 이에 상응해 먼지는 계획적이고 재생산이 가능하게 통합될 수 없으며, 이러한 방식으로 화학에 의한 점유를 피해간다. 거꾸로 먼지는 개별적이고 과정적인 성격 덕분에 정보를 내포한 담지자이나 그의 근원지와 특성에 대해 최소한으로만 물어보게 하며, 종종 자신의 역사를 부분적으로 숨긴다.

나노, 먼지왕국의 새로운 영역

그러나 이제 나노과학과 나노기술이 등장하며 상황은 달라졌다. 원래 나노과학의 개념은 단지 원자, 분자 그리고 거시분자적 차원에서 물질에 대한 조작이 시도되며, 이 경우 그 물질의 특성이 공간적으로 확대된 물질의 특성과는 다르다는 것을 의미한다. 따라서 나노기술은 물질의 나노적 구조와 현상태(형태론)를 조절해 물질을 디자인하고, 특징짓는 것과 기능화하고 이용하는 것이다. 아주 극미한 세계에서는 미시계나 거시계에서 알지 못하던 특성과 효과가 관찰될 수 있다.

미시계나 나노단계의 공간에서 일어나는 현상의 발견과 그 과학적 해석에 대한 역사의 에피소드가 새롭게 규명되어야 할 먼지왕국의 영역인 나노지도 제작의 첫 번째 이정표에 기여해야 한다. 1623년에 출생했고 네덜란드의 상인이며 나중에 광학자와 현미경학자였던 안토니 반 뢰벤훅(Antony van Leeuwenhoek)은 간단한 확대경과 현미경을 개발했다. 그 스스로 세공한 렌즈로 270배까지 확대를 달성했고 미시계에 대한 최초의 형상을 얻을 수 있었다. 이어 신속히 번창한 현미경기술은 아주 작은 유기체적 및 물질적 구조의 현상태에 대해 수많은 해명과 통찰을 가능하게 해주었다. 연금술사 요한 루돌프 글라우버(Johann Rudolf Glauber)에 의해 1659년 발견되고 네덜란드의 의료화학자 안드레아스 카시우스(Andreas Cassius)에 의해 명명된 금자색이 금의 분석적인 증명으로 이용되었다. 얼마 후에는 연금술사이며 재능 있는 유리제조업자 요한 크누켈(Johann Kunckel)이 가루 형태의 금자색을 유리잔에 넣고 유명한 홍옥색 유리를 제작하는 데 성공한다. 훨씬 뒤에야 이러한 교질(kolloide)[43] 금의 기묘한 현상태는 영국의 탁월한 자연과학자이며 자연관찰자였던 마이클 패러다이(Michael Faraday)에 의해 당시의 지식수준에 맞게 해석되었다. 그의 추측은 금속의 기묘한 색깔은 그것의 공간적 배열,

---

43) 화학에서 입자의 흔한 상태에 대한 명칭으로 그 크기는 1nm와 대략 1,000nm 사이에 있다. 교질에 있어서는 에너지가 풍부한 표면 원자 혹은 표면 분자의 숫자가 내부에 있는 원자의 숫자에 비해 무시 될 수가 없다는 것이 통용된다. 교질이라는 용어는 T. Graham (1861) 으로 거슬러 올라가는데, 그는 물이 있는 용액에서 전혀 움직이지 않거나 혹은 얇은 막을 통해 단지 천천히 움직일 수 있는 물질을 그렇게 칭했다.

즉 아주 미세하게 분포된 형태에서 유래한다는 것이었다. 천재적 추론이었다. 아주 작은 금속입자가 금속광 내지는 금색, 또한 전기전도력과 같은 본래의 특징적인 성격을 잃는 것인데, 나노단계에서 이러한 특성들은 재료의 조성이 변하지 않으면서도 명확하게 변한다.

1990년대에 생물학자 빌헬름 바르트로트(Wilhelm Barthlott)를 중심으로 한 연구그룹은 연꽃과 같은 특정 식물의 잎 표면에서 물방울이 흘러내릴 때 먼지입자가 쉽게 씻겨 내려가는 현상을 연구하고 해석했다. 즉 잎들은 어느 정도 스스로 씻을 수 있다는 것이다. 현미경은 표면에 수직으로 나 있는 나노단계의 창 모양 돌기로 인해 먼지 같은 외부입자가 달라붙을 수 있는 면적이 최소화된다는 것을 보여주었다. 바로 연꽃효과(lotus effect)다. 하지만 당시 이런 연구가 나노과학 내지는 나노기술로 불리지는 않았다.

미시계 하부에 있는 물질의 현상태에 대한 연구는 이미 오래 전에 알려진 몇 개의 입자가 전적으로 나노입자로 규정될 수 있다는 사실을 보여준다. 이러한 입자의 많은 것들은 기술적으로 만들어지는데, 오래 전부터 고무산업이나 색소산업에 없어서는 안 되는 연소에서 발생하는 매연입자가 여기에 속한다. 이외에도 1940년대 이래 특수한 연소처리를 통해 아주 미세한 가루로 된 규산이 발생했는데, 당시 '하얀 매연'이라 불리던 이것은 이미 오래 전부터 응용분야가 광범위했고 그 입자는 역시 몇 나노미터 크기다. 지금까지 제출된 연구결과에 따르면 현미경에서는 형체 없이 놓여 있는 나노단계의 규산은 인체에 별다른 위협을 주지 않는 것으로 보인다. 통합적인 화학 과정의 경우에도 이미 오래 전부터 금속 혹은 금속산이 하부 미시계의 입자 크기를 가진 촉매로서 계획적으로 제조되고 사용되었다.

지금까지 나노단계에 있는 효과의 발견은 관찰 능력과 표본제작 및 기술적인 솜씨에 근거하고 있었다. 앞으로는 감지장치에 의한 방법과 분석적 방법으로 변형된 전자현미경, 물리 및 화학적 원격조작 장치에 의해 폭넓게 세분화된 나노물질의 이용이 기대된다.

작은 것에 있는 새로운 것

아주 작은 물질 단위에는 어떤 특별함이 있을까? 물질량이 적을수록 더 많은 원자와 원자그룹이 그 표면에서 발견된다. 전기전도력 혹은 자기력 같은 특성은 특정한 크기에서부터는 불안정한 변화를 겪을 수 있다. 반대로 금자색의 경우에서와 같이 기이한 효과가 입자 크기와 입자 형태를 의도적으로 조절함으로써 생겨날 수 있다. 흑연, 다이아몬드, 거대 탄소분자 그리고 탄소 나노관 등 현재 알려진 탄소의 변형태(變形胎)들 또한 구성성분(탄소원자)이 똑같은 데도 나노단계의 현상태에서 아주 다른 물리적, 화학적 특성을 나타낸다. 여기에 극미한 물질량의 형태와 특성 관계에 대한 매력이 있다. 화학적 시각에서 볼 때 표면의 원자와 원자군은 기술적 물질이나 생물학적 시스템과의 상호작용에 대한 능동적인 중심부다. 그들의 작은 크기 덕에 나노입자는 분명 매우 빠르고 이동성이 커 흐르는 매질을 통해 넓은 공간으로 운반될 수 있다. 따라서 그들을 생산하거나 이용하는 데 있어서 예기치 않은 이동성을 막는 예방조치가 필요하다.

그들의 공간적 배열은 외부와의 접촉면 내지는 화학적으로 능동적인 중심부를 통해 주변과 교신할 수 있게 한다. 예를 들어 촉매로서 혹은 성장과정이나 신진대사를 조절하는 단위로서 말이다. 이 때문에 의학적, 역학적 관점에서 나노입자를 실제로 투입하는 데 대해 유보적인 입장이 표명되었다. 세포막을 통한 운반과정과 효소반응 등과 같은 생물학적 과정은 나노 공간에서 자율적으로 진행되기 때문에 비슷하게 작고, 이동성이 있는 물질 단위와 상호작용이 가능하기 때문이다. 그래서 거대 탄소분자는 기능적인 그룹을 갖춘 표면의 속성에 따라 아주 상이한 이동성을 보이고 그에 좌우되어 많건 적건 쉽게 생물학적 시스템에 침투해 유독한 효과를 발휘한다는 것은 이미 알려진 사실이다. 이러한 조사결과는 그때마다의 외적인 현상태에 중요한 의미가 부여된다는 것을 입증한다. 석면 이용의 역사 혹은 에어로졸 문제에 대한 논의의 역사에서 알려진 것처럼 기술적으로 중요한 많은 물질이 자체로는 의심스럽지 않으나, 그들의 크기와 작용방식에 의해(석면의 경우 쉽게 세포를 관통하는 창 형태의 정자(晶子)에 의해) 건강에 막대한 위험을 초래할 수 있다.

나노기술이 위험을 최소화하며 이익을 주고, 경제적으로도 경쟁력 있게 사용될 수 있을까? 극미한 물질량으로 의학과 기술에서 중요한 기능을 신뢰성 있게 성취하려는 생각은 생태학적, 경제학적 시각에서 매우 매력적이다. 중요한 것은 많은 나노물질을 만들어 내기 위한 비용이 과소평가되어서는 안 된다는 것이다. 이러한 나노물질이 그 기능에 대해 잘 정의된 작용 공간에서 사용되는 한 직접적인 위험은 없다. 이것은 작용물질이 칩, 발광다이오드 같은 여러 가지 물질로 합성된 기능단위(장치)에서 통합되면서 물리적 특성을 이용하는 경우에 해당된다. 화학적, 생물학적으로 능동적인, 특히 약품이나 화장품으로 투입된 효과에 대해서는 다음과 같은 의문이 일어난다. 그가 전체 생의 사이클 동안 그에게 할당된 공간에서 움직이는지 아니면 완전히 다른, 예상치 못한 그리고 달갑지 않은 기능을 실행하는 공간에 도달하지는 않는지 하는 것이다.

법률 제정자는 이러한 제품의 이용을 허가하고 제한하는 데에 분명한 기준을 요구한다. 이를 위해서는 나노물질에서 수량화하기 어려운 매개변수, 식별 크기, 형태 그리고 기능의 분류와 표준화가 반드시 필요하다. 100여 년 전에 크리스티안 G. 에렌베르크(Christian G. Ehrenberg)와 에른스트 헥켈(Ernst Haeckel)이 현미경적 삶의 세계를 밝힐 때, 아주 작은 유기체의 석회뼈 형태와 기능을 밝히고 훌륭하게 기록함으로써 가능했던 것처럼, 우리는 오늘날 나노적 현상태를 기록하고, 그들의 생성 방식과 잠재적인 효과, 작용형태를 분류해, 이익이 되는 응용을 결정해야 하는 책임이 있다. 즉 재료의 라이프사이클 내지는 재료의 역사를 책임감 있게 창조해야한다는 것이다. 먼지는 재료의 역사와 생산과정의 교차점에서 탄생하거나 남기 때문에 특별한 현상태와 행동방식을 바탕으로 물질적인 것에 대한 현상학 발전에 중요한 스승으로 작용한다.

참고문헌

BÖSCHEN, Stefan, Jens SOENTGEN und Armin RELLER: Stoffgeschichten-Eine neue Perspektive für transdisziplinäre Umweltforschung. In:GAIA 13,2004, S. 19-25.

EIDEN, Stefanie: Kolloide: alte Materialien, neue Anwendungen. In: Nachr. Chem. 52, 2004, S. 1035-1038.

GLOEDE,Wolfgang:Vom Lesestein zum Elektronenmikroskop Berlin 1986.

HAECKEL, Ernst:Kunstformen der Natur. München/New York 1998.

HETT, Annabelle: Nanotechnologie: Kleine Teile-große Zukunft? Schweizerische Rückversicherungs-Gesellschaft, Zürich 2004.

KRUG, Harald F.: Nanopartikel: Gesundheitsrisiko,Therapiechance? In: Nachr. Chem. 51, 2003, S. 1241-1246.

LÄRMER, Karl: Johann Kunckel, der Alchimist von der Pfaueninsel. In: Berlinische Monatsschrift 8, 2000, S. 10-16.

NANOSCIENCE and NANOTECHNOLOGIES: Opportunities and Uncertainities. In:The Royal Society & The Royal Academy of Engineering. London 2004.

PRIESNER, Claus und Karin FIGALA: Alchemie: Lexikon einer hermetischen Wissenschaft. Hrsg. von Claus Priesner und Karin Figala. München 1998, S. 377.

RELLER, Armin: Chemie im Kontext: Skizze einer Geographie der Ressourcen. In: politische oekologie 86, 2003, S. 22–25.

TECHNIKFOLGENABSCHÄTZUNG –Theorie und Praxis. Schwerpunktthema: Große Aufmerksamkeit für kleine Welten –Nanotechnologie und ihre Folgen. ITAS, Karlsruhe 2,2004, S. 1–85.

미세먼지가 건강에 미치는 영향

아네테 페터스

그들은 작아서 눈으로는 볼 수 없고, 가벼워서 공기에 의해 떠돌고 있으나 위험하다. 아주 작은 먼지입자가 심장의 박자를 뒤틀리게 한다. 그들은 자동차와 공장의 배기가스에서 유래하고 자동차 타이어와 도로 표면 물질의 마모에 의해 형성되며, 겨울에는 난방에 의해 만들어진다. 개량된 필터시설과 연소과정이 굵고 미세한 입자에 의한 오염이 분명하게 줄어드는 결과를 가져왔지만, 가장 작은 것이야말로 가장 위험한 것일 수 있다. 이러한 추측을 학문적으로 입증할 수 있는 가능성이 역학이다. 여기서 중요한 것은 특정한 환경매개변수의 통계적인 상관관계, 즉 공기의 입자농도와 병 혹은 사망 건수다. 역학은 구체적인 상황에서 출발한다는 장점을 가지고 있으며, 농도와 삶의 조건을 조절할 수 없다는 단점을 가지고 있다.

역학은 미세먼지와 관련해 어떤 결과에 도달했을까? 연구는 측정된 공기유해물질의 강도와 건강에 불리한 효과 사이에 연관이 있다는 것을 보여주었다. 이것은 이산화유황(SO_2), 이산화질소(NO_2), 오존(O_3)과 같은 여러 가스형태의 유해물질은 물론 입자형태의 구성 요소(부유먼지)에도 해당되는데, 여기에 대해서는 역학적 연구결과가 나와 있다. 핵심적 역할은 그간 입자형태의 유해물질로 여겨졌다. 이들은 입자 크기($PM_{2.5}$ 혹은 PM_{10}; 평균 지름이 10㎛에서 2.5㎛)에 따라 질량으로 측정된다. 0.1㎛보다 작고, 나노입자라고도 불리는 초미세 입자에 대해서는, 그 크기가 이미 나노영역에 있기 때문에 입자 수의 농도를 표기한다.

입자 질량 PM_{10}이 10㎍/㎥만큼 증가하면 유럽에서 사망률이 0.6% 증가하는 것으로 나타났다. PM_{10}에 대해서는 한계수치가 확정되지 않고 선형적인 복용량, 효과, 기능이 증명되었다. 추가적으로 주로 도시 주변 지역의 교통에서 오는 초미세입자의 농도가 높아지면 사망률이 높아질 수 있다는 지적이 있다. 이 경우에 사망률이 높아지는 주원인은 심근경색과 같은 심장순환 관련 질병, 천식, 폐렴 같은 폐질환을 들 수 있다. 미세먼지의 증가는 사망과 같은 극단적인 결과 말고도 병원수용건수 증가, 기존의 심장 및 폐질환 악화, 폐기능 악화 등 손실 및 손상 범위를 크게 확대시킨다.

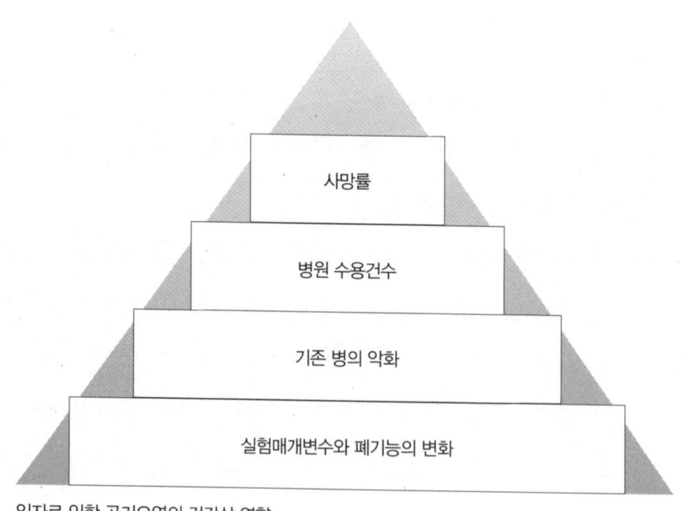

입자로 인한 공기오염의 건강상 영향

중부와 동부 유럽에서 실행된 연구는 1980년대에 상승한 이산화황(SO_2) 농도와 입자 농도가 학교 어린이들의 기관지염 증가와 관련이 있다는 사실을 보여주었다, 반면 천식 빈도수에 대한 효과는 입증되지 않았다. 1990년대에 공기의 질이 개선됨에 따라 이 병은 줄어들었다. 물론 최근에 알레르기 징후와 천식의 증가가 관찰되는데, 이것은 교통량의 증가와 그와 함께 발생하는 이산화질소(NO_2) 및 미세입자 증가가 원인이다.

뿐만 아니라 역학적 연구는 심장순환질환으로 인한 병원 수용건수가 공기가 많이 오염된 날에 빈번하다는 것을 보여주었다. 이러한 병에서 문제가 되는 것은 무엇보다도 빈혈성 심장병(협심증과 심근경색), 심부전증, 심장박동장애 등이다. 공기오염은 기존 환자의 사망률을 상승시킨다. 이것은 사망 시점이 며칠 앞당겨지는 것을 의미하는 것은 아니다. 오히려 심한 공기오염은 보다 감염되기 쉬운 동맥경화, 혈액 응고, 심장박동장애에 영향을 미쳐 결과적으로 나이 들고 아픈 사람들의 사망률을 높이는 데 영향을 준다.

공기오염물질이 건강에 미치는 영향에 대해서는 아우크스부르크 지역의 협동적 건강연구(KORA)의 연구가 핵심적 역할을 했다. 1985년의 안개 에피소드 기간 동안 혈액 속의 혈장점도, 혈압, 심장박동이 증가한다는 사실이 입증되었기 때문이다. 역학적 연구 결과는 실험적 연구 결과에 의해 뒷받침되었다. 그래서 동물실험은 입자가 지금 어디에 있고, 어떤 세포들과 작용하는지를 찾아내는 것을 가능하게 한다.

초미세입자는 최소한 3가지 상이한 방식으로 유기체에 해를 준다는 사실이 두드러지게 나타난다. 폐 조직에 염증을 일으키고, 자율신경계에 영향을 주거나 혹은 생명에 중요한 기관이나 혈액구성 요소에 직접 작용할 수 있다는 점이다. 입자는 호흡할 때의 공기와 더불어 폐의 깊은 곳까지 이른다. 입자들은 크기가 100nm도 안 될 정도로 너무 작아서 비점막과 같은 자연적 차단장치로는 완전히 걸러낼 수가 없고 폐의 정화세포들(대적혈구)도 이보다 더 큰 입자에만 역할을 한다. 또 입자는 폐포의 얇은 막도 통과한다. 그들은 그렇게 해서 혈관에 도달하고 거기에서 모든 기관으로 퍼져나간다.

미세먼지의 위험에 대한 역학적 연구에서 환경정치적 결말이 나온다. 그래서 특히 디젤차는 입자필터를 장착해야 된다. 디젤엔진은 가솔린엔진보다 공기를 더 오염시키기 때문이며, 필터 장착으로 먼지입자를 99.9%를 걸러낼 수 있기 때문이다. 디젤차 필터 도입에 국가가 지원을 하거나 매연을 규제하는 것도 당연하다.

참고문헌

CYRYS, J., HEINRICH, J., PETERS, A., KREYLING, W. G., WICHMANN, H.-E.: Emissionen, Immission und Messungen feiner und ultrafeiner Partikel. Umweltmed Forsch Prax 7, 2002 S. 67-77.

HEINRICH, J., GROTE, V., PETERS, A., WICHMANN, H.-E.: Gesundheitliche Wirkungen von Feinstaub: Epidemiologie der Langzeiteffekte. Umweltmed Forsch Prax 7, 2002, S. 91-99.

KATSOUYANNI, K.,TOULOUMI, G., SAMOLI, E. et al.: Confounding and Effect Modification in the Short-term Effects of Ambient Particles on Total Mortality: Results from 29 European Cities within the APHEA2 Project. Epidemiology 12, 2001, S. 521-31.

PETERS, A.,HEINRICH, J.,WICHMANN, H.-E.: Gesundheitliche Wirkungen von Feinstaub: Epidemiologie der Kurzzeiteffekte. Umweltmed Forsch Prax 7, 2002, S. 101-15.

범죄수사에서 주목하는 미세먼지의 흔적

토마스 비어만 · 안드레아스 헬만 ·
에리카 크루피카 · 미하엘 퓌츠 · 뤼디거 슈마허

범죄수사기술의 가장 중요한 기본법칙인 로카드의 법칙(Locard's Principle)[44]에서는 "물질을 전달하지 않고는 아무 것도 건드릴 수 없다."고 말한다. 인간, 동물 혹은 물건이 서로 닿게 되면, 머리카락, 섬유조각, 비듬, 물질먼지와 같은 작은 입자들이 항상 교환된다. 그것도 행위자에게서 희생자에게 그리고 그 반대로도 교환된다.

범죄행위의 규명을 위해 중요한 미세 흔적의 분석은 비스바덴에 있는 연방범죄수사청(BKA) 범죄기술과의 핵심적인 과제 중 하나다. 약 280명의 직원들은 많은 실험실에서 유기체적 · 비유기체적 흔적물질 분석을 위한 적외선투사 그리고 자외선 · 뢴트겐투사에 의한 분광학적 방법에서부터 아주 작은 양의 폭발물질 혹은 마약을 증명하기 위한 색층분석, 연기입자 혹은 용해되는 방울과 같은 아주 작은 증거물을 검사하기 위한 전자현미경에 이르기까지 다양한 분석기술을 이용할 수 있다.

분석도구 외에도 연방범죄수사청에 보관된 참고자료들을 이용

---

44) 프랑스 범죄학자 에드몽 로카르(Edmond Locard, 1877-1966)가 제시한 이론. '두 물체간의 접촉에는 교환이 일어난다'는 말로 압축되는데, 이 말은 '모든 접촉은 흔적을 남긴다'는 뜻이다.

할 수 있다. 독일에서 유통되고 있는 락스와 특수 락스 약 25,000개의 표본이 있어 이것을 차량사고를 규명할 때 사용한다. 1,500개 이상의 섬유 수집물 또한 유괴나, 강간, 살인과 같은 범죄에서 소중한 비교자료가 된다. 몇 개의 전형적인 예에서 어떤 미세 흔적물질이 범죄수사기술에서 중요한 역할을 하고, 어떤 방법으로 검사될 수 있는지 알아보자.

연기입자

총이 발사되면 탄환뿐만 아니라 입자구름도 무기를 떠난다. 추진탄약가루, 점화침전물의 잔재와 깍지, 탄환물질로 이루어져 있는 이러한 연기는 발사장소, 발사자의 손과 옷, 목표물의 주변 및 목표물에 떨어진다. 이때 범죄수사 기술에 있어서 각별한 의미가 있는 것은 탄약통의 점화침전물에서 유래하는 입자들이다. 이 입자들은 독특한 형태와 화학적 조성을 보여주며 여러 총기에 따라 발생하는 입자의 구분을 가능케 한다.

연기구름

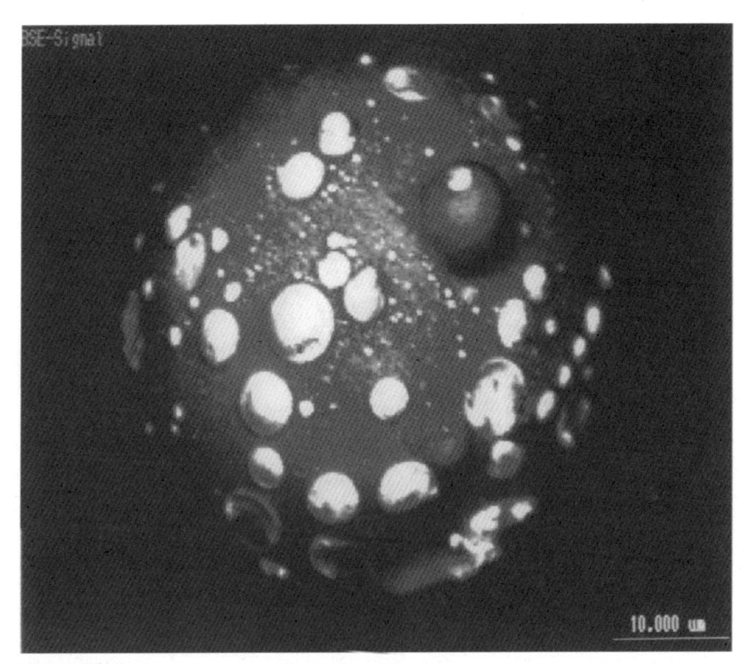

연기입자(REM)

일반적인 탄약은 지름이 0.5-20㎛에 이르는 둥그런 입자를 야기하며 전형적으로 납, 바륨, 안티몬 등의 화학 성분을 지니고 있다. 중금속을 함유한 입자를 방출하지 않는 유해물질이 적은 탄약들이 발사흔적 분석에 새롭게 도전하기도 한다. 연기입자를 분석하려면 에너지를 분산시키는 X선미시분석기(EDX)가 있는 주사형전자현미경(REM)이 적합하다. 발사 잔재의 전형적인 형태는 물론 화학적 구성 요소도 증명할 수 있기 때문이다. 예를 들어 한 용의자가 총을 발사했는지를 검사하려면 그의 손을 끈적끈적한 표본 접시 위에서 닦아내고 이어 주사형전자현미경에서 검사하면 된다. 현대적이고 자동화된 입자탐색시스템은 증거물 위에 있는 많은 입자로부터 연기에 대한 전형적인 화학적 요소를 함유하고 있는 것을 찾아낸다. 이어서 선택된 입자들은 기술자에 의해 검사되고 연기입자로 확정된다. 이러한 방식으로 개개의 연기입자를 증명할 수 있다.

연기의 본질과 함께 공간적 분포도 관심을 끈다. 탄환구멍 주위의 연기분포는 발사거리에 대해 중요한 정보를 제공한다. 예를 들어 옷 위에 납을 함유한 점화침전물의 연기분포를 보이게 하려면 발사흔적을 식초산에 담근 인화지 위에 눌러서 옮기고 이어 연기를 적절한 시험액(Rhodium natrium)으로 염색한다. 여기서 생겨난 분포그림은 이어 일련의 비교 사격 순서와 대조해 사격 거리 측정을 가능케 한다. 한 탄약통의 뇌관에 있는 20㎎밖에 안 되는 물질이 발사무기와 범행의 규명을 돕는 것이다.

섬유와 머리카락

섬유흔적은 범죄수사에서 고전적인 증거다. 병원, 집, 작업장, 자동차 시트 등에서 통용되는 대략 30종의 자연섬유 유형 그리고 각각의 사용목적에 맞게 재단된 약 4,000개의 화학섬유 유형과 타입이 있다. 섬유흔적은 접촉흔적이다. 그것은 거의 모든 범행그룹에서 전달흔적으로 생긴다. 섬유흔적은 복수에서부터 개개의 파편으로 존재한다. 그 길이는 매우 짧을 수 있으며, 지름은 평균 0.02㎜이고 무게는 대개가 1/1,000,000g보다 적다. 그래서 눈으로는 인식할 수 없다.

섬유흔적은 투명한 접착밴드를 이용해 흔적 보유자의 옷, 앉은 자리, 피부 등에서 떼어낼 수 있고 투명한 비닐봉지를 입혀 오염되거나 분실되지 않도록 보호한다. 접착밴드에 옮기는 것으로 섬유흔적은 비로소 범죄수사에 활용될 수 있다. 접착밴드는 우선 10배 내지 30배 확대하는 스테레오 현미경에서 면밀하게 검사되고 섬유흔

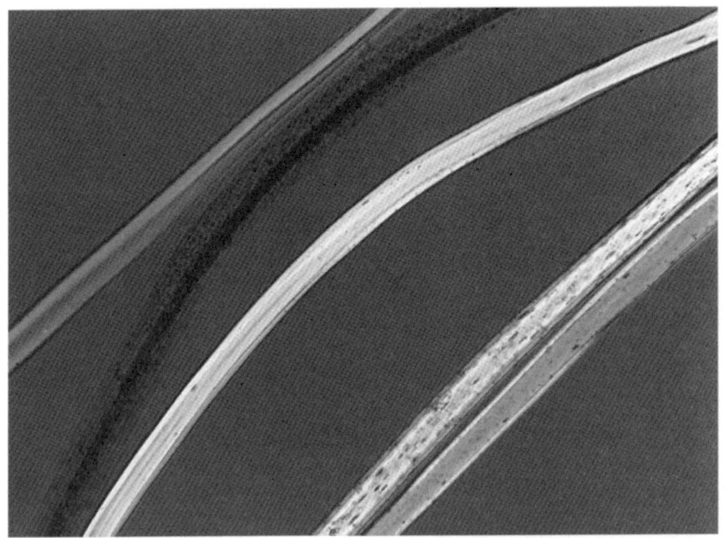
분극화 현미경으로 본 합성섬유

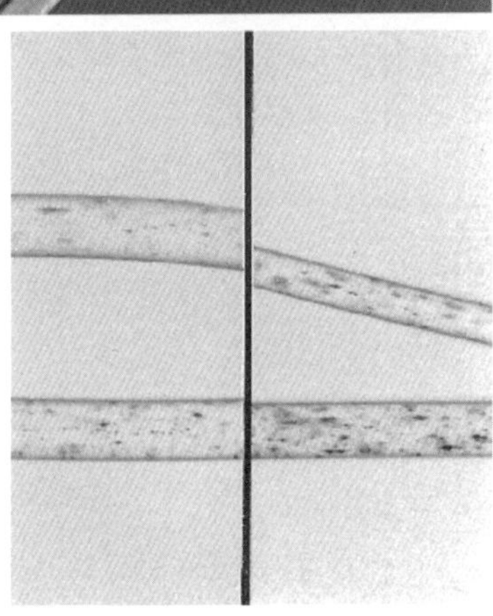
섬유 비교

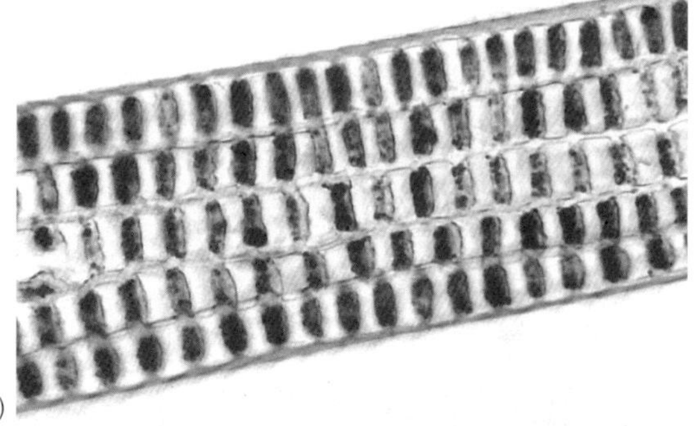
토끼털(200배 확대)

적의 위치가 확정된다. 이것을 위한 탐색기준으로는 섬유 염색 색깔만이 사용된다.

표본화된 섬유흔적은 여러 광학현미경과 분광기로 파괴 없이 분류·확인된다. 이때 정례적으로 투입되는 도구와 방법은 분극화, 형광, 간섭현미경, IR마이크로분광기, 자외선미세분광광도법 등 매우 다양하다. 어떤 경우에는 분석할 섬유의 수가 1천개나 될 때도 있다. 그럴 때는 개개의 섬유를 접착밴드로 고정해 표본을 만들고 적절한 방법으로 확인해야 하기 때문에 몇 달, 몇 년이 걸릴 수 있다.

머리카락 또한 흔히 발견되는 중요한 흔적이다. 2000년 이후에는 DNA 분석방법으로 누구의 머리카락인지를 밝혀낸다. 동물의 털로도 종류와 품종을 알아낸다. 따라서 현장에 있는 머리카락은 막대한 정보를 진술한다.

규조류

미세먼지의 흔적은 물이 있는 환경에서도 발견된다. 미시생명체는 모든 웅덩이와 연못에 서식하기 때문이다. 그중에서 특히 규조류가 흥미롭다. 단세포로 된 조류(藻類)인 그들의 껍질은 대체로 이산화규소, 즉 매우 딱딱한 물질로 이루어져 아주 오래 유지되며, 심지어 몇 백만 년 된 오래된 광물 퇴적물에서도 발견된다. 거의 모든 종이 현미경으로나 볼 수 있을 정도로 작고, 담수에서 사는 종은 대부분 10-100㎛ 길이다. 맨눈으로 볼 수 있는 큰 종류는 바다에서 발견되며 직경 2㎜나 된다. 물이 큰 역할을 하는 사건의 경우 규조류의 보존성과 독특한 형태는 중요한 간접증거가 된다.

그래서 희생자의 폐와 다른 기관에서도 발견될 수 있는 규조류는 그가 익사했다는 사실에 대한 간접증거가 될 수 있다. 이때 고려

전자현미경으로 촬영한 규조류

해야 할 것은 지표면에 사는 규조류가 공기와 함께 흡입되고 폐에 가라앉을 수도 있다는 점이다. 범죄 희생자의 옷에 있는 규조류는 범행 현장에 대해 설명한다. 이것은 서로 다른 수역이 그 안에 사는 규조류의 유형 및 분포와 관련해서 구분될 수 있다는 뜻이다. 또한 물에서 건져낸 시신에서 발견한 규조류가 특정한 계절에만 출현하는 종이라면 사망 시점도 판단할 수 있다. 특히 바람에 의해 수정되는 종이나 꽃가루의 경우는 시신이 처음 놓였던 위치를 판단하는 데 중요한 역할을 한다. 주변의 식생을 살피고 식물의 개화시기를 따져 알아 낼 수 있는 것이 많다.

마약 흔적 분석

세관에서 마취제흔적 탐색은 환각제 밀수 퇴치에 큰 역할을 한다. 이때 폭발물을 찾을 때처럼 특별히 훈련된 개가 투입된다. 연방범죄수사청에서도 환각제(대개는 헤로인, 코카인, 대마, 하쉬쉬) 흔적이 있거나 묻어 있는 증거물을 검사한다. 물론 개가 아니라 도구를 이용한 분석이다. 전형적인 예는 타이어, 차 트렁크, 짐, 용기 같은 것들이 마약 운반이나 제조에 사용되었는지 검사하는 것이다. 부착된 환각제 흔적은 진공청소기 같은 도구로 흡입해 표본을 만들고 화학적 세척과정을 거쳐 이온스펙트럼분석기(IMS)와 질량스펙트럼분석기[45]로 분석된다. 이온스펙트럼분석기로 환각제 혹은 폭발물의 흔적을 몇 나노그램까지 입증할 수 있다.

그러나 환각제 흔적 분석 결과를 해석할 경우에는 조심해야 한다. 2002년도에 뉘른베르크에 있는 바이오의학과 약학 연구소의 한 연구가 유포되었는데, 거기에 따르면 10장의 유로화 중 9장에서 코카인이 검출되었다고 한다. 코카인 소비자는 일부가 환각제를 코로 들이키기 위해 둥그렇게 말은 지폐를 이용한다. 그러나 여러 차례 가정되었던 지폐의 코카인 오염과 지폐 소유자의 코카인 소비 연관성은 당연한 것으로 볼 수 없다. 영국 연구자들의 최근 연구에 따르면 코카인이나 다른 환각제가 지폐에 부착된 주요 원인은 오염된 먼지가 은행의 자동지폐기에 옮겨 들어간 것이다. 이처럼 실제로 코카인 흡입에 이용된 단 하나의 지폐에 붙어 있는 흔적이 많은 깨끗한 지폐를 오염시킬 수 있다. 물론 옮겨간 흔적인지 아닌지도 실험실에서는 분석해 낼 수 있다.

45) 스펙트럼은 이온이나 질량을 미세한 수준으로 나누어 분석할 수 있다.

참고문헌

KAYE, Brian H.: Mit der Wissenschaft auf Verbrecherjagd. Nikol 2004.

SCHÄFER, Thomas: Chemiker in der Kriminaltechnik. In: Nachrichten aus der Chemie 52, 2004, S. 223–224.

SEINSCHE, Dirk: Chemie und Kriminaltechnik. In: Chemie in unserer Zeit 36/5, 2002, S. 284–293.

VOSS-DEHAAN, Patrick, Horst KATTERWE und Ulrich SIMMROSS: Indiziensuche im Labor. In: Physik Journal 2, 2003, S. 35–41.

먼지구덩이 속의 집 안 생활

루이트가르트 마샬

인정하기는 싫지만, 우리는 집먼지와 적당히 섞여 지내왔다. 하지만 집먼지는 우리를 점점 더 위험에 빠뜨리고 있다. 새로운 연구결과에 따르면 외부의 환경뿐만 아니라 집 안과 사무실의 공기에도 엄청나게 위험한 먼지가 포함되어 있다고 한다. 특히 경각심을 일깨우는 것은 베를린에 있는 연방건강청 위임으로 이루어진 한 연구 결과로, 1990년대 초 플렌스부르크(Flensburg)와 가미쉬(Garmisch) 사이에 있는 3,000가구를 실제로 관찰한 결과 대부분의 공간에 있는 공기는 대도시의 차가 많이 다니는 교차로보다 50배나 더 유해했다는 것이다. 유럽인들은 그들 삶의 60-90%를 집에서 보내기 때문에 집먼지는 외부의 해로운 입자만큼이나 건강에 커다란 영향을 미친다.

집먼지진드기 외의 거미, 포자가 있는 사상균, 박테리아와 세균, 바이러스, 비듬, 머리카락, 각종 살충제와 농약, 미량의 납과 수은 및 그 외의 중금속, 여기에 약간의 폴리크로리네이티드 비페닐

(Polychlorinated Biphenyl, 폴리염화비페닐)[46] 및 다환식방향족(多環式芳香族, polyzyklisch Aromaten) 같은 것들이 몸에 안 좋은 가루를 생산한다. 그것은 두통과 피로를 조장하고 알레르기와 호흡기질환을 일으키며, 심지어 암을 유발할 수도 있다. 그러니 북미환경보호단체가(EPA) 오염된 집을 건강에 해로운 5개의 환경위협목록에 올린 것은 당연하다. 집 안에 있는 먼지가 실제로 위험한지, 어떻게 위험한지는 우선 입자의 크기와 유해성에 달려 있다.

위험한 마이크로세계

먼지의 세계는 마이크로미터로 측정되며, 거친 먼지, 미세먼지 그리고 초미세먼지로 나뉜다. 1㎛는 1/1,000㎜에 해당된다. 이게 너무 추상적으로 들리면 다음과 같은 비교기준을 정해보자. 이 페이지의 문장부호 '점(·)'은 대략 지름이 0.2㎜, 즉 200㎛다. 이것을 먼지입자로 간주하기에는 너무 크다. 오히려 모래 영역에 속한다. 이에 비해 굵은 먼지는 대략 점보다 10배 작다. 보통 10-20㎛ 사이의 크기다. 눈으로는 거의 인식할 수도 없다. 일반적으로 굵은 먼지는 자연의 작품이다. 바람에 실려 아주 먼 거리까지 운반되는 모든 지표면 먼지와 꽃가루, 소금을 함유한 바다의 물에서 오는 바다모래에어로졸 내지는 바다모래먼지, 우리 몸에서 끊임없이 떨어져 내리는 잿빛 비듬 같은 것이다. 인간의 생활 방식 또한 굵은 먼지를 대량으로 야기한다. 그중 한 예가 타이어 마모에서 오는 고무조각이며 주로 길

---

46) 환경에서 일반적으로 PCB로 두 개의 벤젠고리가 연결된 바이페닐의 10개 수소 원자 중 2~10개가 염소 원자로 치환된 화합물이다. 물에 불용성이고 유기용매에 용해도가 좋으며 산과 알칼리에도 안정적이지만, 토양과 해수에 오래 잔류하며, 인체에 들어갔을 때 간과 피부에 상해를 주어 사용 및 제조가 금지되었다.

가에서 돌아다니고 있다. 이러한 굵은 입자들은 우리 코를 막히게 하고 기관지의 점막에 붙거나 눈을 가렵게 한다. 다행히 자연적 보호막인 호흡기의 점막은 최소한 이런 거친 오염물질을 차단할 수 있다.

반면에 훨씬 문제가 많은 것은 미세먼지다. 먼지입자가 작을수록 쉽게 그리고 깊숙하게 인간의 몸으로 파고 들어오기 때문이다. 1-10㎛ 사이에 있는 작은 먼지조각은 미세민지의 범수에 들어간다. 반면에 1㎛ 아래에 있는 극도로 작고 보잘 것 없는 것은 초미세먼지 혹은 나노입자에 속한다. 공기 중에 잠시 머무르고 먼지침전물로 지표면에 떨어지는 거친 먼지와는 달리 미세먼지는 14일까지 주변을 떠돈다. 그들이 공기 중에 오래 떠돌수록 우리가 그들을 흡입할 가능성이 크다. 그들은 깊숙한 호흡경로에까지 들어오며 섬세한 기관지의 작은 가지와 아주 작은 폐포에 눌러앉는다. 또 그곳에서 혈액순환으로 옮겨갈 수도 있다. 그들이 혈액과 유기체의 다른 어디에선가 저지르는 일에 대해서는 아무도 정확히 모른다. 아마도 그들은 높은 반응성에 힘입어 다양한 염증에 원인을 제공할 것이다. 먼지입자는 작을수록 무게와 비교해 표면이 크고 화학적 전환이 주로 표면에서 일어나기 때문이다.

위험한 미세입자와 초미세입자는 도대체 어디에서 유래하는가? 좀 드문 경우에 자연의 먼지 혹은 그 먼지의 구성 요소가 문제가 된다. 즉 여기에는 박테리아, 균류의 포자, 바이러스를 들 수 있다. 모두가 분명히 10㎛보다 작기 때문이다. 그러나 문제를 일으키는 입자는 대부분이 현대의 산업과정에서 오는 인공물과 그 잔재다. 산업적 연소과정 및 난방, 엔진에서 생기는 매연과 날아다니는 재가 여기에 속한다. 단열재 같은 분야에서 나오는 초미세섬유들도 문제가 된다. 초미세섬유의 대표적 문젯거리인 석면은 도처에 퍼져 있다. 마지막으로 초미세한 유해입자의 완벽한 저장소가 담배연기를 마실 때마다 발견된다. 비교적 큰 입자도 모두가 0.5㎛ 미만이다.

먼지입자의 내용물은 외부공기에서 심하게 동요하며 날씨와 낮의 길이, 계절에 심하게 영향을 받는다. 그래서 미풍조차도 먼지를 날아오르게 하며, 비는 유익하게도 공기를 깨끗이 한다. 겨울에 공기의 먼지는 여름보다 훨씬 많은데, 그 이유는 최대출력으로 작동하는 난방 및 도로에 뿌리는 결빙방지제 때문이다. 도시가 시골에 비해 먼지오염이 심한 것은 당연히 교통량 때문이다. 최근의 측정에 따르면 시골지역에서 1㎥당 공기에서 1㎛보다 작은 먼지입자가 약 1천만 개 수집되는데, 도시에서는 이 수치가 약 10배 크다. 흡연공간에서는 심지어 100억 개에 육박한다. 도시 공기의 먼지 내용물은 인구수에 비례해서 증가하는데, 그 이유는 한 사람 한 사람이 걸을 때마다 먼지를 일으키기 때문이다.

도시 주민은 마치 이중으로 재수가 없는 셈이다. 집먼지는 대부분이 외부공기의 먼지로 이루어져 있기 때문에 집안 공기는 외부와 똑같이 오염되어 있다. 문, 창문, 각종 틈새를 통해 오염물질은 집 안으로 들어오고, 신발이나 의복에 붙어서도 들어온다.

집먼지 생활공간

또 집안 먼지를 즐겨 먹는 각종 생물들이 꼬여 알레르기를 유발하는 분비물과 악취를 만든다. 이런 생물들은 우리 집의 먼지 낀 모서리와 구석에 모여 있는 아주 알록달록한 무리로, 진드기, 곰팡이, 먼지이, 좀, 쥐며느리, 바퀴, 사상균, 박테리아와 바이러스가 모두 여기에 속한다. 좀 큰 쥐며느리와 좀을 제외하면 그들 중 대부분은 눈으로 식별이 불가능하다. 단백질을 함유하고 있는 진드기 배설물이 알레르기를 일으키는 특히 공격적인 물질이며 집안 먼지로 인한 알레르기의 주 유발자로 간주된다. 배설물은 아주 작은 입자로 쪼개져서 공기 중에 떠돌고 호흡할 때 우리 몸으로 들어온다. 체질에 따라 알레르기성 기관지염, 천식 혹은 신경성 피부병을 일으킨다.

어쨌든 모든 인간이 똑같은 정도로 집먼지진드기에 의해 위험에 처하는 것은 아니다. 우선 유전적으로 알레르기에 민감한 아토피커들로 인구의 약 1/3에 해당하는 사람들이 피해대상이지만 발생빈도가 높을 뿐 모두에게서 알레르기가 발병하는 것은 아니다. 중부유럽의 알레르기를 앓는 사람들 중에 거의 10%가 집먼지나 집먼지진드기로 인한 알레르기로 시달리고 있다. 그중 1/7이 세월이 흐르면 천식으로 발전한다.

집먼지는 집먼지진드기의 서식지다. 0.5㎜도 안 되는 다리가 8개인 이 거미를 현미경으로 보면 갑옷으로 무장한 괴물처럼 보인다. 이들은 집먼지에 있는 여러 유기물로 배를 불린다. 그중 첫째는 인간의 비듬이다. 한 사람이 하루에 약 1.5g의 비듬을 떨어트린다. 이 정도 양이면 집먼지진드기 약 150만 마리가 하루 동안 영양을 섭취할 수 있다. 암컷 집먼지진드기 한 마리는 매일 자기 몸무게의 50%까지 비듬을 먹어치울 수 있으며, 이것은 둥그런 배설물이 되어 다시 떨어져 나온다. 한 사람의 몸무게를 75kg으로 가정하면 암컷 집먼지진드기는 매일 37kg을 먹고 다시 배설하는 하는 것이다. 대식가인 집먼지진드기는 3개월에 걸친 삶 동안 몸무게의 200배나 되는 배설물을 생산한다.

이 성가신 동물은 도처에 있으며 아주 철저히 청소해도 완전히 추방할 수가 없다. 양탄자, 의자, 소파, 침대 위에는 집에 사는 모든 진드기의 60-70%가 살고 있다. 침대 이불 하나만 하더라도 적어도

15,000 마리가 자리 잡고 있다. 집먼지진드기들이 편히 생활하며 증식하는 데는 습도 60%, 온도 20-30도가 최적이다. 그들이 한여름과 초가을에 특히 많은 이유다. 집을 난방하는 겨울에는 온도 상승으로 습도가 60% 아래로 내려간다. 그러면 이 집먼지진드기 대부분은 사멸하고, 겨우 살아남아 겨울을 난 몇 마리가 이듬해 봄 난방기간이 끝난 후부터 번개 같이 증식한다.

집먼지진드기의 번식을 억제하려면 그들이 선호하는 조건을 없애면 된다. 그것은 먼지가 쌓일 불필요한 물건들을 치우는 것에서부터 시작해야 한다. 또 알레르기를 앓는 사람은 실내온도에 신경 쓰며 환기도 충분히 해 습도를 내려가게 해야 한다. 특히 침대에서 집먼지진드기를 쫓아내려면 매트리스 커버를 씌우는 것이 가장 효과가 좋다. 매트리스에 붙어 있는 집먼지진드기와 배설물로부터 분리해 주고, 커버로 차단해 집먼지진드기들이 새 비듬을 먹지 못하게 할 수 있다.

또 하나는 매트리스를 열처리하는 것이다. 집먼지진드기들은 섭씨 80도가 넘는 온도를 견디지 못한다. 매트리스세탁업체에 의뢰해 매트리스 양면을 뜨거운 공기로 처리하고 속에 들어 있는 먼지, 집먼지진드기, 배설물을 진공청소기로 빨아내고, 마지막으로 매트리스에 항진드기 약품을 주입한다. 베개, 홑이불 같은 것은 뜨거운 물로 세탁하면 된다.

유감스럽게도 이러한 조치는 진드기에만 효과가 있고 마찬가지로 도처에 널려 있는 사상균에는 듣지 않는다. 그들에게 옷, 소파, 손수건, 섬유, 인간과 동물의 피부입자, 머리카락, 신문과 화장지 조각 등 온갖 것에 붙어 있는 집먼지는 즐거운 먹을거리다. 불쾌한 것은 사상균에서 나는 퀴퀴한 가스 냄새이며, 그들의 포자는 집먼지진드기의 배설물과 같이 단백질을 함유하고 있어 알레르기를 일으킬 수 있다. 보통의 가정에는 1m^3 공기당 1,000개 정도의 포자가 떠돌고 있다. 이것은 적지 않은 양이며 단시간에 포자를 생산하는 완전한 균균으로 자라날 수 있다. 몇 종류의 사상균은 눈을 가렵게 하고 목에도 자극을 준다. 최근에는 이들이 만성적인 코의 통증(CRS)에 영향을 준다는 비판이 있다. 많은 사람들이 끊임없이 막히는 코와 비강(鼻腔)에 대해 고통을 호소하고 있다. 균류포자와 천식의 연관 관계를 뒷받침하는 증거들도 많다.

박테리아도 번성하고 증식하는 데 습기를 필요로 한다. 그래서 가습기, 냉난방장치, 월풀이 박테리아 감염 확산을 조장할 수 있다. 이러한 연관성이 유명해진 것은 1976년 처음으로 알려졌던 외인부대 병사들의 사례였다. 필라델피아의 한 호텔에서 열린 미군 베테랑 모임에서 중년 남자들 중 221명이 기침, 호흡장애, 고열을 동반한 심각한 박테리아에 감염되었다. 의사들은 처음에는 폐렴을 진단했고 그에 따라 페니실린을 처방했다. 치료는 별로 성과를 거두지 못했고 환자 중에서 34명이 죽었다. 반년 후에야 불가사의한 병원체가 발견되었다, 그것은 자연계에 널리 퍼져 있고 대부분의 인간이 어떻게든 언젠가 접촉하게 되는 레기오넬라 프노이모필라(*Legionella pneumophila*)라는 박테리아였다. 이것은 나이 들거나 면역력이 약한 사람에게서 심한 감기증상으로 이어질 수 있으며 그중 대략 20%를 죽게 한다. 앞서 말한 필라델피아의 호텔에서는 섭씨 30-60도 사이의 온수에서 증식한 배(胚)[47]가 온수기를 통해 퍼진 것이다. 가습기가 병원체의 이상적인 부화장소임을 환기시키는 예다. 이 병원체는

47) 수정란이 어느 정도 발달한 어린 홀씨체

미세한 물방울 위에서 물이 증발할 때까지 공기를 떠돌며 그 다음에는 미세한 먼지입자에서 편하게 지낸다. 다른 박테리아와 병원체들도 이와 같은 방식으로 우리 주변을 떠돌고 있다.

물론 다른 면도 생각해 볼 수 있다. 최소한의 오염물질에 있는 배(胚)는 긍정적인 측면도 갖고 있다. 일찍부터 그리고 빈번히 먼지와 더러운 물질에 접한 어린이는 나중에 알레르기나 천식, 림프샘 암에 덜 걸린다. 먼지에 있는 박테리아, 바이러스 그리고 단백질을 함유한 결합물들이 면역체계의 형성과 성장을 촉진하는 것처럼 보인다. 소위 위생가설(hygiene hypothesis)은 이러한 관찰에 근거하는데 고도로 발전한 산업국가에서 먼지나 배가 적은 환경이 면역력을 충분히 발전시키지 못한다는 것이다. 즉 지나치게 위생적인 환경의 결과로 언젠가는 집안 먼지 몇 개 입자와의 접촉만으로도 면역체계가 발작적으로 작용할지도 모른다. 이에 상응하게 독일과 다른 서유럽 국가에서 이미 성인의 1/5이 알레르기로 고생하고 있다.

위생가설에 따르면 교육을 잘 받고 부유한 도심의 부모들이 대부분 아이들을 깨끗하게 잘 관리되는 집에서 어린 시절을 보내게 할 때 알레르기에 감염되기 쉽다. 반면 규칙적으로 동물, 건초 혹은 똥거름과 토양을 접하는 시골농가의 아이들은 알레르기성 병에 시달리는 경우가 드물다. 그들의 면역체계는 알레르기 병원체에 대해 무장이 잘 되어 있는 것 같다. '나를 죽이지 않는 것은 나를 강하게 만든다'라는 격언에 따라 어린 시절에 적당한 양의 오염물질에 익숙해지는 것은 아주 장점으로 보인다. 전제 조건은 오염물질이 너무 많지 않아야 한다는 것이다.

집먼지의 화학

집안 먼지가 수많은 화학적 위험 물질에 오염되어 있다는 것을 밝히는 최근의 연구는 많은 먼지를 부각시켰다. 위험한 중금속이 우리 집안으로 슬며시 들어온다. 특히 크롬, 납, 수은은 건전지와 같은 수많은 소비재에서 사용되기 때문에 많은 양이 유통되고 있다. 불행하게도 이들은 먼지 속에 축척되어 외부의 오염물질에서보다 집안에서 농도가 더 높다. 농업이나 조경에서 발생하는 살충제와 제초제도 집안 먼지에 즐겨 둥지를 튼다.

함부르크의 위생과 환경 연구소 학자들은 수년 전에 어떤 유기체적 환경화학물질이 쉽게 휘발되지 않고 먼지에 내려앉는지를 밝히고자 1998년과 2000년 사이에 함부르크의 65곳 가정에서 규칙적으로 먼지표본을 살폈다. 그 결과 특히 높은 농도로 축척되는 유독한 물질로는 PVC 제품 대부분에 들어 있는 유도체(誘導體)[48]와 연화제(軟化濟)가 압도적이며, 마찬가지로 PVC 제품 및 색소, 접착제, 폐쇄재에서 발생하는 염소파라핀과 다양한 주석결합물 또한 선두주자에 속한다. 또한 살충제 비율도 높았는데, 그중에는 클로르피리포스(Chlorpyrifos)[49], 페메티른(Permethirn)[50] 그리고 심지어 개와 고양이 방역에서 발생하는 DDT 등이 있다.

전자기구, 가구, 바닥 깔개 혹은 치장용 나무든 상관없이 해로운 화학물질은 도처에 스며들어 있다. 그들은 서서히 근원지에서 새어

---

48) 화합물의 구조 일부를 다른 원자나 원자단으로 치환해 얻어지는 화합물로 메틸유도체, 염소유도체 등이 있다.

49) 항공 방역에 많이 사용되는 살충제의 주성분. 가열하면 열분해 되어 독성을 지닌 염화물, 질소산화물, 황산화물, 인산화물 등을 방출하는 유독물질

50) 내분비계 장애 물질 화학성분

나와 먼지 속에 모여 결합해 독성을 강화시킨다. 최근 미국 학자들은 컴퓨터와 모니터 위의 먼지를 세밀히 검사해 농도가 높은 브롬화 난연제(flame retardant , 難燃劑)[51]를 발견했다. 신경에 해를 끼치는 물질은 분명 가스 형태로 방출되었을 것이다. 오랜 시간 기계 앞에 앉아 독성이 있는 컴퓨터먼지를 들이마시는 노동자들이 특히 위협받고 있다. 연구자들은 컴퓨터 이용자들이 어떻게 효과적으로 자신을 보호할 수 있는지에 대한 조언은 해줄 수 없었다. 어쨌든 유럽연합에서는 2006년 중반부터 가전도구에 브롬화 난연제 사용을 금지했다.

흡연은 몸에 좋지 않은 연기를 많이 발생시킨다. 실제로는 4,000 종류나 되는 화학적 결합물이 함유되어 있으며, 그중 50가지만으로도 암을 유발시킬 수 있다. 흡연 가정의 공기와 먼지에는 비 흡연 가정에서보다 폐를 통과하는 나노입자가 약 2배나 많다. 그러나 유해한 화학물질이 어디에서 발생하건 상관없이 바닥을 기어 다니고 아무거나 닥치는 대로 입에 갖다 대는 유아들에게 해를 끼친다.

미국의 한 보고서에 따르면 유아는 양탄자 먼지와의 접촉으로 인해 인생 초기의 몇 해에 매일 담배 3가피 정도가 내뿜는 것과 같은 발암물질인 벤즈피렌(benzpyrene)을 들이마신다고 한다. 이 물질은 신경 손상을 거쳐 폐렴과 암을 야기할 수 있다. 따라서 부모들은 가능한 아이가 기어 다니는 시기에는 양탄자를 깔지 않아야 한다.

먼지 구름 속의 삶

그러나 기어 다니는 시기를 지난 사람에게는 바닥의 먼지보다 공기 중의 오염물질이 훨씬 위험하다. 그것은 호흡을 통해 우리 폐로 들

---

51) 플라스틱의 내연소성을 개량하기 위해 사용하는 첨가제

어오는 작고 극미한 입자들이다. 북미의 연구자들은 1990년 공기의 먼지 성분을 검사했다. 그들은 조사대상 178명에게 휴대용 먼지감시기를 설치했으며 대상자들은 요리, 독서, 잠잘 때 등 하루에 12시간씩 장치를 착용했다. 이와 병행해 연구자들은 대상자 집의 내부와 외부 공기의 먼지 성분을 조사했다. 결과는 놀라웠다. 내·외부공기의 먼지 양은 법에 규정된 한계치 아래에 있었으나 대상자의 휴대용 먼지감시기로 파악한 먼지 양은 분명히 그 위였다. 연구자들은 이와 같은 현상을 '개인적 구름'이라는 표현으로 해설했다.

숲에서 일하는 사람의 개인적 구름에는 목재 먼지가 무수히 날고 있는 반면에, 교통경찰은 매연입자로 인해 괴롭힘을 당한다. 또 우리는 주변의 먼지를 받아들일 뿐만 아니라 동시에 비듬, 머리카락, 실밥 등 입자를 풍부하게 분비한다. 걸을 때마다 그리고 움켜질 때마다 주변의 먼지를 솟아오르게 해서 개인적인 먼지 구름에 포함시킨다. 흡연과 요리도 미세먼지를 생산한다. 음식을 익히려고 가열할 때도 막대한 입자가 형성되고, 속성에 따라 암을 촉진할 수도 있다. 보통 우리가 조리하는 시간에는 공기 중 나노입자의 비율이 평소보다 20배나 높다.

규격화된 먼지

에센에 있는 독일 몬탄기술(DMT) 연구소는 집먼지를 줄이는 것이 아니라 먼지를 제조하는 데 관심 갖고 있다. 그것은 확정된 크기의 입자로 구성된 인공 먼지를 말하며, 구조와 물리적 특성이 집먼지와 유사하고, 제조량 조절이 가능한 것이다. 그들의 우선적인 목표 고객은 진공청소기 업체였다. 이 업체들은 새로운 여과 기술 개발과 성능 시험에 보통의 먼지를 사용했는데, 곧 이 규격화된 시험용 먼지에 대해 관심 갖기 시작했다. 이어 병원 및 반도체 칩 산업의 클린룸에 설치하는 냉난방장치와 여과시설을 경영하는 회사들이 그들의 고객이 되었다.

평범한 집먼지는 검사나 시험 용으로 쓸 수가 없다. 집먼지는 한편으로는 문제를 일으킬 수 있는 내용물이 있을 수 있고 다른 한편으로는 성분이 균일한 합성물이 아니기 때문이다. 결국 먼지는 항상 장소마다 그리고 시기에 따라 약간씩 다르다. 봄만 되어도 집안에 들어오는 먼지가 겨울과 같지 않다. 개인적인 삶의 양식, 바닥재의 종류, 집이 건물 지하에 있는지 아니면 위층에 있는지, 흡연자가 있는지, 심지어 동거인의 성별까지 이 모든 것이 입자 혼합에 영향을 미친다. 보편적인 집먼지를 제조하는 방법을 찾는 과정에서 DMT의 연구자들은 우선 도처에서 수없이 많은 집먼지 표본을 검사했다. 대도시와 지방의 마을들, 독신 가정과 대가족 가정에서 각각 수집한 진공청소기 여과봉지가 DMT에 도착했고, 거기서 조심스럽고 열정적으로 입상가공(粒狀加功)[52]을 한 후에 농도와 형태를 검사했다. 결과는 다음과 같다. 먼지의 합성은 지역적인 차이가 기대했던 것보다 별로 눈에 띄지 않았다. 결정적인 것은 오히려 개개인의 생활 방식, 예를 들어 어린이나 혹은 고양이가 집에 같이 사느냐에 따라 크게 결정되었다.

연구자들은 먼지 표본을 자세히 검사한 후에 표본 간의 작은 공통분모라도 찾기 위해 곰곰이 생각했다. 그 결과 우리가 청소기 여과봉지에서 발견한 먼지의 80-95%가 섬유질 형태로 되어 있으며, 15-20%는 입자 형태를 띠고 있다는 사실을 알게 되었다. 연구자들

52) 분말을 과립(顆粒)으로 가공하는 공정

은 아프리카의 케이폭(Kapok)[53] 나무에서 얻은 섬유소로 집먼지를 모방하고자 했다. 그들은 케이폭 섬유소를 미세하게 갈아서 입자 형태로 만들었고, 그것은 집먼지 중에서 작은 빵부스러기를 대체한다. 한편 백운석 가루로는 집먼지 중에서 광물적 요소를 모방한다고 한다. 그러나 시험용 먼지를 만드는 과정은 기밀사항이기 때문에 정확한 혼합방법과 나머지 첨가 성분에 대해서는 알려져 있지 않다. 분명한 사실은 모든 시험용 먼지가 자연 상태의 먼지보다 구하기가 어렵고 만들 수 있는 양도 많지 않지만, 구성 성분의 분별성과 균일성은 성공적인 시험 · 검사를 보장해 줄 것이라는 점이다.

시대의 증인, 먼지

하지만 역사주의적 환경연구자들에게 있어서 인공먼지는 역사가 없는 먼지라는 오점을 가지고 있으며, 그 때문에 인공먼지는 그들에게 하나의 혐오 대상이다. 원래 집먼지에는 일반적으로 우리 사회가 만들어내고, 소비하고 혹은 달갑지 않은 재료로 세상에 내놓는 그 모든 것이 모여 있다. 그래서 수십 년 넘게 방치되어 더 이상 사용하지 않는 가재도구와 장난감 위에 쌓이는 두꺼운 먼지층은 오래전에 흘러가버린 시기에 대해 도저히 믿기지 않는 이야기를 해줄 수 있다. 이 때문에 기민한 학자들은 점차 먼지를 역사의 근원지로 이용하고 있다.

　미국 러트거스(Rutgers) 대학의 폴 리오이(Paul Lioy)도 여기에 속하는 학자다. 그는 집먼지에서 "과거의 공기오염에 대해 좀 거칠

53) 아메리카 열대 지방이 원산지이며 현재 동남아시아와 아프리카에도 퍼져 있다. 씨앗에서 기름을 추출한다. 특히 열매에 섬유소가 많은데, 가볍고 물에 젖지 않아 절연재, 방음재, 완충재, 충전재 등으로 쓰인다.

기는 하나, 신뢰할 만한 지표"를 본다. 그는 동료들과 함께 미국 뉴저지 도버 지방에서 오래된 집의 먼지 덮인 다락방과 지하실을 체계적으로 연구하고 수집한 먼지표본을 환경유해물질 차원에서 검사했다. 20년 이상 된 고옥(古屋)의 먼지는 근래의 건물보다 유해한 납 같은 중금속을 뚜렷하게 많이 함유하고 있었다. 다음의 설명은 그럴듯하게 들린다. 즉 1980년대까지 납은 폭연(爆煙) 방지제로서 가솔린에 투여되었다. 수십 년에 걸쳐 고찰하건대, 시대에 따른 먼지 속 납 농도의 변화는 최근 연구자들이 전문지 〈대기 환경(Atmospheric Environment)〉에서 보고한 것처럼, 거리교통에서 유래하는 납 배출량과 비교적 잘 일치한다. 납 함유량뿐만 아니라 방사성 동위원소인 세슘-137 또한 집의 나이와 더불어 증가한다. 리오이와 그의 동료에 따르면 이와 같은 사실은 방사능의 침전으로-1950년대와 1960년대 지상에서 행한 핵무기 실험의 결과로 막대하게 땅에 떨어진-설명될 수 있다고 한다. 연구자들은 세슘 동위원소의 근원지에서 핵발전소는 배제했다. 왜냐하면 조사한 집먼지에서 방사성 스트론튬 혹은 방사성 요오드의 흔적을 더 이상 발견할 수 없었기 때문이다.

집먼지 및 다른 종류의 먼지에서 서로 다른 역사적 시기를 확인할 수 있다. 먼지의 마이크로세계는 과거의 시기뿐만 아니라 현재의 시기와 관련해서도 매크로세계를 반영한다. 유독성 먼지부스러기는 우연히 발생하는 것이 아니라, 미심쩍은 생활 방식의 산물인 것이다. 그리고 이 달갑지 않은 집안의 오염 물질들은 환경이 우리에게 전하는 경고의 초상으로서 유익하게 기여할 것이다.

참고문헌

Amato, Joseph: Von Goldstaub und Wollmaeusen. Hamburg/Wien 2001.

Holmes, Hannah: The Secret Life of Dust. From the Cosmus to the Kitchen Counter, the Big Consequences of Little Things. New York 2001.

4
먼지와의 투쟁

문화와 위생은 먼지와의 투쟁을 선언했다. 청소와 먼지제거는 일상생활에 영향을 끼친다. 청소에서 행복을 얻는 사람들도 있다. 그러나 그들에게 있어서도 먼지 없는 공간은 하나의 유토피아일 뿐이다. 한 사람의 아주 작은 움직임에도 수십 만 개의 먼지입자가 발생해 공기 속을 날아다닌다. 닦는 것도 빨아들이는 것도 소용이 없다. 기술자들은 이 때문에 이른바 클린룸이라는 것을 만들었다. 먼지가 없는 공간을 실현하기 위해 클린룸 속에서는 끊임없이 공기가 흡수되어 여과된다. 클린룸은 괴상한 것이 아니라 지난 수십 년간의 가장 중요한 발명 중 하나다. 왜냐하면 클린룸 없이는 우리들의 현대적 일상을 특징짓는 핸드폰이나 컴퓨터 같은 대부분의 공산품들을 제조할 수 없기 때문이다.

고대에서 오늘에 이르기까지의 책먼지 답사

울리히 호호프

그 위에 글을 쓴
종이 한 장이 없어져도
그것은 고약하지 않아.
아마도 한 사람이 읽겠지
그리고 자신이 변화하겠지.
고약한 것은 단지
종이가 부서져 떨어질 때야.

베르톨트 브레히트(Bertolt Brecht)

한 나라의 문화 수준은 맨눈으로도 알 수 있다. 미국 작가 존 스타인벡(John E. Steinbeck)은 "우리는 공공 도서관에 있는 책들에 쌓인 먼지 두께에서 문화를 읽을 수 있다."고 말했다(Deppert 1985). 이에 따르자면 오늘날 우리는 문화의 절정 상태에 있어야 한다. 적어도 독일의 도서관에서만큼은 먼지 쌓인 책을 보기가 드물다. 그 내용은 낡았을 수도 있겠지만 책 자체는 서가에 깨끗하게 정돈되어 있다. 과거에는 도서관 열람실에서 오래된 책을 보고 나면 손이 더러워져 씻지 않고서는 집에 갈 수 없을 때도 있었다. 반면 오늘날 비교적 큰 도서관들은 대개 적절한 건물을 갖추고 온도조절 장치가 되어 있는 보관실도 지니고 있다. 좀 오래된 작품을 손에 쥐어 보면, 책과 표지가 상태에 맞게 잘 관리되고 있음을 알 수 있다.

먼지에 쌓이거나 불타버린 책 소장품

충분한 이유를 갖고서도 현대가 문화의 절정상태라는 말에 이의를 제기하지 않는 사람들도 옛날에는 책에 쌓이는 먼지 문제가 아주 심각했을 것이라고 추측할 것이다. 그러나 놀랍게도 이런 추측을 뒷받침하는 증거들은 쉽게 발견되지 않는다. 책과 책을 사고파는 일의 출현과 그 역사 및 도서관, 개인 서고의 운명에 흥미를 느끼는 사람과 이러한 주제와 관련한 소스들을 찾는 사람은 좀처럼 가늠하기 어려운 분야로 들어서는 것이다.

이것은 일반 사전류들이 책, 책 거래, 도서관 등과 같은 항목에 책먼지와 종이먼지 같은 개념을 기록하지 않는 것에서 시작된다. 보다 특별한 전문사전에서도 책과 도서관에 관한 내용을 별로 찾을 수 없다. 책을 거래하는 상인이나 도서관 사서가 그들이 맡은 책에 먼지가 끼는 것을 피하는 것처럼, 책을 내는 사람들도 이러한 주제를 조심스레 피했던 것 같다. 유명한 초기 책 수집가들도 우리가 관심 갖는 주제에 관한 참조할 만한 자료를 거의 남겨 놓지 않았고, 그와 관련한 문헌도 아주 적다. 게다가 그와 관련한 문헌이 있더라도 설명이나 근거 자료가 빈약하다. 유명 도서관의 역사와 관련한 많은 호화 장정본들 또한 말할 것도 없이 마찬가지다.

그럼에도 우리는 우리의 논제를 이끌어 갈 수 있다. 과거 여러 세기 동안 책을 보관하는 방법은 아주 단순했다. 사람들이 책의 가치를 인식하고 대중들이 접근할 수 있게끔 되기까지 많은 소장 도서들이 수십 년, 아니 수백 년 동안 방치되어 쇠락해갔다.

첫 번째 예는 에어푸르트(Erfurt)[54]에 있는 두 개의 도서관에 관한 기록에서 살펴볼 수 있다. 법학자인 하인리히 에른스트 제바흐(Heinrich Ernst Seebach)가 1737년에 손으로 쓴 〈튀링기아 리테라타(Thüringia literata)〉라는 보고서가 있다. 이 보고서는 튀링겐에 있는 도서관에 관한 소식을 담고 있는데, 제바흐에 따르면 그중에는 1407년에 건립되었다고 하는 '에어푸르트에 있는 보이네부르크 대학 도서관의 역사(Historia der Boineburgischen Universitäts-Bibliotheck in Erffurth)'라는 보고서가 있다. 그는 이 보고서에서 1509년과 1510년에 모든 책과 기록문, 편지 묶음, 원고, 소식지 같은 문헌들이 내팽개쳐지고 잘려나가고 파괴되고 찢겨졌으며 그리고 불에 타 흩어지고 발로 뭉개졌다고 기록하고 있다. 또 1590년에는 도서관에 있던 나머지 책들도 대부분 재로 바뀌고 이 재앙에서 살아남은 책들은 후미진 구석으로 내동댕이쳐졌다고 한다.

제바흐는 1392년에 설립된 에어푸르트 대학의 교원들이 책을 다루는 것을 묘사한 것으로 보인다. 그러나 보이네부르크라는 이름이 전문가들로 하여금 귀를 기울이게 한다. 에어푸르트 대학 측이 귀한 책들을 그렇게 보잘 것 없이 다루었을까? 한 조사는 다음과 같은 사실을 밝혀주었다. 즉 제바흐가 묘사하고 있는 장면은 보이네부르크 대학 도서관에 관한 것이 아니라 좀 작은 규모의 이미 이전부터 존재하던 소장도서를 말한 것이었다고 한다. 왜냐하면 마인쯔

54) 독일 중부에 위치한 튀링겐(Thüringen) 주의 주도(州都)이다.

선제후국[55]의 재상이며 장서가였던 요한 크리스티안 보이네부르크(Johann Christian Boineburg, 1622–1672)[56]는 9천 권의 책을 소장한 커다란 개인 도서관을 갖고 있었는데, 이 도서관의 책들은 1716년에 이르러서야 그의 아들이 마인쯔 선제후국의 에어푸르트 대학에 기증했기 때문이다. 참고로 이 개인 도서관의 서지 목록은 철학자이자 다방면에 능통한 학자인 라이프니츠(Gottfried Wilhelm Leibniz, 1646–1716)가 만들었다. 그는 1668년부터 몇 년간 그곳에서 사서로 일했다.

에어푸르트 대학 교원들도 분명 책에 먼지가 쌓이는 것을 방조한 책임이 있다. 튀링겐 주 수도에 있는 가장 유명하고 또 역사적인 도서관은 암플로니아나 도서관(Bibliotheca Amploniana)이다. 중세 시대 가장 큰 규모를 가진 장서를 수집한 사람 중에 하나인 암플로니우스 라팅 데 베르카(Amplonius Rating de Berka, –1435)가 설립했다. 대학 총장이기도 했던 그는 에어푸르트 대학의 교원들을 위해 새로운 건물을 짓고, 장학금을 지원했을 뿐만 아니라 도서관을 재정적으로 후원했다. 암플로니아나 도서관은 독특한 돔형 구조로 만들어졌다. 도서관 소유자는 대학이 아니라 교원들이었다. 30년 전쟁

---

55) 신성로마제국 카를 4세가 1356년에 내린 이른바 '황금문서'라고 불리는 칙령에 의해 독일 제국의 황제는 선거로 뽑게 된다. 황금문서에 따라 황제 선출권을 가진 7명의 제후가 통치하는 지방 분권 국가.
같은 말 선거후(選擧侯)–표준 국어 대사전 특히, 1356년 도이치 황제 칼 4세가 황제의 선거권을 세 주교와 네 제후에 한정할 것을 규정한 칙서. 독일 황제 선거권을 가진 일곱 제후국 중의 하나. 독일은 19세기 후반까지 통일되지 못하고 여러 제후국으로 나뉜 지방 분권국였다. 1356년에 작성된 황금문서에 의해 7명의 제후가 독일 황제를 선출했다. 황제 선출권을 가진 제후가 통치하는 제후국을 선제후국이라고 한다. 선제후 중에서 3명은 '대주교' 급의 종교 제후였다.

56) 17세기 독일 정치가이자 장서가. 어릴 시절부터 책을 수집해 평생 1만 권 가까운 책을 수집했다.

(Dreißigjährigen Krieges)[57]이 끝나고 도서관은 방치되었다. 1704년에 소장 도서에 대해 다음과 같은 불만이 제기되었다. "도서관 장서들에 대해 (책의 저작자로서) 카톨릭 교회가 열쇠를 쥐고 있다. 그 도서관은 암플로니아나의 돔 천장 아래에 위치하며, 원고로 가득 찬 여러 개의 서가가 있으나 먼지와 쓰레기로 가득 차 있다. 그중에는 아우구스티누스와 다른 많은 대주교들의 논문들이 있음에도 불구하고 아무도 이용하지 않는다." 수년 뒤인 1709년에 프랑크푸르트에서 온 유명한 책 수집가인 짜하리아스 콘라드 폰 우펜바흐(Zacharias Konrad von Uffenbach, 1683-1734)가 대학 도시 에어푸르트를 방문한다. 그는 나중에 쓴 여행보고서에서 에어푸르트의 서가에 있는 책 중 일부분은 "아주 돌보지 않아 먼지와 곰팡이로 덮여 있었다."고 적고 있다.

1712년에는 당시의 교원 대표조차 도서관 상태에 관해 하소연했다. 책들은 거기에 마구 섞여 있고 "불량하게 보존되어 있어서 많은 책 위에는 손가락 2개 높이의 먼지가 쌓여 있고, 어느 것이 윗부분이고 아랫부분인지도 모를 정도다." 1816년 에어푸르트 대학은 문을 닫았다. 1837년이 되어서야 사람들은 다시 암플로니아나 도서관에 신경을 쓰기 시작했다. 그 당시 서고에는 900권의 필사본이 있었으며 가장 오래된 것은 9세기에서 쓴 것도 있었다. 하지만 그중에 이미 45권이 부패했다. 1994년 에어푸르트 대학이 새로 설립되었고, 2002년 가을에 에어푸르트시는 암플로니아나 도서관을 에어푸르트

---

57) 1618년부터 1648년까지 30년간 신성로마제국이 있던 독일을 중심으로 가톨릭과 개신교 사이에서 벌어진 전쟁이다. 처음에는 민족·종교전쟁의 성격이었으나 이후 각국의 이해관계가 복잡해지면서 국가 간의 주도권 싸움으로 변질된다. 유럽의 정치, 사회, 문화, 종교 등을 크게 변화시켰다.

대학에 장기대여로 위임했다. 거기에는 1801년 이전에 나온 약 4만 권의 인쇄물과 약 1,000권의 필사본이 있다. 이로써 현대적인 기준에 맞는 보존이 가능해졌고, 책 정돈 작업도 마침내 시작할 수 있었다. 현재 이용 가능한 책들은 특별 열람실에서 열람할 수 있다.

두 번째 예는 약 200년 전의 세속화(Säkularisation) 시대에서 살펴 볼 수 있다. 수도원 소유의 재산을 국가 소유로 넘기는 작업, 이른바 세속화 작업이 1770년부터 오스트리아에서 전국적으로 실행되었다. 반면에 바이에른 주, 뷔르템베르크 주와 바덴 주는 제국대표단 회의의 최종결론(Reichsdeputationshauptschluss)[58]에 따라서 1803년에서야 수도원의 자산을 국유화하는 작업이 체계적으로 시작되었다. 국유화된 수도원의 서고에 산더미 같이 쌓인 책들을 관리하는 것은 도처에서 개인적으로나 논리적으로나 하나의 커다란 도전이었다. 바이에른 주에서는 거센 반발이 있었다. 그것은 선제후의 지시에 따라 1803년부터 오버팔츠(Oberpfalz)[59] 주의 지역 도서관(Provinzial-Bibliothek)을 건립하기로 되어 있었던 암베르크(Amberg)[60]에서였으며, 다른 지역에서도 반발이 일어났다.

암베르크의 도서관 공간은 한때 살레지오 수도원이 있던 곳이었다. 1809년에 이미 3만 권 이상의 많은 책들이 체계적으로 정리될 준비가 되어 있었다. 이 책들은 폐쇄된 오버팔츠의 수도원들, 즉 암베르크의 예수회 수도원을 비롯해 엔스도르프, 미헬펠트, 라이헨바

58) 나폴레옹의 압력으로 1803년 열린 신성로마제국(독일연방)의 마지막 제국대표단 회의에서 내린 최종결정. 독일 지역 내의 로마 카톨릭 소유의 영토와 재산을 국유화하고 제국 내의 자유도시들을 해체하는 것을 골자로 한다. 그 결과 신성로마제국 해체(1806)와 독일 통일을 앞당기는 결과를 초래한다.

59) 독일 남부 바이에른 주에 속한 한 행정구

60) 1810년까지 오버팔츠 지역의 행정 중심지였던 도시

흐, 바이세노에 등지에 있던 베네딕트 수도원들, 슈파인하르트의 프레몽트레 수도원 및 발더바흐와 발드자센(유명한 도서관홀이 있다)의 시토 수도원 등에서 수집되었다. 그런데 1815년 밤 3시에 화재가 났고 도서관 건물의 날개에 해당하는 부분이 통로와 함께 파괴되었다. 당시 상황은 다음과 같이 기록되어 있다. "사서인 요셉 모리츠(Joseph Moritz)는 그가 알고 있는 가장 큰 보물을 안전하게 지켜달라고 세상에 촉구했다. 그는 너무 애를 써서 절반쯤 죽은 사람처럼 보였다. 동료들이 그를 끌어내서 데려가지 않았더라면, 그는 아마도 책과 함께 불타버렸을 것이다." 교수와 학생들은 책 일부를 건물 밖으로 옮겼으나 16,532권이 불탔다.

최근인 2004년 9월 2일에는 오래된 도서관 건물에서 화재 참사가 일어났다. 낡은 전기기구에서 시작된 불이 바이마르에 있는 1776년에 지은 유명한 건물인 안나 아말리아(Anna Amalia) 도서관[61]의 나무로 된 서까래에 옮겨 붙었다. 그 건물은 괴테의 집과 붙어 있고 박물관으로 이용되고 있었다. 도서관에 있는 로코코풍의 홀은 괴테가 사서로 근무하며 독일 고전주의 장서들을 관리한 곳으로 유명하다. 홀은 심하게 손상되었다. 유감스럽게도 거기에는 책 외에도 많은 역사적 유물들이 보관되어 있었다. 유물들은 몇 주 후에 현대식 도서관으로 옮겨져야 했다. 이 화재로 5만 권의 고서와 악보가 파괴되었고, 방화수 때문에 62,000권의 책이 추가로 훼손되었다. 신속한 냉동 건조 처리에도 불구하고, 그중 일부만을 복구할 수 있을 것이다. 왜냐하면 복구 작업은 비용이 아주 많이 들기 때문이다. 도서관

61) 안나 아말리아 공작부인의 이름을 따서 지은 도서관으로, 한때 괴테가 근무했던 곳으로 유명하다. 2004년 화재 이후 오랜 복원작업을 펼쳐 2007년 10월 24일에 다시 문을 열었다. 1534년에 나온 루터 성서를 비롯해 희귀본 성서 모음은 이 도서관의 자랑거리다.

화재는 한 대학, 한 도시 혹은 한 국가의 정신적, 지적 그리고 학문적인 삶을 정지시킬 수 있다. 제3제국 시절의 불행한 책 소각 사건은 독재의 전주곡임을 명백히 보여주었다.

그러나 고대 이래로 도서관이 가장 심하게 파괴된 것은 소홀한 관리 때문이 아니라 전쟁 때문이었다. 도서관의 책들은 서가에 비좁게 꽂혀 있다. 그것들은 견고한 종이 묶음으로, 불이 붙기가 어렵다. 그래서 예전에는 나무로 된 설치물과 책장 같은 데 먼저 불이 붙으면서 화재가 일어났다. 불은 책으로 옮겨 붙고 도서관의 나머지 공간으로 확산되었다. 이 정도 규모의 도서관 화재에서는 거의 아무 것도 구제할 수 없었다. 파괴된 도서관 건물에서 책들이 며칠간 또는 몇 주 동안 타는 경우도 있었다. 화재예방을 위한 별다른 조치를 취할 수 없는 비산업국가에서는 오늘날에도 이런 위험이 존재한다. 과거에는 물로 불을 껐으며, 그러기 위해서 통에 빗물을 모아 두기도 했다. 그러면 이제 습기가 파괴적인 힘을 발휘한다. 방화수 때문에 책을 이용할 수 없게 된다. 낱장은 부풀어 오르고 곰팡이가 생긴다.

오늘날 도서관 화재는 아주 드물다. 그러나 그 흔적들은 고대 이래로 역사를 관통하며 남아 있다. 고대의 가장 유명한 도서관은 페르가몬(Pergamon)[62], 알렉산드리아(Alexandria)[63], 에페소스(Ephesos)[64]에 있던 도서관이다. 알렉산드리아에 있던 무세이온(Museion) 도서관의 역사는 문화에 대한 야만 행위의 예로 자주 인

62) 소아시아 지역에 있는 고대 그리스의 도시

63) 소아시아 지역에 있던 고대 그리스·로마의 도시다. 바울이 이곳에 있는 교회로 보낸 서신을 모은 것이 바로 신약성서 에베소서이다.

64) 기원전 3세기 이집트 프톨레마이오스 2세가 건립한 박물관과 도서관을 겸한 왕실부속 연구소. 박물관(museum)이라는 말이 여기서 유래했다.

용된다. 이 도서관은 인류 최초의 만물 도서관으로 간주되며 기원전 4세기 이래 헬레니즘의 학문과 문화의 중심이었다. 지중해 전역의 학자들이 이 도서관에서 연구하기 위해 알렉산드리아로 몰려들었다. 이 도서관은 두 번 화재가 났다고 한다. 첫 번째 참사는 기원전 48년, 율리우스 카이사르가 알렉산드리아 항구에서 이집트 함대를 무력화하고자 했을 때 일어났다. 그러나 화재는 통제할 수 없었고 카이사르가 로마로 가져오려 했던 파피루스 두루마리로 된 70만 개의 고문서가 그 문서를 기록한 시대의 지식과 함께 불타버렸다. 당시 이집트와 로마 사이에 강화가 이뤄지면서 로마인들은 페르가몬 도서관에서 약탈한 20만 개의 두루마리 고문서를 클레오파트라 여왕에게 선물했다고 한다.

서기 392년에는 세라페이온(Serapeion)에 있던 알렉산드리아의 자매 도서관이 황폐화되었다. 당시 4만개의 문서 두루마리가 불탔다. 이 도서관은 프톨레마이오스 왕조의 세라피스(Serapis)신을 모시는 사원[65]에 있었다. 로마 황제 테오도시우스[66]는 이 신전을 이교도의 것으로 간주하고 파괴할 것을 명령한다. 광란적인 기독교인들은 대주교 테오필로스[67]의 지시를 받아 이 도서관을 파괴했다.

---

65) 그리스 계통인 프톨레마이오스 왕조는 그리스와 이집트 문화를 융합하기 위해 이집트의 신 가운데 가장 그리스적인 세라피스(Serapis)를 주신(主神) 중에 하나로 모셨다. 이 신을 모신 사원을 세라페이온(Serapeion) 또는 라틴어로 세라페움(Serapeum)이라고 한다. 프톨레마이오스 왕조 시절에 각지에 세라페이온이 세워졌는데, 그중에 알렉산드리아에 있던 세라페이온에는 무세이온 도서관과 자매인 도서관이 있었다.

66) 본명은 플라비우스 테오도시우스(Flavius Theodosius, 347–395)로 테오도시우스 1세 또는 테오도시우스 대제라고도 불린다. 동서 분열 직전의 로마제국을 통치한 마지막 황제로 기독교를 로마의 국교로 선포한 인물이다.

67) 알렉산드리아의 테오필루스(Pope Theophilus of Alexandria, ?–412). 알렉산드리아 지역을 중심으로 아프리카 지역에서 번성한 기독교 종파인 콥트교의 대주교로, 385년부터 412년 죽을 때까지 알렉산드리아 대주교를 지냈다.

알렉산드리아 대형 도서관의 두 번째 화재는 641년 아랍인들이 알렉산드리아를 정복한 후에 발생했다고 한다. 오마르[68] 칼리프는 알렉산드리아의 도서관에 있는 저작들이 코란과 일치하든 않든 파괴되어야 한다고 결정했다고 한다. 저명한 도서관에서 쏟아져 나온 문헌들은 4,000곳의 목욕탕을 지피는 땔감 신세가 되었으며, 다 태우는 데 6개월이 걸렸다고 한다. 하지만 오늘날 역사가들은 이 사건을 기록하고 있는 유일한 출처의 신빙성을 의심하고 있다. 왜냐하면 기록을 남긴 저자는 사건이 벌어진 후 600년 뒤에 살았던 인물이기 때문이다. 즉 그것은 아랍인들을 폄하하려는 목적으로 지어낸 이야기일 수 있다.

오늘날 사람들은 알렉산드리아 도서관의 위대한 전통을 다시 부흥시키고자 시도하고 있다. 이집트 정부는 1987년부터 유네스코의 지원을 받아 건축을 시작해 2002년 가을 새로운 알렉산드리아 도서관의 문을 열었다. 그 건축양식은 큰 이목을 끌었다. 현재 구비한 자료는 적지만 앞으로 계속 확충해 나갈 것이라고 한다.

비교적 오래된 시대, 예를 들어 콘스탄티노플 점령이나 30년 전쟁 시기의 도서관 화재에 관해서는 건너뛰고 근래의 그리고 아주 최근의 몇 개의 예로 넘어가자. 벨기에의 루뱅(Louvain, Löwen)[69]에 있는 대학은 1425년에 설립되었다. 이 대학도서관은 벨기에에서 가장 오래된 도서관이다. 파리의 도서관을 제외한 유럽에서 가장 높은

---

68) 본명은 우(오)마르 이븐 알카타브(Umar ibn al-Khaṭṭāb, 586~590-644). 이슬람교의 창시자 마호메트를 이어 제2대 정통 칼리프에 오른 인물이다. 활발한 정복 전쟁을 펼쳐 초기 이슬람교가 세계로 전파되는 데 결정적으로 기여했다.

69) 루뱅(Louvain)은 벨기에 중부 브라반트 주에 있는 학문과 문화의 도시로, 1423년에 세운 루뱅 대학으로 유명하다.

수준의 도서관 중의 하나로 오래전부터 평가받았으며 인문학 연구의 중심지였다. 이러한 도서관이 20세기에 이르러 하나의 새로운, 그러나 유감스럽게도 슬픈 명성을 얻게 된다.

제1차 세계대전이 발발했을 때 루뱅 대학 도서관에는 약 30만 권의 책과, 그 외에 약 2,000권의 고판본과 필사본이 소장되어 있었다. 때마침 소장 자료에 관한 연구도 하고 또 시대에 맞게 자료를 새로 정리하기 위해 소장 자료 전부를 실내로 옮겨와 정리하고 있었다. 그때, 1914년 8월 독일군이 시를 무혈점령했다. 그러나 곧바로 독일군의 학살과 프랑스저항군의 집단적인 저항이 이어졌다. 형세는 극도로 팽팽했다. 한 총격전에서 많은 독일 병사가 죽자, 독일점령군은 복수를 위해 '사자 위에서의 형벌(Strafgericht über Löwen)'[70]을 시작했다. 주민들은 추방되었고 독일군은 역사적인 시가지 중심부를 조직적으로 불태웠으며, 약 1,100채의 주택과 일련의 관공서와 대학에도 불을 질렀다. 한 변호사는 한밤중에 어떻게 도서관 지하실 문이 부서지고 불이 붙는지를 보았다. "도서관은 며칠 동안 탔다. 무언가 건져내려는 시도는 작렬하는 열기 때문에 가로막혔다."

신바로크풍 건축물 내부의 도서관, 박물관, 골동품 수납장이 완전히 타버렸다. 도서관장인 파울 델라노이(Paul Delannoy)가 보고한 것처럼 일주일 뒤까지 수천 권이 넘는 책이 작렬하는 불 속에서 부풀어 올랐다. "사람들은 인적이 없는 시내 거리에서 약탈하는 군인들을 보았고, 바람은 반쯤 타버린 책과 잡지의 갈피를 멀리 날리고 있었다."

70) 루뱅은 독일어로 뢰벤(Löwen)으로 부르는데, 공교롭게 독일어로 사자(loin)를 뜻하는 뢰베(Löwe)의 복수형과 같다.

런던타임스는 이미 파괴된 대학을 1914년 8월 29일 '벨기에의 옥스퍼드'라 칭했다. 파괴된 도서관은 벨기에에 대한 독일의 야만적인 행위의 상징으로 적합했다. 대학의 학자들과 도서관장은 대학의 변호인단 역할을 맡았다. "수상으로서, 외교관으로서, 파견대사로서, 외교사절 그리고 단순한 강연 여행자로서 그들은 각지에 퍼져 세계사회에 독일이 벨기에에 저지른 만행을 알리고 도덕적이고 물질적인 지원을 호소했다." 그 결과, 교황은 벨기에 침공을 공개적으로 비판하고 미국 대통령 윌슨이 폐허가 된 도시를 방문하는 것으로 이어졌으며, 국제적인 원조까지 이끌어냈다. 유럽의 교양인들은 할 말을 잃었다.

루뱅 대학 도서관의 파괴는 알렉산드리아 도서관 화재 이래 인간정신에 대한 가장 추악한 범죄로 낙인찍혔다. 전쟁 후 몇 년간 도서관 폐허에는 "여기서 독일의 문화가 종말을 고하다(Ici finit la culture allemande)."라는 비문이 적힌 현수막이 내걸렸다. 독일은 전쟁으로 인한 더 이상의 피해를 방지하기 위해 1915년 베를린 출신의 프리츠 밀카우(Fritz Milkau)라는 사서에게 현지 조사 임무를 맡겨 벨기에로 파견했다. 밀카우는 폐허에서 망연자실하며 종이 재를 보았다. "한 나라의 가장 오래된 도서관이 지상에서 흔적 없이 그리고 영원히 사라졌다. 연기와 불꽃 속에 부풀어 올라, 켜켜이 두껍게 쌓인 재 이외에는 다른 것은 아무 것도 남기지 않았다. …… 이것은 결코 벨기에의 손실만이 아니다. 이로써 세계 전체가 빈곤해졌다." 1919년에 맺은 연합군의 평화협정 247조는 독일에게 특별한 의무를 부과했다. 루뱅 대학 도서관의 자산에 대해 "독일은 루뱅 대학 도서관이 화재로 잃은 것과 동일한 가치를 보상하라"고 규정했다. 루뱅 대학 도서관이 소장하던 책과 잡지는 독일의 도서관위원회가 복구했다. 건물은 미국의 기부로 다시 건립되었고, 1928년 7월에 엄숙한 분위기 속에서 개관했다.

그러나 1940년 5월 17일 독일군은 다시 루뱅으로 진격해 왔다. 루뱅의 역사적 중심지는 손상이 없었으나 대학 도서관은 수차례 폭격으로 건물이 다시 완전히 불탔다. 시의 물 공급 시설이 파괴되어 방화수가 없었다. 한 목격자가 "이틀간 도서관에서 연기가 솟아올랐다."고 증언했다. 전체 90만 권의 책 중에서 1.5%에서 2%만이 루뱅의 이 새로운 참사를 이겨냈다. 독일 정부는 즉각 죄를 영국으로 돌리려고 했지만 성과가 없었다. 1940년 루뱅에서는 1천100만 내지 1천200만 라이히스마르크(Reichsmark)[71] 가치에 달하는 책과 잡지가 불탔다.

그 전에 이미 국가사회주의자들이 권력을 장악하고 얼마 되지 않아 책에 대한 폭력이 있었다. 독일 국가사회주의 학생연맹 주도로 1933년 5월 10일 많은 대학과 도시에서 수많은 책들이 불길에 휩싸였다. 불에 탄 책들은 '평화주의적' 혹은 '공산주의적' 내용을 담은 책들이었다. 이 과정에서 불에 탄 책의 많은 저자들이 나중에 박해를 당하거나, 살해되거나 혹은 국외로 추방되었다.

그 불은 되돌아왔다. 나치 독일군들의 잔혹한 전쟁 행위에 대한 보복으로 독일은 연합군으로부터 역사상 유례가 없는 폭격 피해를 입었고, 이와 함께 도서관들도 엄청난 피해를 입었다. 당시 한 목격자는 다음과 같이 증언했다. "그것은 도서관의 역사와 학문의 역사에 유례가 없는 재앙이었다." 이 시기 독일에 있는 도서관 중에서 가장 심각한 피해를 입은 곳은 연합군의 폭격 작전인 일명 '고모라

---

71) 1924년에서 1948년까지 사용된 독일의 옛 화폐 단위. 줄여서 'RM'으로 표기한다.

1943년 3월 10일에 있었던 폭격으로 화재를 입은 바이에른 주립도서관의 불탄 대형 서적(Halm 1949).

작전(Operation Gomorrha)'의 가장 큰 피해를 본 함부르크이다. 1943년 7월 24일과 8월 3일 사이에 791대에 이르는 연합군의 대규모 폭격기 편대가 독일로 출격했다. 함부르크는 유령의 도시가 될 정도로 폭격을 당했고 완전히 폐허가 되었다. 자유도시이자 한자동맹도시[72]인 함부르크의 스페어스오르트(Speersort)에 있는 도서관(오늘날 국립도서관 및 함부르크 대학도서관)은 나중에 벽 밖에 남아 있지 않았다. 당시 도서관에 있던, 대략 2,700만 라이히스마르크의 가치가 있는 총 85만 권의 책 중에서 70만 권이 불탔다. 그러나 오래된 희귀 인쇄물과 필사본은 1942년부터 안전한 곳으로 옮겨서 재앙

72) 한자(Hansa)는 여러 곳을 돌아다니며 무역을 하던 중세 시대 상인을 뜻하는 말이다. 14세기 중반 북해와 발트해 연안의 독일 자유상업도시들이 상업적인 목적으로 이른바 정치 · 군사적 동맹인 한자동맹(Hanseatic League)을 결성한다. 함부르크는 브레멘, 쾰른과 더불어 뤼베크를 맹주로 하는 한자동맹의 중심 도시 중 하나였다.

을 피할 수 있었다. 부근의 콤메르츠 도서관(Commerzbibliothek)은 17만4,000권 중 16만 권을 잃었다.

뮌헨에 있는 바이에른의 주립도서관은 1839년에 세워진 화려한 고전주의 양식의 건물을 잃었다. 1943년 3월 9일부터 10일까지 밤마다 소이탄이 주립도서관으로 떨어졌다. 이 공습으로 소장도서의 약 20%에 해당되는 40만 권이 파괴되었다고 한다. 한 목격자는 다음과 같이 증언했다. "그을린 책갈피가 불길에 치솟아 올라 6-7km 떨어진 뮌헨 동부까지 날려갔다."

주립도서관에 대한 폭격이 계속 뒤따랐다. 1945년에는 주립도서관 중에서 이용할 수 있는 곳이 단 두 곳만 남았다. 종전 직후인 1946년 "많은 도시에서 폐허더미를 치우는 것조차 해결되지 않은 상황일 때", 튀빙겐의 도서관장인 게오르그 라이(Georg Leyh)는 약 80곳의 대형 도서관이 전쟁으로 입은 피해 상황을 작성해 1947년에 책으로 출간했다. 당시 피해 상황을 라이는 다음과 같이 요약하고 있다. "도서관 건물은 부분적으로 몇몇 경우에는 완전히 파괴되었으며, 도서관 소장도서와 관련해 1946년 신고된 피해는 헤아릴 수가 없을 정도다. 또 칼스루에 주립도서관, 라이프니츠와 에센의 시립도서관 및 베를린에 있는 제국의회 도서관은 완전히 파괴되었다." 라이는 1957년에 다음과 같이 평가했다. "독일의 학술 도서관은 제2차 세계대전에서 통틀어 7,500만 권의 책을 잃었다." 대부분의 책들은 타서 재가 되었다.

전쟁으로 인한 유명 도서관의 피해는 현대에도 계속되고 있다. 1993년 세르비아와 보스니아의 전쟁 중에 사라예보에 있는 국립도서관이 완전히 파괴되었다. 2003년 4월에는 바그다드의 국립도서관이 섭씨 3,000도의 고온을 발생시키는 연소촉매제가 계획적으로 투입되어 파괴되었다. 베르너 블로흐(Werner Bloch)는 〈노이에 쮜르히 짜이퉁(Neue Zürcher Zeitung)〉[73]에 '잿더미가 된 기억(Das eingeäscherte Gedächtnis)'이라는 제목으로 다음과 같이 보고했다. "책의 30%가 불에 타 재가 되었다. …… 어째서 책의 잔재물마저도 철저하게 불에 타야하는가?" 그 화재는 "언뜻 보기에는 비합리적인, 그러나 정확하게 계획되고 지휘된 파괴욕의 소산이었다." 방화자는 찾지 못했다. 이 화재에서 이라크인들은 30만 권의 책을 구할 수 있었다. 어쨌든 필사본과 아주 귀중한 책들은 화재 전에 이미 안전한 곳으로 옮겨졌다.

2003년 유네스코에서 파견한 프랑스의 사서인 장 마리 아르누(Jean-Marie Arnoult)는 당시 이라크 바스라의 도서관에서 책 대신에 단지 "그을리고 시커멓게 된 방만을 보았고, 그 방을 통과할 때 무릎 높이의 하얀 재를 지나야 했다."

학자에 관한 오래된 고정관념

과거 세기의 학자들은 많이 읽어야 했다. 관련 분야에 관한 충분한 지식은 자신의 저술을 쓰기 위한 전제조건이었다. 옛날에 학식이란 어떤 의미였을까? 작가 고트홀드 에프라임 레싱(Gotthold Ephraim Lessing)은 학식의 정의와 학술적 저술을 읽는 것의 의미를 다음과 같이 강조하고 있다. "책에서 얻는 다른 사람의 경험적 재산을 학식이라 한다." 1897년에 나온 그림(Grimm) 형제의 독일어 사전에는 '학식(Gelehrsamkeit)'을 다음과 같이 정연하게 정의했다. 즉 학자는 "자신의 중심점을 …… 책이라는 세계 속에 두고 있다."

73) 스위스 취리히에서 발행되는 독일어로 된 유력 일간지

학자는 수세기에 걸쳐 조롱과 풍자의 대상이었다. 그들은 융통성이 없고, 방안에만 죽치고 있는 사람, 인간의 적 그리고 바보로 묘사되었다. 대중문학에는 변장한 원숭이가 학자로 등장하기도 한다. 그는 읽고 쓰는 것 이외에는 아무 것도 하지 않고, 별로 생각하지 않으며, 10권의 책을 가지고 11번째 책을 쓴다. 학자에 대한 이런 고정관념은 학문 발전의 역사 속에서 이해할 수 있다. 17세기에는 박식가(Polyhistor)로서의 학자상이 널리 퍼져 있었다. 이러한 학자들의 직업 활동은 다른 학문 분야의 다양한 지식을 신속히 습득해서 독서의 결실을 두꺼운 저작으로 편찬하면서 거기에 자신의 성찰을 첨가해 풍요롭게 하는 것이었다. 그들은 같은 동시대인들을 사물에 대한 최신의 상태들로 이끌었다. 아주 소수의 박식가들만이 학문 속으로 깊이 있게 들어갔기 때문에 전문적인 학자들은 박식가들에게는 전문적인 능력이 결여되었고 그들의 학식은 순전히 책에서만 비롯된 것이라고 격렬하게 비판했다. 즉 박식가들은 생생한 연구와 가르침이 부족하며, 또 피상적이어서 학문의 평판을 더럽힌다는 것이다. 그래서 대중들에게 박식가는 책을 빨리 그리고 많이 쓰는 사람으로 인식되었다.

독자적인 의견 없이 다른 이들의 의견을 보고하는 식의 순전히 편집자적 유형은 특히 환영받지 못했다. 이러한 학자들에게는 작가 장 파울(Jean Paul)[74]의 풍자적인 문구가 어울린다. "대형서적의 먼지가 그의 영양원이다(Der Staub der Folianten ist seine Narung)." 여기서 말하고자 하는 것은 말 그대로 먼지만이 아니다.

---

74) 본명은 요한 파울 프리드리히 리히터 (Johann Paul Friedrich Richter, 1763-1825). 독일 바이에른 분지델 출신의 낭만주의 작가로 해학적이고 풍자적인 소설을 많이 썼다.

요한 크리스토프 바이겔(Johann Christoph Weigel)의 동판화 '독서광(Bucher-Narr)'(1710)

장 파울은 먼지를 비유로 사용한다. 먼지가 끼는 것은 책뿐만이 아니라 그 내용도 그렇다. '대형서적의 먼지는' 먼지가 된, 즉 이미 사장된 이익이 되지 않는 지식을 은유한 것이다. 이와 일관되게 참된 지식 대신에 그러한 먼지를 섭취하는 편집자는 조롱거리가 되었다.

이 시기에 사람들은 알브레히트 뒤러(Albrecht Dürer, 1471-1528)[75]의-세바스티안 브란트(Sebastian Brant, 1457-1521)[76]의 풍자극 〈바보들의 배. Das Narrenschiff〉(1494)에 처음으로 실린-독서광을 그린 동판화를 학자들에 대한 풍자로 이용하곤 했다. 동시대의 학자들을 독서광으로 묘사한 것이다. 독서광은 책을 너무 많이 수집해서, 그중 대부분은 절대로 읽을 수가 없다.

1710년에 제작된 한 동판화에는 거대한 서가 한 가운데 어릿광대 같은 벙거지를 쓰고 수도사 비슷한 복장을 한 학자를 보여준다. 책장이 꽉 차서 꽂을 데가 없는 책들이 바닥에 아주 어지럽게 쌓여 있다. 학자는 너무 많은 책을 사서 책에 쌓인 먼지를 닦아내는 데 시간을 다 보내고 있다. 앞치마를 두르고 한 대형서적에 묻은 먼지를 손빗자루로 털어내면서 다음과 같이 불평을 늘어놓고 있다. "나는 먼지를 청소하는 것 외에는 아무 것도 할 수 없구나." 이와 같은 묘사는 방대한 자료를 수집해서 연구해야 하는 모든 학문 종사자에게 위협이 될 수 있는 해악을 경고하고 있다. 이 풍자의 목적은 개선이다. 책을 읽는 사람은 그렇게까지 나아가서는 안 될 것이다. 자신이 조롱거리가 되는 것을 원치 않는 학자라면 피상적으로 책을 읽거나 그저 읽는 것에만 만족해서는 안 될 것이다. 독서가 아닌 다른 형태로도 지식을 얻을 수 있어야 한다. 자신을 주변과 격리시키는 서재를 떠나서 일정한 시간은 사람과 세상을 만나야 한다는 것이다.

---

75) 독일 뉘른베르크 출신의 화가, 판화가, 인쇄기술자, 수학자, 문예이론가로 독일 지역의 르네상스 운동을 대표하는 인물이다.

76) 알자스 출신의 르네상스 시대 인문주의자이자 풍자가. '바보들의 배(Das Narrenschiff)'가 대표작이다.

19세기 초반에 나온 괴테(Goethe)의 희곡 〈파우스트. Faust〉(1808년에 나온 제1부)에서도 우리가 다루고 있는 내용이 중요한 테마이다. 많은 분야를 섭렵한 파우스트는 학자이자 연금술사로, 16세기 살았던 실존 인물을 배경으로 한다. 첫 장면에서 밤에 파우스트는 서재에서 책과 연금술사의 실험실에 있을 법한 기구들에 둘러 싸여 있다. 여기서 '먼지 덮인 책의 감옥'과 '생동감 있는 자연'의 대립이라는 주제를 끄집어내는 파우스트의 유명한 독백이 나온다.

고통스럽도다! 나는 여전히 지하실에 박혀 있는가?
숨이 막힐 듯한 저주받을 벽구멍이로구나.
여기엔 사랑스러운 하늘의 빛조차도
채색된 창을 통해 흐릿하게 새어드는가!
책 더미에 갇혀서,
벌레가 먹고, 먼지에 덮여,
천장 꼭대기까지
뿌연 종이가 꽂혀 있구나.
……
생기 넘치는 자연,
신이 인간을 만들어 넣은 그곳 대신에
연기와 곰팡이 속에 둘러싸여
동물의 뼈와 죽은 시체만이!
도망쳐라! 일어나라! 넓은 대지로!
……

신은 나와 똑같지 않아! 그 사실을 깊이 느낀다!

나는 먼지 속에서 꿈틀거리는 벌레와 같아서
먼지나 먹고 살아가다가
행인의 발길에 부서져 묻힐 뿐이다.

나를 옥죄는 수많은 칸으로 나뉜
이 높은 벽, 그것은 먼지가 아닌가?
좀벌레 세상 속에서 수많은 하찮은 것과 함께
나를 답답하게 하는 그것은 허섭스레기가 아닌가?"

생각할 수 있는 가장 음산한 색채로 파우스트가 묘사하고 있는 한밤중 학자의 지하방은 인식과정의 출발점이자 그것을 넘어서서 어떤 형이상학적 문제와도 연결된다. 괴테는 바로크시대 이후 흔히 인용되는 성서적 표현법을 사용하고 있는데, 이에 따르면 인간은 먼지에서 창조되었고, 죽어서는 다시 먼지로 분해된다고 한다. 마틴 루터의 번역본 성서 '전도서'에는 다음과 같이 말하고 있다. "모든 것이 헛되도다. 모든 것은 한 곳에 이르니, 모든 것은 먼지에서 나서 다시 먼지로 돌아가리라."

먼지, 곰팡이, 어두움 등은 파우스트라는 존재를 인간이 아닌 마치 먼지를 먹고 사는 벌레처럼 보이게 한다. 학자로서의 오랜 삶은 자연 속에서 자연과 더불어 살라는 창조의 목적으로부터 멀어지게 했다. 괴테는 일관성 있게 파우스트의 비참한 처지를 긍정적인 이상(理想) 즉 자유로운 자연과 그 속에 숨 쉬는 성장력과 대비시켰다.

괴테는 방에 처 박혀 있는 학자에 대한 조롱을 작품을 통해서 철학적으로 첨예화한 것으로 볼 수 있다. 이러한 맥락에 대한 이해를 돕기 위해서 근세 초기 학자라는 직업의 배경을 살펴볼 필요가 있다. 17세기까지 일반적으로 대학에서는 규정된 지식을 가르쳤다. 따라서 학생들은 학업을 쌓는 데 방대한 공공도서관을 필요로 하지 않았다. 학자는 대부분 집에 연구에 필요한 책이 있는 개인도서관을 갖추고 있었다. 자연과학을 연구할 경우 거기에 실험 장비를 추가로 갖추고 있는 정도였다. 그러나 근세 초기에는 난해한 연구로 오랜 기간을 집에서 시간을 보내거나 위험한 실험을 하는 사람은 이웃 사람에게 분노의 대상이 될 수 있었다. 당시 널리 퍼져 있던 미신도 학자들을 오명에 빠뜨리는 데에 일조했다. 이렇게 볼 때 방구석에서 먼지와 곰팡이 속에 쳐 박혀 지내는 학자에 대한 비판은 동시에 당시의 학문이 대중성이 부족했다는 비판일 수 있다. 독일의 경우 학문이 대중성을 갖기 시작한 것은 계몽주의가 널리 퍼지면서다. 당시에 대학 도서관들이 적지 않은 소장도서를 개방하면서 학문적인 관심을 가진 모든 사람들이 이용할 수 있게 되었다. 세속화된 수도원의 도서관과 대형 개인도서관이 소장하던 학술 도서들이 이러한 대학 도서관들이 소장한 도서의 근간을 이루었다.

그러나 책먼지와 씨름하는 학자에 대한 단편적인 인상은 계속 영향을 미쳤다. 조형미술(bildende kunst) 분야에서는 칼 슈피츠벡(Carl Spitzweg, 1808-1885)[77]의 유명한 그림 '책벌레(Bücher-wurm)'(1850)가 언급된다. 거기에는 근시인 늙은 학자가 어느 귀족의 개인 도서관으로 보이는 곳의 형이상학 서가 앞에서 책사다리 위에 올라가 책을 들여다보고 있다. 다른 책은 팔 밑에 끼고, 세 번째와 네 번째 책은 무릎사이에 꽂혀 있다. 윗옷 주머니에는 커다란 천 조

77) 독일 낭만주의 화가이자 시인. 19세기 초·중반 독일에서 유행한 비더마이어(Biedermeier) 양식을 대표한다.

각이 걸려 있는데, 아마도 먼지 닦는 수건과 손수건 겸용인 듯하다. 먼지 닦는 수건은 아마도 당시 사서들의 소품이었을 것이다. 18세기 후반에 크리스티안 글라스바흐(Christian Glassbach, 1724-1779)의 동판화에 이와 같은 모티브가 변형된 형태로 나타난다. 그림 속 인물의 오른쪽과 왼쪽으로 거미줄로 덮인 책이 있다. 흥미롭게도 그림에는 '철두철미한 학자의 초상화'라고 적혀 있다.

공식적인 도서관 역사에서는 책먼지가 주제로 다뤄지지 않는다. 하지만 알려지지 않은 자료에서 종종 사서들이 먼지가 쌓인 상태에 대해 언급한 것을 볼 수 있다. 예를 들어 하인리히 요셉 베쩌(Heinrich Josef Wetzer, 1801-1853)[78]가 1850년 브라이스가우(Breisgau) 지역의 프라이부르크(Freiburg) 대학 도서관 수석 사서직을 두 번째로 맡게 되었을 때, 그가 개선하고자 하는 것에 대해 공식 문서에 다음과 같이 보고하고 있다. "꽤 오랫동안 이용되지 않은 책 한권을 펴기만 하면 된다. 그러면 그 즉시 눈과 가슴에 정말 해로운 불쾌한 냄새 때문에 재채기를 하게 된다." 이 문제에 관해 독일 작가 장 파울(Jean Paul)이 그의 소설 〈거인, Titan〉(1800-1803)에서 제안했던 것을 떠올릴 수 있다. 즉 사서들은 일할 때 책먼지를 막는 보호복을 입어야 하며, 거기에 "도서관원들을 위한 보호경과 먼지 흡입을 막는 양철로 된 기관(氣管)이 있는 마스크가 만들어져야 한다."는 것이다.

근세 초에 책벌레 학자에 대한 조롱과 사서에 대한 조롱은 결국 요점상 일치한다. 왜냐하면 당시 사서는 학자였기 때문이다. 19세기

78) 독일 헤센 카젤 출신의 신학자이자 동양학자. 베네딕트 벨테(Benedict Welte, 1825-1885)와 함께 카톨릭 교회에 관한 모든 것을 정리한 〈기독교회 백과사전, Kirchenlexikon〉을 편찬한 것으로 유명하다.

말까지 대학에서 교수는 그 대학의 도서관을 책임지고 있었다. 그들은 도서관 관리에 관한 전문 교육을 받지 않았다. 많은 교수 사서들은 연구와 가르치는 것 때문에 별로 시간이 없었다. 그래서 도서관 관리가 잘 이뤄지는 것은 담당 보직을 맡은 교수의 정성에 달려 있었다. 담당 교수가 도서관 문제에 관심이 부족하면 도서관 운영은 황폐화되었다. 1810년 사서인 프리이드리히 아돌프 에버트(Friedrich Adolf Ebert, 1791–1834)[79]는 '공공도서관 특히 독일의 대학 도서관과 이들 도서관들의 목적에 부합하는 설비에 관한 제안'이라는 문서에서, 훗날 사서로 부임해 관리를 맡게 되는 드레스덴 왕립도서관(오늘날의 작센 주 드레스덴 대학 도서관)의 상황을 다음과 같이 풍자했다. "우리나라의 학술 도서관에서 증가하고 있는 것은 무엇인가? 먼지 덮인, 황량한, 아무도 찾지 않는 강당들이며, 그 안에는 직무를 맡은 사서만이 홀로 자리를 지키고 있다. 여기저기서 책벌레들이 책을 갉아 먹는 슬픈 소리 외에는 아무것도 정적을 깨지 않는다."

19세기 후반에는 이미 몇몇 대학이 도서관 운영만을 전담하는 학자를 두고 있었다. 그러나 근본적인 개혁은 독일제국이 대학 시설을 대규모로 확충한 다음에야 이루어졌다. 1893년 프로이센에서 학술 도서관 전문 관리자 양성에 대한 법령이 최초로 반포되었고, 독일의 다른 주들도 곧 뒤따랐다. 제1차 세계대전까지 독일의 학문은 주지하다시피 국제적인 명성을 얻었다. 거기에는 대학 교수들에게 지속적으로 최신 전문서적을 조달해주는 전문적으로 양성된 전임 사서들의 공로가 적지 않았다.

79) 도서관 관리와 서지학 발전에 기여한 독일의 서지학자

책먼지 방지책

책에 붙어 있거나 심지어 책갈피 사이로 들어오는 먼지는 책 소장자와 독자에게는 적이나 마찬가지다. 그것은 여느 오염 물질처럼 아주 심한 피해를 끼칠 수 있다. 이미 우리는 몇몇 예를 살펴보았다.

고가의 책들, 예를 들어 필사본과 화첩 혹은 종교적 의식을 위한 대형 성경이나 찬송가집 등은 그 가치 때문에 항상 먼지가 묻지 않도록 보호되었다. 그러나 세기를 지나오면서 책 소장자들은 일상에서 사용되는 책들도 오염과 먼지로부터 보호할 필요성을 점차 인식한다. 제본된 형태의 책만 보아왔던 오늘날의 사람들은 책이 어떻게 발전해 왔는지 잘 모를 것이다. 이해를 돕기 위해 책의 몇몇 발전 단계를 간단히 살펴보고자 한다.

18세기까지 책 판매상은 상업거래소에서 책을 제본하지 않은 채로 파는 것이 보통이었다. 그들은 단지 내용물, 즉 묶음 형태의 책만을 팔았다. 책 판매상은 운반할 때 먼지, 때, 습기로부터 보호하기 위해 책을 통에 넣거나 둥글게 말아 포장했다. 고객은 이 상태로 구입했으며, 책 표지는 제본소에 맡겨서 만들게 했다. 책에 있는 이른바 약표제지(Schmutztitel)[80]라고 하는 것은 요약된 책 제목이 있는 면이다. 이름이 말해주듯이 제본되지 않은 바깥쪽 면이, 특히 주제목이 있는 표제지가 보관 중에 먼지나 때에 묻지 않도록 하는 기능이 있다.

면지(面紙, Vorsatzpapier)는 표지와 안표지(약표제지) 사이에 끼워져 있는 부가적인 면으로 제본을 튼튼히 고정하는 역할을 하지

80) 약표제지(half title page)는 표제지(main title page)(Schmutztitel) 바로 앞에 오는 장으로, 흔히 책 제목만 간략히 인쇄되어 있다. 독일어로 약표제지를 뜻하는 말은 '오물(Schmutz)'과 '표제(title)'를 합친 말이다.

만, 약제표지와 마찬가지로 보호 기능을 가지고 있다. 결국 제본은 무엇보다도 먼지로부터 책을 보호하려는 목적으로 발명되었다고 볼 수 있다. 나아가 사람들은 제본된 책을 세우거나 눕혀도 책입이 벌어지지 않는 제본 기술을 요구하게 된다. 옛날에는 귀중한 책들의 경우 제본한 표지에 연결쇠가 부착되어 있어, 책을 닫았을 때 속지가 단단히 눌려져 먼지가 들어가지 않도록 하기도 했다.

표지의 경우 예전에는 견고한 나무와 가죽으로 된 것을 사용했는데, 오늘날은 안정된 제본을 위해서 단단한 마분지를 사용한다. 이 마분지에 아마포, 합성 직물 또는 가죽을 씌워서 표지로 사용한다. 표지에서 가장 취약한 부분은 책등이다. 상대적으로 책등은 책 묶음과 더 단단히 밀착되어 있어야 한다. 그렇지 않으면 위에서 먼지가 들어갈 수 있기 때문이다. 반면에 때때로 표지 위에 색깔이 들어간 띠지를 씌우기도 하는데, 이는 책의 보호가 아니라 장식을 위한 것이다.

아무리 제본된 책이라도 먼지로부터 보호할 필요가 있었다. 옛 세기에는 개인들이 여행을 갈 때면 책을 작은 자루나 주머니에 넣어 다니며 보호했다. '주머니 책(Beutelbuch)'이라는 독자적인 책 종류가 있기도 했다. 견고한 표지는 비용이 많이 들고 적어도 책이 판매되기 직전까지는 깨끗한 상태여야 하기 때문에 오늘날은 제본된 책에 추가로 보호용 덧싸개로 책을 포장하기도 한다. 그것은 습기를 막는 보호 층 역할을 하며 중요한 광고 수단으로 이용되기도 한다. 오늘날 출판사들은 고가의 책 같은 경우 특별히 단단한 마분지로 만든 책집에 넣어서 책을 보호하기도 한다. 특히 비싼 예술서적, 백과사전, 도해집, 대형서적에서 그러한 책집을 볼 수 있다.

오늘날 유럽에 있는 비교적 규모가 큰 도서관의 서고에서는 더

먼지제거기 데풀베라(DEPULVERA)

이상 먼지 쌓인 책을 보기가 쉽지 않다. 고도의 산업국가에 있는 도서관 서고는 통풍은 물론 온도와 습도를 자동으로 조절하는 항온항습장치까지 갖춘 곳도 있다. 또 이러한 서고에서 하루 종일 근무하는 직원들의 건강을 위해서 먼지나 곰팡이 같은 미생물에 의한 오염 또는 석면 같은 유해 물질을 차단하도록 규정하는 곳도 있다. 독일의 경우 작업장 운영 규정 및 DIN규격[81]에 이와 관련한 규정이 명

81) DIN(Deutsche Industric Normen): 독일규격협회(Deutsche Normenausschuss, DNA)에서 제정한 독일의 표준 공업규격

시되어 있다.

오늘날 서고에서 먼지 쌓인 책을 꺼낼 때 도서관 직원은 먼저 쌓인 먼지를 진공청소기로 빨아들이고 마른 걸레로 표지와 겉면을 닦아낸다.

최근에 데풀베라(DEPULVERA)라는 먼지제거기가 등장했다. 2003년 이탈리아에서 특별히 개발된 도서관 전용 자동 먼지제거기이다. 중·소형 서적이 들어갈 수 있는 크기로, 컨베이어벨트를 통해 기계 속으로 책이 들어가면 모든 방향에서 먼지를 털어낸다. 동시에 고성능 진공청소기가 먼지를 흡입한다. 데풀베라는 서가 옆에 바로 두고 누구나 쉽게 사용할 수 있도록 설계되었다. 특허까지 받은 기술이 적용된 이 시스템은 매분 12권의 책을 처리한다.

부서지는 책들, 산성 종이 문제

1980년대 이후로 사서들은 전혀 새로운 문제와 힘겹게 싸우고 있다. 이에 관해 간단히 살펴보자. 1840년 무렵 천이나 헝겊 조각으로 종이를 생산하던 전통적인 종이 제조 방식이 종지부를 찍었다. 인쇄업이 본격적인 산업화 과정을 거치게 되면서 신속히 재생산되면서도 엄청난 양을 충당할 수 있는 원료가 필요했다. 이를 위해 목재 펄프가 사용되기 시작했다. 나무줄기의 섬유소를 갈아서 만드는 펄프 용액은 가문비나무, 전나무, 소나무 등에서 얻었는데, 이를 위해 대규모 숲을 일구게 되었다. 이때 펄프를 엉겨 붙게 해 종이를 만들 때 산성 성분의 수지를 접착물질로 이용했다.

그러나 유감스럽게도 산성 물질은 시간이 지나면서 종이의 화학적 구조를 변화시켜 종이를 망가뜨리기 시작했다. 산성 종이는 변색되어 약해지고 마지막에는 부스러기로 변한다. 1850년부터 1950

년 사이에 제작된 종이의 약 97%가 산성 물질로 제작되었다고 한다. 이미 1957년 미국의 윌리엄 J. 버로우(William J. Barrow, 1904-1967)[82]가 처음으로 산성 종이의 실태를 분석해 우리들의 경각심을 일깨우는 대규모 조사 결과를 발표한 바 있다. "도서관 소장도서 중에서 19세기 초반에 제작된 대부분의 책들은 아마도 다음 세기에는 더 이상 사용할 수 없을 것으로 보인다."

1979년부터 1984년 사이 펼쳐진 미국 워싱턴 의회도서관과 스탠포드 및 예일대학 도서관의 연구에 따르면 당시 각 도서관의 전체 소장도서 중 거의 1/4이 종이가 약해져서 곧 이용할 수 없게 될 것이라는 결과를 보여준다. 예일대학 도서관에서는 책의 한 면 모서리를 접는 검사를 했는데, 37%의 책에서 종이가 부스러졌다. 의회도서관에서는 25%였다. 미국에서는 신속히 연구단이 설립되었고 자금이 청구되었으며 회의가 열렸다. 1983년 미국에서 설립된 '보존과 접근 위원회(Commission on Preservation and Access)'는 1986년 서서히 진행되는 책들의 파괴에 관한 영화 〈느린 불(Slow Fires)〉을 상연해 많은 곳에서 문제의식을 일깨웠다. 점차 많은 학자들도 소장도서 보존에 관한 일들에 참여했다. 예술사가 래리 실버(Larry Silver)는 다음과 같이 말한다. "1890년에 나온 한 중요한 저널을 손에 쥐고, 조심스레 연구하는데도 낱장이 문자 그대로 작은 먼지입자로 부스러지는 것을 보고 있자면 공포가 엄습한다. 그때 깨닫게 되는 것은 그 사람이 영원히 그 자료를 열람하는 마지막 사람으로 남게 될 것이라는 것이다."

---

82) 미국의 화학자로 종이 보존 분야의 권위자다. 알칼리화해서 종이의 산화를 막는 기술을 개발해 도서관과 각종 아카이브에 보존된 중요 문헌의 보존에 기여했다.

The New York Times.

Part Six—Special Sec tion on the Titanic Disast r.

Sunday, April 28, 1912

THE TRAGEDY OF THE T ITANIC--A COMP LETE STORY

A Gra phic, Continuous Tale of th e First an d Only Voyage of the Bigg est Sh ip in the World That End ed So Disastrously Off the Grea t Newfoundland Banks.

1912년 발행된 뉴욕타임스. 종이가 산화되어 갈색으로 변하고 부스러졌다.

분단 시절의 서독 베를린에 있던 독일도서관연구소에서는 1989년 처음으로, 그리고 지금까지는 유일하게, 산성 종이에 의한 피해 규모 조사 결과를 발표했다. 그 결과는 도서관 소장도서의 38%에 이르는 5,800만 권의 책이 많건 적건 노랗게 변색되거나 이미 부서지기 시작했다는 것이다.

책마다 보존 상태가 다르고 손상 속도가 우려했던 것만큼 빠르지 않더라도, 전 세계의 책 수집가와 도서관 담당자들은 오랫동안 이 문제를 안고 가게 될 것이다. 산성 종이로 만들어진 책이 더 이상 읽을 수 없거나 부스러지는 것을 막기 위해 4가지 방법이 제시되었다. 첫째, 제지산업에서는 오랜 노력 끝에 비교적 고가의 책들, 예를 들어 학술 서적들을 위한 산성 성분이 없는 종이를 생산하고 있다. 이러한 움직임은 책 손상을 근본적으로 해결하려는 것이다. 이에 덧붙

라이프치히에 있는 바텔레(Battelle) 사의 대량 중성화 처리 시설.

여 종이의 ph 범위와 알칼리 성분의 함유 정도와 같은 것을 규정해서 이른바 산성 성분이 없는 '보존용지(permanent paper)'에 관한 국제적인 규격(ISO 7606)을 확정하는 데 이르기도 했다. 이제 책을 제작할 때, 국제적인 기준의 보존용지를 사용한 책은 제목이 들어가는 표제면 뒷면에 들어가는 간기면(刊記面, copyright page)에 '영구적(Unendlich)'이라는 표식을 하게 된다.

두 번째, 독일에서는 각 연방주와 관련 도서관들이 참여해 2001년 연방정부 차원의 '문서로 된 문화 재산 보존을 위한 연맹(Allianz zur Erhaltung von schriftlichem Kulturgut)'을 설립했다. 이 연맹은 대중홍보를 통해 귀중한 기록문화 재산들이 서서히 파괴되어 가는 문제점을 일깨우고, 이에 필요한 조치를 회의를 통해 결정하는 역할을 한다. 산화에 의한 파손 위험에 노출되어 있는 책을 보존하는 일은 막대한 비용이 들기 때문에 도서관들은 모든 책을 다 보존 처리할 수 없다. 그러나 후세를 위해서 모든 책을 적어도 한 권씩은 보존하도록 하고 있다.

세 번째, 대량처리방식으로 책을 중성화시킬 수 있는 새로운 기술이 발전되었다. 프랑크푸르트와 라이프치히에 있는 1913년 이후 출간된 저술만을 취급하는 국립도서관인 독일도서관(Die Deutsche Bibliothek, DBB)[83]은 1987년 연방연구기술부의 후원으로 바텔레(Battelle) 사와 공동으로 산성 종이를 중성화하는 시설을 개발하기 시작했다. 즉 이 시설에서는 물, 탄산칼슘, 탄산마그네슘 등을 넣어서 종이를 화학적으로 안정된 상태로 만든다고 한다. 독일도서관의 책들은 라이프니츠에 있는 책 보존 센터(Zentrum für Bucherhaltung, ZFB)로 보내져 중성화 처리를 하고 있으며, 오늘날까지 수십만 권을 처리했다. 물론 이 시설에서 파손 위험에 처한 일부 책만 처리할 수 있으며, 아직까지 대형서적과 예술작품, 귀중본 같은 경우는 처리할 수 없다.

최근에는 또 다른 기술이 등장했다. 현재 나온 가장 최신 기술인 액상 중성화 처리방식을 사용한 'CSC 북세이버(CSC BookSaver)'이다. 이 과정은 물을 뿌리지 않아도 되며 저온에서 작동해 책 손상이 덜하다. 소장도서 보존 사업을 위해 최근에 설립된 라이프니츠 보존 아카데미(Preservation Academy Leipzig)라는 회사가 이 방식을 2003년에 처음 독일에 도입했다.

네 번째, 유감스럽지만 우리는 다음과 같은 사실을 깨달아야 한다. 즉 많은 '부서지기 쉬운 책들'이 미국의 경우와 같이 이미 되돌릴 수 없는 상태라는 것이다. 그들은 이미 바스러지고 있다. 접기 검사

83) 2006년부터 독일국립도서관(Die Deutsche Nationalbibliothek, DNB)으로 이름이 바뀌었다. 법률에 따라 1913년 이후 출간된 독일어 문헌 및 독일 관련 외국 문헌을 수집하고 있다. 라이프치히, 프랑크푸르트, 베를린(음악자료관) 등 세 곳으로 분산되어 있다.

를 하면 낱장이 부러진다. 이미 1989년 서독에서는 1,800만 권의 책이 이와 같은 상태에 놓여 있었다. 이런 경우 일반적으로 책을 다른 매체로 전환하는 것이 도움이 된다. 낱장마다 개별적인 보존 처리를 하는 방식은 비용이 너무 많이 들어서 모든 책에 적용할 수 없고, 보통 희귀 문헌에만 적용한다. 그래서 사람들은 부서지는 책을 마이크로필름으로 촬영했다. 이러한 도서 촬영을 위한 DIN 표준 절차도 마련되어 있는데, 그 역시 오랜 기간 보존하는 것이 가장 큰 목표다. 1993년 이래로는 복합적인 처리방식이 점차 이용되고 있다. 스캐너를 이용해 책을 스캔해서 필름 및 디지털 문서로 만들고, 디지털화된 자료는 인터넷에서 이용할 수 있게 한다. 하지만 디지털화된 책과 잡지의 장기간 이용에 관한 규정이 마련되어 있지 않다. 도서관에 소장된 아직 상태가 좋은 원본 문헌 중에 디지털화가 안 된 것들은 일반 열람이 가능하도록 하고 있다.

산화로 훼손되는 책들에 관한 피해 분석이 이뤄지고 이를 방지하기 위한 기술이 발전하고 있는 것은 맞다. 하지만 그렇다고 이 문제를 더 이상 중요하게 생각할 필요가 없다고 여겨서는 안 된다. 문제는 여전히 남아 있다. 파손되어가는 책들의 보존에 걸림돌이 되는 다른 어려움이 있기 때문이다. 무엇보다 보존에 필요한 비용을 조달하는 문제가 가장 크다. 대부분의 도서관과 책 소유자들이 필요한 재원을 마련하지 못하고 있다. 그래서 독일에서도 앞으로 매년 수십 만 권의 고서들이 사장되고, 결국에는 먼지가 될 것이다.

우리는 아마도 서두에서 인용한 존 스타인벡의 말을 보충해야 할 것이다. 문화의 쇠락은 서가의 먼지에서 뿐만 아니라, 산업화 시절에 제작된 오래된 책을 펼 때 바닥으로 떨어지는 먼지에서도 알아차릴 수 있다.

참고문헌

Alexandria: Vgl. die deutschsprachige Homepage der Bibliothek unter http://www.bibliothek-alexandria.de (Aufruf am 12.1.2004).

Arnoult, Jean-Marie: [Bericht ueber die Bibliotheken im Irak] in: Website de International Federation of Library Association(IFLA) IN DEN Haag http://www.ifla.org./VI/4/admin/iraq1509.htm(mit Farbbildern;Aufruf am 10.1.2004).

Barrow, Wilhelm J.: Deterioration of Book Stock. Causes and Remedies. Two Studies on the Permanence of Paper. Conducted by Wilhelm J. Barrow. Ed. by Randolph Church. Richmond, VA: Virginia State Library 1959, S. 16.

Biblia 1545: Der Prediger Salomo III, v.19/20. In: D. Martin Luther: Biblia. Das ist die gantze Heilige Schrift. Deudsch auffs new zugericht. Witten-berg 1545.-Neudruck Muenchen 1974, Hrsg. von Hans Volz und Heinz Blanke, Bd. 2, S. 1141.

Bloch, Werner: Das eingeaescherte Gedaechtnis. Kaum Hilfe fuer die zer-stoerten Bibliotheken im Irak. In: NZZ Online vom 14. 11. 2003 http://www.nzz.ch/2003/11/14/fe/page-article97.NKJ.html

Casson. Lionel: Bibliotheken in der Antike. Duesseldorf 2002.

Corsten/Pflug/Schmidt-Kunsemueller 1989 ff.: Lexikon des Gesamten Bu-chwesen-Zweite, voellig neu bearbeitete Aufl. (LGV2), Hrsg. Severin Corsten, Guenther Pflug und Friedrich Adolf Schmidt-Kunsemueller, Stuttgart 1989 ff. (bisher 6 Baende).

Debes, Dietmar: Artikel "Erfurt". In: Lexikon des gesamten Buchwesens (s.o.unter Corsten), Bd. 2, S. 482.

Deppert, Fritz: (Vortragstext ohne Titel). In: Darmstaedter Autoren ueber Buecher und Bibliotheken. 11 Essays anlaesslich der ersten hessischen Bibliothekswoche im April 1984. Darmstadt: Magistrat 1985, S. 12.

Depulvera: Es handelt sich um ein patentiertes Verfahren, das die Firma TiGiEmme srl in Bologna weltweit vertreibt. Naehres dazu unter http://www.depulvera.com (Aufruf am 25. 4. 2004).

Deutsches Woerterbuch: Artikel "Gelehrsamkeit". In: Deutsches Woerterbuch/von Jacob Grimm und Wilhelm Grimm. Vierten Bandes Erste Abtheilung Zweiter Theil: Gefoppe–Getreibs. Leipzig: Hirzel 1897.

Dressler, Fridolin: Die Bayrische Staatsbibliothek im dritten Reich. In: Beitraege zur Geschichte der Bayrischen Staatsbibliothek. Hrsg. von Rupert Hacker. Muenchen: Saur 2000, S. 285–308.

Ebert, Friedrich Adolph: Ueber oeffentliche Bibliotheken,, besonders deutsche Universitaetsbibliotheken und Vorschlaege zu einer zweckmaessigen Einrichtung derselben. Freyberg 1811.–Hier zitiert nach: Gottfried Rost: Der Bibliothekar. Koeln/Wien: Boehlau 1990, S. 126 (Historische Berufsbilder).

Fabian Bernhard: Der Gelehrte als Leser. In: Buch und Leser. Vortraege des ersten Jahrestreffens des Wollfenbuetteler Arbeitskreises fuer Geschichte des Buchwesens, 13./14. Mai 1976. Hrsg. Herbert G. Goepfert. Hamburg: Hauswedell 1977, S. 48–88 (Schriften des Wollfenbuetteler Arbeitskreises fuer Geschichte des Buchwesens, Bd.1).

Graber, Klaus: Verlust des kollektiven Gedaechtnisses. Der Untergang der akten Hamburger Stadtbibliothek im Sommer 1943. In: Auskunft. Mitteilungsblatt Hamburger Bibliotheken, Jg. 14/1994, S. 77–91.

Glassbach, Christian: Das Bildnis eines durch und durch Gelehrten. Kupfertstich. Staatliche Museen zu Berlin–Preussischer Kulturbesitz, Kupferstichkabinett, AM 945–109. Abgebildet auch auf dem Vorsatz des Bandes "Charlataneria eruditorium" (vgl. oben Gellert 1748).

Goethe 1950: Johann Wolfgang Goethe: Faust. Eine Tragoedie, Erster Teil, V. 397–405, V. 414–416, V. 652–659. In: Saemtliche Werke in 18 Baenden. Hrsg. von Ernst Beutler u.a.: Bd.5: Die Faustdichtungen, Zuerich: Artemis 1950, S. 156/157 und 163/164.

Halm, Hans: Die Schicksale der Bayerischen Staatsbibliothek waehrend des zweiten Weltkriegs. Nach amtlichen Berichten, persoenlichen Aussagen und eignen Erlebnissen dargestellt von Dr. Hans Halm. Muenchen: Universitaets–Buchdruckerei Wolf & Sohn 1949. Foto von Maximilian El–

trich, abgebildet im unpaginierten Anhang auf S. 9. Neudruck des Berichts ohne Fotos in: Beitraege zur Geschichte der Bayerischen Staatsbibliothek, a.a.O. (wie Dressler 2000), S. 309-316.

Hiller, Helmut und Stephan Fuessel: Woerterbuch des Buches. Fuenfte, vollstaendig ueberarbeitete Auflage. Frankfurt/Main 2003.

Hoefner, Wolfram(Hrsg.): Antike Bibliotheken. Mainz 2002. ISO 7606: Information and documentation-Paper for Document-Requirements for Permanence(1994).

Paul, Jean: Jean Pauls saemtliche Werke. Historisch-kritische Ausgabe. Hrsg. von Eduard Berend. Erste Abteilung: Zu Lebzeiten erschienenen Werke, Bd. 8: Titan Weimar 1933, S. 265.

Paul, Jean: Von der Dummheit. In: Jean Paul: saemtliche Werke. Hrsg. Norbert Miller. Bd. II, 1. Muenchen 1974, S. 268.

Kirchner, Joachim(Hrsg.) Lexikon des Buchwesens, Stuttgart 1952-1956.

Kosenina, Alexander: Der gelehrte Narr. Gelehrtensatire seit der Aufklaerung Goettingen 2003.

Lessing, Gotthold Ephraim: Brief vom 6. Juni 1771 an Johann Wilhelm Ludwig Gleim. In: Gotthold Ephraim Lessing: Werke und Briefe in 12 Baenden. Hrsg. Wilfried Barner u.a.-Bd.11/12: Briefe. Frankfurt/M: Deutscher Klassiker Verlag 1994, S. 210(Brief Nr. 694).

Lexikon des Gesamten Buchwesens. Hrsg. Karl Loeffler und Joachim Kirchner. Leipzig 1935-1937.

Leyh, Georg: Die deutschen wissenschaftlichen Bibliotheken nach dem Krieg Tuebingen: J. C. B. Mohr (Paul Siebeck) 1947.

Leyh, Georg: Die deutschen wissenschaftlichen Bibliotheken von der Aufklaerung bis zur Gegenwart. In: Handbuch der Bibliothekswissenschaft. Begruendet von Fritz Milkau. 2., vermehrt und verbesserte Auflage. Hrsg. von Georg Leyd. Bd. 3. Wiesbaden 1957, S. 477. Die Verlustzahlen einzelner Haeuser sind S. 475/476 zusammengestellt.

Lipp, Walter und Harald Giess: Die staatliche Bibliothek (Provinzialbibliothek) Amberg und ihr Erbe aus den oberpfaelzischen Klosterbibliotheken. Amberg: Staatliche Bibliothek (Provinzialbibliothek) Amberg 1991.

Neuheussler, Hanns Peter: Checkliste Staub, Schmutz, Schimmel, in Archiv-en, Bibliotheken und Museen. In: Bibliotheksdienst, Jg. 36/2002, H. 10, S. 1228-1242.

Reclams Sachlexikon des Buches. Hrsg. von Ursula Rautenberg. Zweite, ver-besserte Auflage. Ditzingen 2003.

Schaab, Rupert 외: Der Kosmos des Wissens. Die Handschriften des Amplo-nius Rating de Berka. In: Bibliothek der Leidenschaften. Die historischen Sammlungen der Universitaet-und Forschungsbibliothek Erfurt/Gotha. Universietaet Erfurt 2003.

Schivelbusch Wolfgang: Die Bibliothek von Loewen. Eine Episode aus der Zeit der Weltkriege. Muenchen, Wien 1988.

Schmidt, Gerd: Bibliotheca Universitatis. Ein Streifzug durch die Vergangen-heit. In: Freiburger Universitaetsblaetter. Heft 64/Juli 1979 (Sonderheft ueber die Universitaetsbibliothek Freiburg).

Seebach, Heinrich Ernst: Thueringia literata, Manuskript F 116 im Thuerin-gischen Hauptstaatsarchiv Weimar, datiert 1753, jedoch um 1737 ent-standen.

Silver, Larry: The Problem that will not go away. In: Commission on Preser-vation and Access (des Douncil on Library Resources der USA), Newslet-ter No.22/April 1990.

Spitzweg, Carl: Der Buecherwurm. Gemaelde. Museum Georg Schaefer, Sch-weinfurt.

Staat-und Universitaetsbibliothek(SUB) Hamburg: "Operation Gomorrha" auf der homepage in der Rubrik "Wir ueber uns", http://www.sub.uni-hamburg.de (Aufruf am 27. 4. 2004).

Tetzel, Wilhelm Ernst: Curieuse Bibliothec Oder Fortsetzung Der Monathli-chen Unterredungen, 1. Repositorium, 5. Fach(1704), S. 457. Daten und Fakten aus der Geschichte des Erfurter Bibliothekswesens bei Felicitas.

Marwinski: Thueringens Metropole und ihre Bibliotheken. In: Miszellen zur Erfurter Buch-und Bibliotheksgeschichte. Hrsg. von Kathrin Paasch.

Bucha bei Jena: Quartus 2002, S. 99–124.

von Uffenbach, Zacharias Konrad: Merkwuerdige Reisen durch Nieder-sachsen, Holland und England, Theil 1, Frankfurt/M.(u.a.) 1753, S. CVII.

"Umzug der Bibliotheca Amploniana–Wertvolle Sammlung des 2. Rektors an die Universitaet zurueck" Pressemeldung der Universitaet Erfurt vom 30. 9. 2002.

Usemann–Keller, Ulla: Bestandsschaeden in deuschen Bibliotheken. Untersu-chung von 0.01% der Bestaende ausgewaelter Bibliotheken der Bundesre-publick Deutschland durch das Deutsche Bibliothekinstitut. In: Zeitschrift fuer Bibliothekswesen und Bibliographie, Jg. 36/1989, S. 109–123.

Weigel, Christoph: Der Buechernarr. Kupferstich, 1710. Original im Museum fuer Kunsthandwerk, Frankfurt/Main.

William J. Barrow Institute: Permanence/Duration of the Book. Vol. 5: Strength and other Characteristics of Book Papers, 1800–1899. Rich-mond, VA: W. J. Barrow Research Laboratory 1967.

Zeeb, Hartmut: Die Preservation Academy Leibzig. Bestandserhaltung und Massenentsaeuerung. In: B. I. T. Zeitschrift fuer Bibliothek Information und Technologie. Jg. 7/2004, H. 1, S. 66–69.

먼지 덮인 예술, 복원작업

슈테파니 예켈

역사상 가장 유명한 먼지는 폼페이에 있다. 서기 79년 8월 24일 화산재가 섞인 비가 로마의 온천 휴양지를 매장시켜 고대의 일상을 근세까지 보존했다. 역사가들에게는 반가운 일이었으나, 예술사가들에게는 전혀 소중한 것이 아니었다. 왜냐하면 예술은 바로 예술이며, 단지 역사만이 아니기 때문이다. 여기서 먼지는 이중적인 모습을 띤다. 원형을 파괴하는 오염물질이자 오래된 작품을 더욱 고귀하게 보이게 하는 녹청(Patina)[84]이다.

작품에 낀 먼지를 닦아내고 인위적으로 새롭게 보이도록 만드는 것은 예술품 복원가에게 있어 헌신적인 작업이다. 먼지를 방치하면 작품은 서서히 망가진다. 그리고 나중에는 피할 수 없는 깨달음이 남는다. 우리는 노화를 늦출 수는 있으나 멈추게 할 수는 없다는 것이다.

복원가라는 직업은 오늘날까지도 보호받고 있지 못하다. 종전 후에야 복원가를 위한 학술적인 교육이 만들어졌다. 그 외에는 개

84) 파티나(Patina)는 오래된 그릇에 끼는 푸른 녹(綠靑)을 뜻한다. 여기서는 오래된 예술품이 자연스레 낡으면서 생기는 때나 이물질을 뜻하며, 예술품의 가치를 높이는 긍정적인 의미로 사용한다.

인적으로 교양을 쌓거나 미술관에서 실습하는 것이 보통이었다. 이러나 저러나 수련 기간은 길었다. 왜냐하면 이상적인 복원가란 다방면의 재주꾼이었기 때문이다. 즉 복원가는 예술가이자 장인, 과학자이자 예술사가여야 하며 무엇보다도 인내심을 가진 자라야 했다.

[다음의 고딕체로 된 부분들은 한 복원가의 이야기를 허구로 꾸며 본 것이다.][85)]

고등학교를 마친 후 나는 손으로 하는 일을 하고 싶었다. 우리 집에는 많은 그림이 걸려 있었다. 내 아버지는 예술사가였다. 나는 미술관에서 실습을 했고 나중에 화학과 예술사를 전공했다. 그 당시 대학에는 아직 예술품 복원에 관한 정규 과정이 없었다. 교육은 9년이 걸렸다. 교육비가 싼 것은 아니었다. 오늘날도 이 직업은 좀 지체 높은 가정의 딸들을 위한 것이리라.

실습 과정에서 어떤 사람이 이 직업에 적합한지가 금방 가려졌다. 누구나 집에서 할 수 있는 훌륭한 테스트가 있다. 백열선등 하나를 땅에 던지고 다시 조립하는 일이다. 그것을 단 하루 만에 조립한다면 복원가로서 운명을 타고난 것이다. 그러나 완성할 때까지 매일 오후에 2시간씩 조립하겠다고 말하는 사람도 아마 시원찮은 복원가는 아닐 것이다. 내가 처음으로 작업한 원본품은 한 액자 틀이었고, 내가 처음 작업한 회화작품은 16세기 이탈리아 유화였다. 그림은 검은 그을음과 먼지 층 뒤로 완전히 사라졌다. 나는 우선 오염물질을 닦아내고 광칠(firnis)[86)]을 벗겨냈다. 오래된 그림의 경우 이 작업은 별로 까다롭지 않다. 우리는 화가가 사용한 재료와 지난 세기의 먼지를 털어내는 방법을 정확히 알고 있다.

나는 교육과정 중에 한 예술작품을 세정(reinigen)하는 데에 주저함이 없었다. 한번은 밤에 불안이 엄습했다. 작업을 하고 세정용 젤을 다시 떼어내지 않은

85) 이 장에 등장하는 가상의 복원가의 배경인물은 베른하르트 아이퍼(Bernhard Eipper), 볼프람 가블러(Wolfram Gabler), 오토 후바첵(Otto Hubacek), 비브케 뮐러(Wiebke Müller), 안드레아스 피일(Andreas Piel)이다

86) 흔히 바니시(varnish) 또는 니스라고 불리는 수지로 만든 투명한 도료. 유화 작업 마지막 단계에서 그림 보호를 위해 바른다.

것은 아닌지 하는 생각 때문이다. 그러나 그런 경험은 모든 실습생들이 겪는 일이었다. 두려움은 얼마 뒤에 찾아왔다. 나는 표면이 파랗고 흐린 색깔로 뒤덮인 그림을 앞에 두고 앉아 있었다. 그 위에는 작고 밝은 얼룩이 있었다. 먼지는 표면에 있는 구멍에 붙어 있었다. 지금 먼지를 공기압축으로 떼어내면 몇 초 안 되어 얼룩이 두 배로 더 커질 것이라는 것을 나는 깨달았다. 압축공기는 먼지와 더불어 색깔 입자도 날려 버릴 것이기 때문이다. 손가락이 떨리지는 않았으나 나는 이미 초조해졌다.

원본이란 무엇인가?

이미 고대부터 예술작품을 보존하고 관리하는 일은 있었지만, 복원가란 직업이 생긴 것은 19세기부터다. 옛날에는 예술가들이 교회 소유의 귀중품과 귀족들의 소장품들을 관리했다. 예술가들은 예술품을 잘 관리했다. 하지만 문제가 생길 때가 있었다. 왜냐하면 필요한 경험과 역사적 관심이 부족했기 때문이다. 그림 위에 구멍이 하나 있으면 담당 궁정예술가는 구멍을 때우고 그 위에 색칠했다. 그런 다음에 아마도 그는 붓질을 멈추지 않았을 것이다. 여기에 구름 몇 점, 앙상한 나무에 잎사귀 몇 개를 그렸다. 그러면 그림은 다시 생생하게 보였다. 원래의 빈자리가 아마도 유로화 동전 크기였다면, 덧칠한 자리는 마지막에는 A4 용지 한 장쯤 크기가 될 것이다.

고전주의(Klassizismus) 시대에 와서야 사람들은 과거의 예술작품이 어떻게 보여야 하는지에 대해 관심을 갖게 되었다. 자신들의 창조적인 능력을 보류하고 모든 예술품을 전문적으로 수선하는 예술가가 처음으로 생겼다. 그러나 직업적인 복원가는 낭만주의(Romantik) 초기에 최초의 미술관과 함께 등장했다.

선구자 중 한 사람이 크리스티안 필립 퀘스터(Christian Philipp

Koester, 1781-1851)였다. 그는 비더마이어(Biedermeier)[87] 양식의 화가로, 독학으로 광범위한 지식을 쌓았고, 하이델베르크에서 주로 풍경화와 초상화를 그렸다. 쾰른 출신의 유명한 수집가인 줄피츠와 멜쉬어 브아스레(Sulpiz und Melchior Boisserée) 형제가 1810년 하이델베르크로 이사 왔을 때 그들은 퀘스터에게 소장 그림을 관리하는 일을 맡겼다. 그 그림들은 세속적인 교회 소장품들 중에서 아주 싸게 사들인 것으로, 주로 독일과 네덜란드 거장들의 오래된 작품이었다. 퀘스터는 성실하게 작업했고, 그 덕분에 1824년에는 새로 건립되는 왕실 화랑의 소장품을 보수하기 위해 베를린에 초청되기도 했다. 퀘스터는 자신의 경험을 바탕으로 1827년부터 1830년 사이에 〈오래된 유화의 복원에 관해(Über die Restauration alter Ölgemälde)〉라는 제목으로 3권의 책을 출간했다. 복원이라는 주제는 분명 흐름을 만들어가고 있었다. 거의 비슷한 시기에-1824년부터 1834년까지-삐에르 루이 부비에(Pierre Louis Bouvier)와 프리드리히 루카누스(Friedrich Lucanus)는 자신들이 작업한 내용을 바탕으로 복원 실무에 관한 책을 출간했다. 이것은 독일어권에서 발간된 최초의 복원 전문 출판물이었다. 마침내 새로운 직업이 자리 잡아가고 있었다.

초기 복원가들은 종종 열정이 너무 앞섰다. 그들은 중세의 그림이 대성당의 창문처럼 빛이 나야한다고 믿었기 때문에 색깔이 나올 때까지, 마지막 잔재까지 닦아냈다. 이에 대해 브아스레 형제는 그들의 일기에서 다음과 같이 적고 있다.

87) 1815년부터 1848년 사이 독일 · 오스트리아 · 스칸디나비아 등지에서 유행한 미술 사조. 단순 · 실용 · 서민적적인 것이 특징이다.

"수백 년에 걸친 때 껍질을 뚫고 드러난 예술품의 가치 또는 그림의 진가를 인식하는 것은 큰 매력이다. 그리고 복원가의 닦아내는 손끝에서 어떤 이의 머리나 아름다운 파랑, 빨강, 초록빛 의상의 한 부분이 드러나는 것을 볼 때면, 혹은 딸기꽃 또는 제비꽃이나 다른 봄꽃이 있는 풀밭이 어스름한 양초 연기 사이로 선명하게 드러나는 것을 볼 때면 우리는 얼마나 기뻐했던가."

그러나 종종 브아스레 형제는 퀘스터의 작업에 너무 조바심을 내곤 했다. 그럴 때에는 물과 비누로 직접 많은 판화(tafelbild)를 닦아냈다. 그들은 후회막급해하며 다음과 같이 회고한다. "일시적으로 즐거움을 얻기 위해 우리 스스로 얼마나 자주 젖은 지우개를 움켜쥐었던가. 왜냐하면 복원작업을 맡은 화가가 규정에 맞게 작업을 시작할 때까지 우리는 기다릴 수 없었다."

복원가라는 직업이 아직 초보 단계에 있었다 하더라도 퀘스터와 동시대인들에게 복원의 근본적인 문제는 모든 점에서 명백했다. 즉 모든 복원작업은 하나의 해석이어서—비록 회고적이라 할지라도—이 경우에 그때그때의 시대적인 취향이 드러나거나, 때로는 소장자가 예술품을 갉아먹는 시간의 이빨보다도 더 큰 예술의 적이 된다. 프리드리히 벨히는 미래의 동료들에게 다음과 같이 경종을 울리고 있다.

"어떤 소장자들은 그들이 소유한 그림을 가끔씩 세정하기를 원할 때가 있다. 그러나 이로 인해 그림이 종종 불필요하게 위험에 노출되기 때문에 사람들은 너무 걱정하는 이들의 욕구를 가능한 잠재우려고 노력한다. 왜냐하면 사람들은 다급함이 없이는 아무 것도 시도하지 않기 때문이다. 이 점에 대해서 청소를 즐기는 주부들과는 의견충돌이 있을 수도 있지만 말이다."

낭만주의는 원형의 예술작품을 발견했다. 원래의 상태에 대한 신뢰할 만한 기록이 바로 과거로부터의 증명서가 되어 준 것이다. 사람들은 이에 맞게 새롭게 복원했다. 왜냐하면 예술가가 작품을 완성한 순간의 '원본(original)'을 이해했기 때문이다. 한 조각의 고딕식 벽화를 발견하면 바로크식 덧칠을 제거하는 것은 당연했다. 그 덧칠은 독자적인 예술적 표현이 아니라 방해 요소로 생각했기 때문이다. 20세기에 이르러 시야가 확대되었다. 이제는 더 이상 예술작품의 탄생이 아니라 그 작품의 생애 전체가 원래의 모습인 것으로 여기게 되었다. 그때부터는 변화 자체도 보존가치가 있었다. 이로써 오늘날의 복원작업을 움직이는 두 개의 축이 거론되었다. 즉 그것은 한 작품의 탄생과 그 작품이 노화해가는 전체 과정이다.

원형을 간직한 오래된 명작은 더 이상 존재하지 않는다. 나는 오늘날까지 내 작업실에 2,000점의 그림을 가지고 있었으며 그중 취급하지 않은 것은 기껏해야 4점이나 5점이다. 그림 한 점과 살고 있는 사람이 있다면, 그도 역시 그림에 무언가를 하려 할 것이다. 유감스럽게도 그런 그림 중에는 종종 상태가 좋은 그림들이 많다. 왜냐하면 대부분의 그림들이 '과도하게 복원되기' 때문이다. 마치 티치아노(Tizian)[88]의 작업실에서 온 그림처럼.

몇 년 전 한 복원가가 아주 강력한 용해액으로 세정했다. 그림에 있는 아름다운 여인에게서 머리와 가슴이 잘못 닦여, 이를테면 본래의 색상이 닦여 나갔다. 그러고 나서 그는 새로운 얼굴을 그렸다. 그리고 그의 시대에는 티치아노 풍의 풍성한 색깔이 없었기 때문에 그는 그 여인을 다소 '화장시켰다(gepudert).' 차가운 색깔로 덧칠을 한 것이다. 티치아노의 작업실에서 온 한 그림에 이제는 19세기의 부인이 들어 있다. 그리고 나는 이제 어느 것이 원형인지를 결정해야 된다.

이 경우에 나는 티치아노가 작업했던 것을 원본으로 결정했다. 왜냐하면 티치

88) 티치아노 베첼리오(Tiziano Vecellio, 1477/1480-1576). 16세기 르네상스 시대 베네치아 화파(Venetian school)를 이끈 이탈리아 화가

아노가 그린 비슷한 그림이 하나 더 존재하기 때문이다. 즉 참조할 모델이 있는 것이다. 이러한 원본이 없었다면 나는 상상력에 의존했어야 하리라. 그런 경우에 나는 19세기 복원가가 손질했던 상태 그대로 남겨 두고 거기에 내 것을 덧붙이지 않았을 것이다.

나는 내 전임자가 손 본 것을 조심스레 제거하고 지금은 부족한 부분을 완성하고 있다. 그림은 화포(畵布)에 그려져 있다. 즉 실이 마치 산꼭대기와 계곡 같이 위아래로 얽혀 있다. 강력한 세정제가 이른바 산에 해당하는 부분을 허물어버렸다. 나는 지금 한 점 한 점 다시 닦아내고 있다. 19세기만 해도 흔했던 덧칠은 오늘날에는 문제가 되지 않는다. 사실 그런 그림은 운이 좋은 경우다.

어린아이가 자전거로 들이받는 바람에 내 작업실에 들어온 그림도 있다. 새로 손봤다는 이유로 사람들은 그것을 정말 티치아노를 흉내 낸 하찮은 모사본 쯤으로 여기기도 한다. 현재 그것은 진짜 원본이다. 물론 누군가 손본 것이기에 진정한 의미의 티치아노 원본이라고 보지 않을 수도 있다. 그러나 16세기에 만든 오래된 걸작인 것만은 분명하다.

젖은 혹은 마른

청소하는 자는 문제를 안다. 쌓인 지 얼마 안 된 먼지는 가볍게 불거나 닦아내거나 혹은 털어서 제거할 수 있다. 그러나 오래된 먼지는 복슬복슬한 딱지가 생겨서 제거하기가 쉽지 않다. 이제는 바탕에 달려 있다. 바탕이 방수로 되어 있으면 걱정 없이 스펀지를 들면 된다. 그러나 바탕이 물에 민감하면 청소는 보다 긴 여정이 된다. 상황은 예술작품의 경우와 비슷하다. 광칠 보호막이 덮인 유화들은 젖은 상태로 닦아낼 수 있다. 우선 그림 표면은 부드러운 천으로 느슨하게 먼지를 털어내고 뒷면과 틀은 손빗자루를 이용한다. 꽉 붙어 있는 먼지는 축축하고 부드러운 가죽 천으로 닦아낸다.

습식세정(wet cleaning)은 시기별로 아주 상이한 방식이 권장되었다. 오늘날까지 흔한 것은 비누와 세정용 연고로 거품을 내어 면

봉을 이용해 닦아낸다. 논란의 여지가 있는 것은 우유나 날감자이며 반면에 절대적으로 통용되는 것은 자신의 침으로 닦아내는 것이다. 전문 용어로 '인간효소적세정(humanenzymatische reinigung)'으로 알려진 이러한 작업은 담배를 피우는 복원가의 경우 바람직하지 못한 결과로 이어질 수 있다.

수성도료는 물에 용해되기 때문에 건조 상태에서만 세정할 수 있다. 신선하고 되도록 온기를 머금은 회색 빵을 이용하는 것은 아주 오래된 방식이다. 물론 이 빵은 파리를 끌어들이는 단점이 있다. 그리고 그 파리들이 남긴 잔재는 오래된 먼지보다 제거하기가 더 어렵다. 그밖에 여러 형태의 지우개 도구가 사용 가능하다. 고무지우개는 오염물질을 잘 흡착하지만, 그 부스러기는 작품에 해가 되지 않는다. 고무지우개만 있던 것은 오래된 일이다. 복원가의 작업실에는 그 외에 여러 가지 도구가 갖추어져 있다.

전체적으로 복원가는 세정제를 적게 사용한다. 이 때문에 특수한 상품을 시장에 내놓는 것은 산업적으로 별로 이득이 없다. 그래서 사람들은 작업실에서 흔한 세제나 세정제를 이용해 작업한다. 선반 위에 놓인 튜브 속에는 세정용액이 들어 있다. 여기서 또한 즉흥적인 재능이 필요하다. 물론 세정제들이 작품에 어떤 손상을 입히는지는 아무도 정확히 모른다. 최근에야 비로소 산업용 세제나 세척제가 일으키는 변화를 검사할 수 있는 가능성이 열렸지만 아직은 눈에 띌 정도는 아니다. 미술관에는 그림 표면 아래의 색칠 층이 구제할 수 없을 정도로 부풀어 올라 있는 그림들이 이미 많이 걸려 있다. 그것들은 현재로서는 손을 쓸 수 없어 다음 세대의 복원가 손에 맡겨야 한다.

나는 아침마다 10시에 작업을 시작한다. 더 일찍 시작해도 소용이 없다. 눈이 아직 충분히 잠을 자지 못했기 때문이다. 인간의 눈은 다른 신체 기관보다 오래 수면을 취한다. 이 때문에 복원가는 일어난 후에도 아직 충분히 볼 수 없다. 그리고 나는 그림 앞에서 3시간 이상은 작업하지 않는다. 그 정도 시간이 지나면 눈이 다시 피로해지기 때문이다. 하지만 복원가가 화판틀(畵架) 앞에만 앉아 있는 것은 아니다. 나는 자유직업가로서 소견서를 쓰기 위해 혹은 개인소장자의 그림을 전시회에 옮겨 놓기 위해 운전을 많이 한다. 또 그림을 의뢰하러 온 고객에게 그 그림과 그에 얽힌 역사를 설명할 때 나는 종종 심리학자가 된다. 그것은 때로 전쟁담이나 역사적 유산 같이 극적일 때가 있다. 그러면 작업실은 눈물바다가 된다.

미술관에서 일하는 사람은 그림 운송을 준비하는데 대부분의 시간을 보낸다. 그림을 깨끗하게 세정하고 떨어지거나 부러질 수 있는 모든 부분에 안전장치를 마련한다. 그림이 온도나 습도에 아주 민감한 경우에는 별도의 항온항습장치가 필요하다. 이렇게 되면 그것은 일종의 움직이는 전시대가 된다. 예술작품은 운송 중에도 가장 적합한 온도와 습도를 유지하게 된다.

전시대

유리로 된 전시대는 미술관에서 제일 중요한 가구다. 관람객은 전시대 옆을 지날 때 일정한 거리를 두고 둘러본다. 기대거나 건드리는 것이 금지되기 때문이다. 전시대는 전문용어로 '전람회 도우미(Ausstellungshilfen)'라 한다. 일반 미술관학 매뉴얼에 따르면 전시대는 유리들을 아주 가깝게 밀착하는 방법으로 먼지로 인한 손상을 막아준다. 그리고 방문객에 의한 손상에 대해서도 마찬가지다. 빛이 환해지면 전시대는 텅 비어 있다. 그러면 관람객 자신이 전시품으로 바뀌어 전시대에 비친 자신의 눈동자와 마주보게 된다.

많은 진열대가 맞춤형으로 생산된다. 주변 환경에 예민한 전시품은 그에 알맞은 전시 조건이 필요하기 때문이다. 방문객들은 전시대 속에 백설공주처럼 잠자고 있는 예술품을 향해 마치 어린아이처럼 동경하듯 손을 뻗다가 유리관(glassärge)에 가로 막힌다. 그러는 동안 전시품은 인공조명 아래에서 그 스스로 화석이 된 것처럼, 일련번호를 붙이고 아무런 냄새도 풍기지 않고 잠들어 있다. 그것은 볼 수도 있고, 지루함을 내쫓고 있으며, 그 상태를 모르겠고, 비슷한 전시품끼리도 격리되어 있고, 핸드북에 인쇄된 그대로의 모습으로 보인다. 한 문화 전체를 대변하는, 하나의 견본품. 그것은 자신의 기억으로 돌아가서, 거기서 자신의 표제와는 상관 없이, 어떤 익명의 관심도 스며들지 않고, 어떤 전문적이고 이국적인 지성도 담고 있지 않는다.

나는 여기 화판틀 위에 놓인 애드 라인하르트(Ad Reinhardt, 1913-1967)의 그림 하나와 마주하고 있다. 라인하르트는 1960년대에 전통적인 예술의 한계를 과감하게 부수었던 미국의 미니멀리즘(minimalism)[89] 화가다. 그는 당시 검은 사각형만 그렸다. 처음에 사람들은 그가 단지 캔버스에 색칠만 했다고 생각했다. 그러나 얼마 후에 검은 색 가운데에서 여러 색깔들이 빛나는 것을 보게 된다. 실제로 라인하르트는 그림을 다양한 사각형으로 나누었고 그 다음에 검은 색으로 덧칠했다.

유감스럽게도 그의 검은색은 매우 예민했다. 그는 그림에 광칠을 하지 않았다. 즉 표면에 통기 구멍이 있었다. 공중에 떠다니는 먼지 입자들이 자리 잡기가 좋았던 것이다. 라인하르트가 살아있던 시기에 이미 그의 그림은 대부분 손상된 채로 전시장에서 돌아왔다. 당시 그는 그런 비상 상황에 대비해 간직해 두었던 색깔들로 간단히 그림을 다시 그렸다. 오늘날 우리는 어떻게 하면 가능한 한 손상을 최소화할 수 있는지를 알아야만 한다. 이 그림은 64군데에 밝은 얼룩이 져서 내게 왔다. 얼룩은 단색의 표면을 황폐하게 했다. 표면은 움직이려 하지 않았다. 그리고 얼룩은 심한 불안감을 가져왔다. 작업 소요 시간을 6주로 계산했다.

89) 1960년대 등장한 일체의 장식적인 요소를 배제하고 표현을 최소화한 예술 양식

지금은 4주가 지난 무렵인데 작업은 거의 완성 단계다. 정확한 작업 시간을 사전에 알기는 거의 불가능하다.

그래서 나는 개인 고객과 확실한 작업시간을 합의한다. 그리고 30시간 동안 작품을 보고 난 이후에 작업을 계속 진행하는 것이 의미 있는지를 신중하게 판단한다. 라인하르트 작품의 경우 작업이 그렇게 빨리 진행된 것은 64곳의 얼룩 중에 많은 곳이 단순히 먼지가 표면에 느슨하게 얼룩져 붙어 있었기 때문이다. 나는 그 얼룩을 화필로 휘저어 솟아오르게 해서 바람으로 불어내거나 아주 조심스럽게 빨아들였다. 그러나 먼지가 표면에 박혀 있으면 작업이 쉽지 않다. 그럴 경우 색소가 얽혀서 캔버스 표면의 통기 구멍을 촘촘히 메우고 있기 때문이다. 이런 경우 정성스레 제거 작업을 해도 도움이 안 된다. 현미경으로 들여다 볼 때는 먼지 한 점 보이지 않더라도, 맨눈으로 보면 그 자리가 밝게 보일 수 있다. 그러면 아직 수정할 거리가 남은 것이다. 나는 라인하르트가 사용한 원래의 색상을 예비로 가지고 있다. 하지만 나는 그 색상을 사용하지 않기로 결정했다. 1960년대의 그림이 새것으로 보일 필요는 없다. 한 인간도 40년 뒤에는 더 이상 어린애가 아니다.

녹청(綠靑, Patina)

대리석은 깨지고, 화강암은 분해되며, 바위는 부스러진다. 구리는 푸른색이 되고, 프레스코화는 바래지며, 유화는 탁해진다. 요컨대 예술작품은 노화한다. 복원가들은 이를 녹청(綠靑)이라 한다.

먼지와 오물이 묻는 것은 가장 해가 없는 변화일 뿐이다. 먼지와 오물은 대부분 느슨하게 붙어 있어서 닦아낼 수 있다. 예술작품이 오랫동안 방치되어 있었다면 좀더 까다로워진다. 이럴 경우 표면이 풍화되거나 딱지가 앉으며 녹청이 작품과 결합해 떨어지지 않는다.

오늘날에는 예술품에 녹청이 끼는 것을 사전에 예방한다. 대부분의 복원작업은 노화과정을 멈추는 데 목적이 있다. 그러나 한때 녹청을 일부러 지우지 않고 보존하던 시대도 있었다. 녹청은 한 예술작품의 진위를 보장했기 때문이다. 균열이 없는 오래된 걸작은 일단 의심스러웠다. 그러나 19세기의 예술품 구매자들은 이러한 따스한 금빛 색조가 그림 속의 세계를 더 나았던 지난 과거의 석양 속으로 침잠시키는 것에서 기쁨을 느꼈다.

당시 화랑 운영자들이 어떻게 그들의 고객을 진품에 묻은 혹을 위조된 녹청으로 속이는지를 동시대의 어느 풍자는 다음과 같이 묘사하고 있다. "정말 오래된 것으로 보이는 유화를–그것이 진짜 위대한 대가의 작품인지 아니면 연기 나는 벽난로에 그을린 것인지는 모르지만–고객들은 비싼 값에 산다. 예술품을 사는 신사들의 그런 약점을 찾아서 이용한다고 투기꾼들만 나쁘게 생각해야 하는가?"

시간의 신 크로노스(Kronos)를 묘사한 삽화가 있는데, 거기서 크로노스는 담배 파이프로 그림에 연기를 뿜고 있다. "이제 연기는 자신의 역할을 이미 다 하고, 명작 값으로 큰돈이 들어오게 될 것이다." 그림이 연기 때문에 광택을 잃지 않도록 광칠 통이 하나 준비되어 있다. 명작은 연기로 처리된 후에 덧칠이 되고 "그리고 나서 우리는 아마도 예술품 감정가를 물색하길 원할 텐데, 그는 그것이 오래된 네덜란드 작품이 아니라는 것을 알고 있을 것이다!"

사기를 치려고만 그림을 오래되어 보이게 한 것은 아니다. 미술관의 작업실에는 원본 작품에 높은 평가와 신뢰도를 더해주는 갤러리톤(galerieton)[90]을 내기 위해 항상 갈색 광칠 통이 준비되어 있다. 프란츠 렌바흐(Franz Lenbach, 1836–1904)[91]는 자신의 그림에 루벤스나 티치아노의 숨결을 불어넣기 위해 작업실에서 이미 갤러리톤을 칠하기도 했다. 예술사가 처음 등장하면서 예술가의 전 작

90) 유화의 흑갈색 채색(변색)

91) 사실주의 풍의 그림을 그린 19세기 독일 화가

품 목록을 담은 카탈로그도 처음 예술품 시장에 나오기 시작했다. 그 이후로는 더 이상 위작이 오래된 걸작으로 쉽게 둔갑하기 어렵게 되었다. 녹청 또한 자신의 임무를 다했다. 왜냐하면 한번 작품 목록에 등록되면 렘브란트는 더 이상 오래된 것으로 보일 필요가 없다. 오히려 반대로 이제는 깨끗해야 한다. 미술관 카탈로그 속의 이미지보다도 뒤떨어져 보여서는 절대로 안 된다. 물론 예술품 시장에서는 더더욱 그래야 한다. 황폐한 그림의 소유자도 계속 소유자로 남기 때문이다.

흠 없이 깨끗하다는 점에서 예술은 소비와 거의 구별되지 않는다. 1980년대 말 제프 쿤스(Jeff Koons, 1955-)[92]는 〈새로운 것(The New)〉라는 제목의 연속작품을 통해서 이러한 상반된 심리를 표현했다. 그는 공장에서 갓 출고된 후버 진공청소기를 미술관 전시대 위에 세움으로써 전위적인 레디메이드(ready-made)[93] 작품을 선보였다. 예술 비평가들은 현대 상품 세계의 새로운 뒤샹(Duchamp)[94]이라며 쿤스에 열광했으나, 대부분의 관람객은 그런 평가에 공감하지 못했다.

"그가 진공청소기를 그렇게 세운다면, 그것은 내가 보기에 예술이 아니다. 그것은 나도 할 수 있는 일이다. 기계를 한번은 여기에 한번은 저기에 세우지만 그렇다고 내가 예술가인 것은 아니다. ……

---

92) 미술계의 악동으로 불리는 미국 뉴욕 출신의 전위 예술가

93) 예술 작품을 작가가 직접 만들지 않고, 이미 만들어진 제품을 작품화하는 현대 예술 양식. 마르셀 뒤샹이 한 전시회에 〈기성품(ready-made)〉이라는 제목을 달아 도기로 된 일반 변기를 출품하면서 시작되었다. 미(美)는 새롭게 만드는 것이 아니라 이미 있던 것에서 발견하는 것이라는 현대 미술의 새로운 인식을 반영한다.

94) 마르셀 뒤샹(Marcel Duchamp, 1887-1968). 프랑스 태생의 미국 화가로 다다이즘(dadaism)의 대표자

차라리 그가 지금 20대의 후버 진공청소기로 탑을 쌓아서 그것이 그대로 서 있게 만든다면 나는 그것을 예술로 보고 또 그것을 이해할 것이다. …… 내 생각에 그것은 시간 낭비다. (그러나) 어떤 물건은 예술이고 어떤 물건은 예술이 아닌지를 어떻게 결정하는가. 어떻든 사람이 만드는 모든 것은 예술이다. 그것이 살아남는 예술이고 그렇게 살아남을 수 있으면 예술이다."[95]

드물기는 하지만 가끔 그림 위에 먼지를 그대로 둬야 하는 일이 생기기도 한다. 예를 들어 오래된 그림의 한 곳을 복원했는데, 그림 소유자가 전체 세정을 거절하는 경우가 있다. 대부분의 경우 재정적인 이유에서다. 그럴 경우 수년간 쌓인 먼지 낀 그림에 이미 작업한 부분이 밝은 얼룩처럼 남게 된다. 그럴 때 나는 다시 그 부분을 어둡게 해야 한다.

고대의 먼지는 당연히 내가 모방할 수는 없다. 그러나 그림의 먼지와 흡사한 색깔을 띤 먼지는 발견할 수 있다. 먼지를 구하기 위해 나는 여러 나라를 여행하며 각지의 먼지를 가져왔다. 여기 이것은 런던의 길에서 가져온 것으로, 아주 차가운 회색이다. 여기 이것은 내 작업실의 바닥에서 나온 것이다. 그것은 노란색을 띠는데, 작업실의 나무 바닥이 닳아서 생긴 먼지들이 많이 들어 있기 때문이다. 작은 유리병 속에는 진공청소기 여과봉투가 여러 개 들어 있다. 나는 봉투 속의 내용물들 중에서 작은 돌이나 파편 조각을 가는 체로 걸러낸다. 나는 정말이지 나중에라도 값비싼 그림 위에 그것들을 올려놓는 일이 생기질 않기를 바라기 때문이다. 그 다음으로 걸러내는 것은 밀가루나 카카오 가루 같이 미세하고 가벼운 먼지다.

나는 순수한 자연의 먼지, 예를 들어 점판암(粘板岩) 가루도 갖고 있다. 아마도 좁은 의미에서 점판암 가루는 먼지가 아닐 것이다. 그것은 단지 점판암이기 때문이다. 반면에 '제대로 된' 먼지란 입자들이 잡다한 혼합물 즉 바람에 의해서 특정

95) 〈정글 월드(Jungle World)〉 8호에 나온 베를린의 어느 진공청소기 상인과의 인터뷰(원문: Interview mit einem Berliner Staubsaugerverkäufer aus Jungle World 08.)

한 시기 특정한 장소에서 함께 어우러진 칵테일이다. 암석에서 얻은 먼지를 안료로 만드는 과정은 일정하지 않다. 나는 여기에 예를 들어 그란 카나리아(Gran canaria)[96]에서 온 빨간 점토와 그 곁에는 아를(Arles)[97] 근교에서 온 짙은 황토를 갖고 있다. 색을 띤 지표면에서 마모된 것은 예전에 화가들이 색을 만드는 데에 사용했다. 즉 나는 그림에 잘 어울리는 색깔을 지닌 먼지 하나를 골라서 아주 조심스럽게 붓으로 세정 작업을 했던 자리에 다시 점을 찍고 있다. 먼지 입자는 거친 표면에 잘 붙었고 원하던 녹청을 내고 있다. 어려운 것은 가장자리의 색깔을 맞추는 것이다. 붓질을 너무 많이 하면 오히려 너무 어둡게 될 것이다. 그것은 밝은 얼룩과 마찬가지로 좋지 않다.

복원가로서의 예술가?[98]

A: 나에게 있어서 완성된 그림은 모두 똑같습니다. 아틀리에를 나가는 그 순간부터 그림은 복원가의 소관이 되는 거죠.

B: 나에게는 모든 그림이 전혀 똑같지 않아요! 내 그림은 미래에도 내 그림입니다. 나는 다른 누군가가 내 작품에 손대는 것을 허용하지 않을 겁니다.

C: 그런데 당신이 죽고 난 뒤에는 어떻게 할 겁니까? 누구나 한번쯤은 자신의 작품을 놓아버릴 수 있어야 하는 것이 아닐까요.

B: 내가 살아있는 한은 내 예술은 늙지 않을 겁니다.

A: 당신은 확실히 창작의 위기를 맞은 겁니다. 그렇지 않다면 왜 당신은 오래된 미완성 그림 옆을 맴돌며 언제나 붓질을 멈추지 못하는 건가요?

C: 진심으로 말하면, 영원히 새것처럼 보이는 그림이란 나에게는

96) 북대서양의 스페인 령 카나리아 제도에 속한 섬 중에 하나
97) 프랑스 남동부 프로방스알프코트다쥐르 지방 부슈뒤론 주에 있는 도시
98) Goetz (1992)에게서 나타나는 여러 입장들

정말 끔찍한 것입니다. 그것은 살아있지도 숨 쉬지도 않는 겁니다.

B: 예술은 예술이지 삶이 아닙니다.

A: 나는 지속성에 흥미를 느끼지 않아요. 내 예술은 현재성에 있습니다.

B: 현재성에 있다고요! 현재성은 바로 텔레비전입니다. 그리고 그것은 정말이지 먼지를 마력적으로 끌어당기죠. 내 그림은 영원성을 추구합니다.

C: 헛소리! 예술은 다른 모든 것처럼 흐르는 것입니다. 그것은 내 할머니처럼 늙어가는 것입니다. 나는 내 작품을 손보지도 않을 것이고 다른 누가 손보도록 놔두지도 않을 겁니다.

B: 나는 손볼 겁니다.

나는 초조해지면 즉시 작업을 중단한다. 다른 작품으로 옮겨 작업을 계속하거나 아니면 우선 산책을 나간다. 그림 하나를 세정하는 데 몇 주가 걸린다. 몇 시간 동안 똑같은 손동작. 그것은 아무도 오래 견디지 못한다. 복원이란 하나의 과정이다. 1시까지 나는 10㎠를 마쳤어야 한다고 말할 수는 없다. 그러한 자세로는 이 직업에서 아무도 오래 버티지 못한다. 사람들은 계속해서 일종의 과도기적 상태에 있게 된다. 작업을 끝내는 순간에도 '완성'이란 없다. 어떠한 경우라도 작업을 성공적으로 마쳤다고 하더라도 그 기분에 도취되어서는 안 된다. 다음번에도 똑같이 잘 되리라고 생각하는 것은 오류다. 모든 예술품은 나름대로 생애와 독자성을 가지고 있다. 비록 그것이 같은 예술가로부터 유래한 것일지라도.

먼지예술

오래된 명작의 경우 보존을 위해 복원작업을 하는 것은 당연하다. 수공장인이기도 했던 예술가들은 그들이 사용하는 모든 재료를 다루는 데 필요한 요령이 있었고, 그들의 작품을 적절하게 구성했다. 그러나 산업화와 더불어 예술가의 자화상도 변모했다. 그림에 대한 욕구를 상점에서 해소할 수 있게 된 이후로 예술가들은 완전히 형식과 내용에 집중할 수 있게 되었다. 작품을 어떻게 보존할 것인가 하는 문제는 더 이상 아틀리에에서 생각할 주제가 못 되었다. 그 문제는 이제 복원가들의 몫이었다. 오늘날까지도 아주 오래된 예술품이 반드시 복원되는 것은 아니다. '환자'의 대부분은 산업혁명 이후의 시기에 나온 작품들이다.

그러나 실제적인 혁명은 20세기 초에 일어났다. 전위예술(Avantgarde)의 등장은 전체 문화예술계에 폭풍을 일으켰다. 예술이란 더 이상 예술이 아니라 삶의 일부이어야 했다. 그리고 먼지 또한 성스러운 화랑에 입장하게 되었다. 콜라주(collage)[99], 레디메이드(ready-made)와 행위예술(performance), 거리 예술 등은 복원가들에게 아주 새로운 과제를 안겨주었다. 이제는 손상된 예술품을 다시 바로 잡는 것이 더 이상 당연한 일로 취급되지 않았기 때문이다. 이제는 완전히 새로운 질문이 제기되었다. 예술가가 자신의 작품을 구제하려는가 아니면 먼지와 쇠락도 예술가가 처음부터 기획한 계획의 일부분인가?

복원은 새로운 차원을 얻었다. 아무것도 하지 않는 것이 갑자기 미덕이 되었다. 보존하는 것, 즉 노화과정을 멈추게 하는 것이 복원의 지위를 얻게 되었다. 예술가들이 작업실에서 비정통적인 재료들을 다루면서 작업실은 실험실이 되었다. 전통적인 처리 방식은 더 이상 적합하지 않고, 매 순간의 즉흥적인 처리가 필요하게 되었다.

---

99) 상이한 소재를 엮어 만드는 미술 기법 또는 그런 기법으로 만든 작품

그러는 사이에 복원가들은 예술을 그것이 지닌 감성에 따라 근대(modern)와 현대(contemporary) 예술로 나누기 시작했다.

그래서 전통적인-그러나 값싸게 제작하는-기법의 예술품이 생겨났다. 이제는 많은 예술가가 미술품 전문점이 아니라 건설 시장에서 재료를 구입하기 때문이다. 이런 재료는 기껏해야 수명이 15년 남짓이다. 더구나 고정되어 있는 그림 같은 경우는 먼지에 대해 특히 민감하다. 이브 클랭(Yves Klein, 1928-1962)[100], 마크 로스코(Mark Rothko, 1903-1970)[101] 혹은 애드 라인하르트(Ad Reinhardt, 1913-1967)[102]가 그린 단색의 평면은 즉각 광택을 잃고 낡기 시작한다.

그리고 나서는 일상에서 쓰는 용품들을 조합해 만든 작품이 등장했다. 예를 들어 다니엘 스포에리(Daniel Spoerri, 1930-)[103]의 스네어-픽처(Fallenbilder, snare-picture)[104]나 요제프 보이스(Joseph Beuys, 1921-1986)[105]의 작품들이 그렇다. 여기서는 모델을 통해서 많은 것들이 실험되었지만, 어쨌든 일시적인 재료를 사용하겠다는 예술적 결정이 모든 작업에서 함께 고려되었다. 지그마르 폴케(Sigmar Polke, 1941-2010)[106]가 투명한 랩 위에 프린트를 하

---

100) 전후 1960년대 초반 프랑스에서 일어난 누보 레알리즘(Nouveau réalisme) 운동을 이끈 프랑스 미술가로 행위예술의 선구자로 평가 받는다. 미니멀리즘과 팝 아트(Pop art)에도 깊은 영향을 미쳤다. 34살에 심장마비로 요절했다.

101) 러시아(현 라트비아) 드빈스크 출신의 미국 미술가로 본명은 마르쿠스 로트코비치(Marcus Rothkovitch)다. 현대 추상회화 발전에 많은 영향을 끼쳤다.

102) 미국의 미술가이자 미술이론가로 1960년대 미니멀리즘 사조에 많은 영향을 미쳤다.

103) 루마니아 출신의 스위스 미술가. 프랑스 누보 레알리즘(Nouveau réalisme) 운동을 이끌었으며, 스네어 픽처(snare-picture) 기법을 창안했다.

104) 다니엘 스포에리가 창안한 미술 기법으로 쓰레기나 여러 가지 오브제를 접착제를 이용해 붙여서 만든다.

105) 독일 크레펠트 출신의 조각가이자 예술이론가며, 행위예술의 선구자로 평가 받는다.

106) 독일 미술가이자 사진가. 전통적인 회화 기법과 재료에서 탈피해 다양하고 실험적인 작품을 그렸다.

고 그림을 그리는데, 그것은 바로 시간성을 지향하는 작업이다. 왜냐하면 랩은 시간이 지나면서 부드러운 재료들과 분리되고 나중에는 찢어지기 때문이다. 뒤에 있는 접착물질도 아무런 소용이 없다. 이런 경우에는 그림이 망가지는 것을 막을 도리가 없다.

개념미술(conceptual art)[107]과 행위예술(performance)은 독자적인 영역을 형성했다. 사실 이러한 예술은 단지 관람객의 판타지나 그것이 연출되는 순간을 위해 고안된 것이기 때문이다. 오늘날 이런 작품은 대부분 필름이나 비디오로 기록된다. 그러나 새로운 기록매체라도 그 수명이 불과 몇 년 밖에 안 된다. 여러 개의 복사본을 만드는 것도 결국 질의 저하를 의미한다. 1960년대 이후부터는 복원의 새로운 그리고 넓은 지평이 열리고 있었다.

결론적으로 현대예술은 불안정한 상태에 있다. 먼지는 더 이상 일괄적으로 제거되어야 할 대상이 아니다. 심지어 먼지 닦는 천도 예술일 수가 있다. 이런 점은 종종 복원가에게 큰 제한 요소가 된다. 디터 로스(Dieter Roth, 1930-1998)[108]가 만든 태양 앞에 놓인 초콜릿 조각은 더 이상 구제할 길이 없다. 고미술품 수집품이나 들여다보는 것이 위로가 될지도 모른다. 코는 금이 가고, 팔다리는 달아나거나 혹은 깨진 조각으로만 남아 있더라도 거기서 우리는 여전히 작가의 예술적 의도를 읽을 수 있다. 그러나 디터 로스의 녹은 초콜릿에서는 그럴 기회가 없다. 중요한 기능들을 상실한 것에서 더 이상 복원가도 내놓을만한 것이 없다.

107) 작품 자체보다는 작품을 만드는 작가의 의도나 과정을 진정한 예술로 보는 미술. 행위예술과 비슷하나 좀더 언어적이고 철학적이다.
108) 스위스-독일 출신의 아이슬란드 미술가. 책과 미술을 결합한 북아트 작품으로 유명하다.

가장 경계해야 하는 것은 바로 의뢰품의 안전이다. 세정을 시작하면서 동시에 그런 마음을 갖는다. 나는 먼지가 단순히 오염 물질인지 혹은 예술작품의 녹청에 속하는지를 결정해야 하기 때문이다. 작업을 시작할 때 처음에는 의뢰품 앞에 가만히 앉는다. 그리고는 자연스럽게, 즉 균일하게 노화되었는지, 혹은 단지 개별 부분들만 변했는지를 파악한다. 그것은 비스킷처럼 서서히 부스러지는 것일 수도 있고 끊임없이 먼지를 끌어들이는 기름때일 수도 있다. 그러한 것들은 순간적으로 작품의 상태에 대한 전체적인 인상을 왜곡시킨다. 나는 즉시 그런 인상을 바로잡으려 한다. 그러나 재료들이 때로 아주 민감해서 내가 작업하면서 손상을 더 확대할 수도 있다. 그렇다고 '전혀 아무 것도 하지 않으면서도 나는 훌륭한 복원가다'라는 모토 아래 팔짱만 끼고 바라봐야 한다는 뜻은 아니다. 그러나 나는 저울질을 해야 한다. 그리고 솔직히 얘기해서 점점 더 발전하고 있는 여러 기술적인 대안들 중에서 의뢰품의 노화를 막을 수 있는 방법을 나는 숙명처럼 발견한다.

요제프 보이스의 경우

요제프 보이스는 하찮은 재료들, 즉 폐기물 혹은 쓰레기로 즐겨 작업한다. 그는 이러한 취향에 대해 옛것과 소임을 다한 것을 다시 평가하는 것은 예술과 삶의 순환을 표현한 것이라고 설명한다. 그러나 그것은 또한 고상한 미술관 예술에 맞선 거리의 예술을 구별하려 한 전후시기 예술의 한 특징이기도 했다.

현재 쾰른의 루드비히(Ludwig) 미술관에 소장되어 있는 먼지로 만든 마리아가 그려진 반쪽 난 펠트[109] 십자가는 마치 방금 고물상에서 가져 온 것처럼 보인다. 오래된 유리를 끼운 나무상자에 한 조각의 펠트가 붙어 있고, 그 위에는 납작하게 누른 먼지 보푸라기로 만든 작은 그림과 종잇조각이 붙어 있으며, 그 외에 2개의 잘려

109) 양모나 인조 섬유를 압축해서 만든 천

진 발톱과 몇 개의 둥그런 털실과 먼지 덩이가 있다. 이에 반해 1979년 르네 블록(René Block) 화랑에서 열린 청소(Ausfegen)라는 퍼포먼스에서 사용된 찌꺼기는 쓰레기통에서 직접 가져왔다. 하얀 종이봉투에는 보이스가 당시 뉴욕의 화랑 바닥에서 쓸어 모은 쓰레기가 들어 있었다.

게다가 보이스가 먼지 보푸라기나 길거리 쓰레기를 이용하지 않는다 할지라도 그의 전 작품은 근본적으로 먼지를 통해서 설명될 수 있다. 왜냐하면 그에게 문제가 되는 것은 항상 모든 세속적인 것의 변화에 있기 때문이다. 여기에 이르러 복원가는 한 가지 문제에 봉착하게 된다. 갑자기 먼지가 다 같은 먼지가 아니게 되었기 때문이다. 먼지는 어느 정도까지 작품의 노화과정을 나타내는 구체적인 징표로서 예술작품에 속한다. 그러나 어느 이상이 된다면 먼지는 작품을 더럽히고, 20,000 혹은 60,000 유로나 나가는 비싼 소장품을 파괴하는 위협 요소가 된다.

따라서 보이스의 작품을 전시하는 모든 미술관은 작품을 플렉시글라스(plexiglass) 속에 넣어 전시하느냐 아니면 아무런 보호 장치 없이 그냥 전시하느냐라는 문제에 늘 부딪친다. 보이스 자신은 작품마다 큰 차이를 둔다. 〈반쪽 난 펠트 십자가〉 같은 몇 개의 경우는 나무상자에 넣고, 악명 높은 〈기름조각〉 같은 경우는 보호 수단 없이 먼지에 내맡긴다. 미술관은 상황에 따라 보관 방법을 달리하기도 한다. 어떤 미술관은 〈기름조각〉을 유리관 속에 넣어 두기도 한다. 먼지 때문이 아니라 오래된 기름에서 나오는 냄새 때문이다. 어떤 미술관은 악취를 감수하면서까지 예술가의 높은 성찰을 고려하려 한다. 즉 예술가는 기름이 시간과 더불어 더러워진다는 것을 알았다는 것이다. 말하자면 더러움도 작가가 의도한 부분인 것이다.

두이스부르크(Duisburg)에 있는 렘부르크 미술관(Lehmbruck museum)은 보이스처럼 전시품에 따라 보관 방법을 달리 결정한다. 그래서 〈보이스의 날개(Beuys-flügel)〉는 잘 닦아내어 마치 사람들이 그랜드피아노를 보며 기대하듯 어둡게 빛을 발하게 만들면서도, 그 옆에 있는 펠트로 만든 작품은 아무런 관리 없이 방치한다. 그것은 서서히 광채를 잃으며 먼지를 빨아들여 이미 오래 전에 흐린 회색이 되었다. 많은 전시대는 심지어 위가 열려 있다. 그렇게 전시품은 호기심 어린 방문객의 손가락으로부터는 보호되면서도, 공중에 부유하는 먼지는 아무런 방해 없이 작품 위에 쌓일 수 있다.

만약 작가가 아직 생존해 있다면 나는 그에게 전화를 건다. 그러나 이것은 그리 간단치가 않다. 왜냐하면 대부분의 작가는 그들의 옛날 작품에 더 이상 관심이 없기 때문이다. 한 사람이 나에게 한번은 "다시 칠하세요, 그것은 다시 깨끗하게 보여야 합니다."라는 지시와 함께 도료 한 통을 보낸 적이 있다. 당연히 그것은 솔깃한 얘기로 들린다. 그러니 노화현상은 서명과도 같은 것이다. 흰색으로 칠한 표면이 있다고 치자. 거기에는 그것을 만든 사람의 전형적인 특징을 담고 있다. 한 면을 흰색으로 칠하는 것은 누구나 할 수 있다. 그럼에도 모두가 다르게 칠한다. 그리고 이러한 개인적인 차이를 보존하는 것이 바로 내가 하는 일에서 지불해야하는 모든 대가다. 그래서 나는 작가에게 전화하지 않는 것이 오히려 나을지도 모른다.

복원가는 제한된 범위에서 일한다. 만약 작품 상태가 좋다면 관람객은 그 이상의 아무것도 알아차리지 못할 것이다. 그런데 관람객이 무언가를 찾아낸다면 즉시 말할 것이다. "저기에 누군가가 복원을 했군요." 그것은 복원가가 작품을 잘못 손봤다는 것 외에 다른 의미가 없다.

참고문헌

ALTHÖFER, Heinz: Moderne Kunst. Handbuch der Konservierung. Düsseldorf 1980.

DERS.: Das 19. Jahrhundert und die Restaurierung. Beiträge zur Maltechnik und Konservierung. München 1987.

BOUVIER, Pierre Louis: Vollständige Anweisung zur Ölmalerei für Künstler und Kunstfreunde. Halle 1828.

BRACHERT, Thomas: Gemäldepflege. Ravensburg 1955.

DERS.: Patina. Vom Nutzen und Nachteil der Restaurierung. München 1985.

EIPPER, Paul Bernhard, FRANKOWSKI, G., OPIELKA, H., WETZEL, J.: Die Reinigung von Ölfarbenoberflächen und ihre Überprüfung durch das Raster-Elektronen-Mikroskop, das Niederdruck-Raster-Elektronen-Mikroskop, die Laser-Profilometrie und die 3D-Messung im Streifen-projektionsverfahren. München 2004.

GÖTZ, Stephan: Interviews über Entstehung und Konservierung zeitgenössischer amerikanischer Kunst. Stuttgart 1992.

LUCANUS, Friedrich: Anleitung zur Restauration alter Ölgemälde und zum Reinigen und Bleichen der Kupferstiche und Holzschnitte. Leipzig 1828.

RÖNNEPER, Joachim: Phänomen Staub. Dokumentation einer Idee. Linz 1988.

RUDI, Thomas: Christian Philipp Koester. 1781-1851. Maler und Restaurator. Frankfurt/M. (u.a.) 1999.

WAIDACHER, Friedrich: Handbuch der allgemeinen Museologie. Wien (u.a.) 1996

왜, 청소는 우리를 행복하게 하는가?

심리분석학자 엘피 포르츠와의 인터뷰

기적적인 경제 성장 시기에 청소광이 다시 나오지 않는다는 것은 맞는 말입니다. 그러나 청소광 또한 그 역사적 이유가 있습니다. 한편으로는 결벽증적인 미국인의 영향과 결부되어 있고, 다른 한편으로는 아마도 전쟁 직후의 먼지 덮인 폐허 장면에 대한 반작용 때문이었을 것입니다. 그러나 청소의 미래는 보장되어 있습니다. 그 점에 대해서는 우리가 걱정하지 않아도 될 것입니다. 왜냐하면, 자세히 보면 청소는 놀랄 만큼 흥미로운 일이기 때문이지요. 그것은 다기능적인 습관이어서 이로부터 다양한 욕구를 충족할 수 있습니다.

도대체 청소가 흥미로운 이유는 뭔가요?

더러움을 제거하는 것만이 청소가 아닙니다. 그것은 다양한 방식으로 함양될 수 있는 하나의 과정이지요. 우리는 흥미로운 분석이 가능한 다양한 의식과 습관을 청소에서 발견할 수 있습니다. 그리고 그 안에는 청소에 관한 최소한의 심리적 갈등이 있습니다. 상이한 방식의 청소가 존재하기 때문입니다.

예를 들어 어떤 것이 있습니까?

모든 청소가 더 깨끗해지는 것에 이르는 것은 아니지요. 무질서한 청소 유형이 있습니다. 청소하면서 동시에 계속해서 새로운 청소거리를 만드는 사람들입니다. 이렇게 청소하는 사람들은 처음에 청소하려고 마음을 먹었던 시점을 넘어서지 못합니다. 항상 그들은 한 곳의 청소를 마무리 짓지 않고 다른 곳에서 또 청소를 시작하거든요. 그래서 결국 집 전체가 청소 잔여물로 덮이게 되고 청소하는 사람은 지쳐서 포기하게 됩니다.

그렇다면 그것은 청소거리를 쌓는 방식으로 청소하는 것이 됩니까?

무질서형의 사람들은 정돈되지 않은 상태를 필요로 합니다. 그들은 다른 곳에 청소용 물을 담아둔 것을 잊어버리고 난 뒤에야 빨래를 빨 수 있습니다. 또 옆에 다림질할 빨래를 침대 위에 늘어놓고 나서야 방을 청소할 수 있습니다. 그들은 점점 끝이 예상되지 않을 정도로 이곳저곳에서 청소를 시작합니다. 최소한의 효과만 거두는 아주 소모적인 방식이죠. 이것은 곧 "차라리 나는 아무 생각 없이 매일 집안에서 5㎞를 뛰어 다니겠다."고 말하는 것과 같습니다.

전체 활동의 결과는 원점이겠군요?

아닙니다. 그런 활동의 결과로 적어도 현재상태가 보존됩니다. 왜냐하면 당신이 아무 것도 하지 않는다 하더라도, 예를 들어 당신에게 아이가 있다면, 당신은 아이가 어질러 놓은 것들 때문에 한 발자국도 내딛을 수 없을 일이 종종 생길 것이기 때문입니다. 무질서형 사람들에게 아무 것도 일어나지 않는 것은 아닙니다. 오히려 불안정하게 균형이 유지되고 있다고 보면 됩니다.

그것을 어떻게 설명할 수 있나요?

제 생각에는, 무질서형 사람들은 많은 것을 문제로 봅니다. 한편으로는 얼마나 삶이 어려운지, 삶에서 얼마나 많은 사람들과 싸워야 하는지 그리고 그들이 왜 앞으로 나아갈 수 없는지에 대한 아주 분명한 증거입니다. 비유적으로 이야기하자면 그들은 제 자리에서 발만 동동 구르고 있는 것입니다. 그러나 그것도 아주 많은 힘을 쏟으면서요. 때로 여기에 보이는 것은 발전에 대한 두려움입니다. 현재 상태에서 벗어난다는 것은 발전을 허용하는 하나의 방향을 발견하는 것일 겁니다. 무질서형과 반대되는 청소 유형인 체계적으로 청소하는 사람들에서도 비슷한 점이 있습니다. 비록 청소형 사람들은 완전히 다르게, 말하자면 깊이 생각한 순서에 따라 행동하지만 말입니다. 청소형은 더러워지기 전에 청소하기 때문에 더러움은 이미 근절됩니다.

그것은 의미 있지 않습니까?

체계형 사람들은 아주 철저한 계획에 따라서 청소합니다. 그리고 별도의 계획을 짜기도 합니다. 예를 들어 성탄절 전이나 연초에는 평소보다 더 깨끗하게 청소합니다. 그들은 있는 그대로를 두는 것과 어지러이 여기저기 놓여 있는 것들을 절대로 그냥두지 않으려 합니다. 무질서형과 비슷하게 체계형도 근본적으로 중단을 모릅니다. 더러워지기 전에 미리 청소한다는 것은 항상 움직여야 한다는 뜻입니다. 잠시 멈출 수는 있으나 끝은 없습니다. 인터뷰를 한 어떤 여성은 "내가 병원에 있을 때야 정말로 긴장을 놓을 수 있었다."고 말했습니다.

어쨌든 체계형 사람들은 더러움을 효과적으로 막아내지 않습니까?

체계형 사람들은 손을 더럽히지 않습니다. 왜냐하면 그들이 닦는 곳은 아직 깨끗한 곳이기 때문입니다. 그들의 청결 시스템은 더러움이 더 이상 눈에 띄지 않을 때까지, 근본적으로 그것이 제거되고 없어질 때까지 작동합니다. 여기까지만 보면 모든 것이 고요하고 분명 아무런 공격성도 보이지 않습니다. 그러나 정확히 들여다보면 문제가 있다는 것을 알 수 있는데, 그것은 바로 주변 사람 때문에 생깁니다. 체계형 사람들은 가족이나 손님이 집에 오면 조금 위협을 느낍니다. 그들은 어디에 신발을 벗어야할지 어디에 가방이 놓아야 될지에 대한 규칙을 정해 놓고 있습니다.

체계형은 자신의 공격성을 억압하고 있는 것입니까?

인터뷰를 한 어느 남성은 청소를 시작하기 전에 우선 클래식 피아노곡을 켜놓는다고 말했습니다. 그는 일 전체가 교양이 있어야 한다고 생각하죠. 마치 무대 위에 오른 듯 손걸레를 들고 음악 박자에 맞추어 지휘를 한답니다. 청소가 미학적인 움직임이 되는 겁니다. 어떤 부인은 일하러 가기 전에 매일 한 시간 동안 청소를 한다고 합니다. 엄격하게 입증된 시스템에 따라 이 방 저 방을 청소합니다. 그리고 빨래는 제각각 옷 종류별로 묶어서 합니다. 그녀는 일하러 가기 전에 청소하기 때문에 마땅히 어느 시점에 중단해야 합니다. 이 점에 대해서 그녀는 이렇게 말했습니다. "상관없어요, 지금 청소하던 방문 앞에 장갑을 던져 놓고 나갑니다. 그러면 저녁에 돌아와 내가 어디까지 청소했는지 알 수 있으니까요." 그녀는 다음과 같이 생각합니다. "나는 더러움과의 전쟁을 선언했다. 싸움은 계속될 것이며, 나는 포기하지 않을 것이다."

여기서도 현재상태의 보존이 목표인가요?

그렇습니다. 단지 무질서형에 속한 사람들과는 다른 차원에서지요. 체계형 사람들은 아무도 건드리지 않은 정말이지 사람이 없는 집을 이룩하는 것이 목표입니다. 많은 체계형 사람들이 청소 과정에서 남는 조그마한 흔적, 예를 들어 걸레에 묻은 때나 실밥에도 몸서리를 치지요.

그럼 병적이라고 볼 수 있나요?

청소를 심리학적 관점에서 보면 모든 사람이 씻는 데 대한 일종의 강박관념에 빠져 있다고 볼 수 있습니다. 그러나 대부분의 경우 예를 들어 문고리나 침대 시트 같은 것의 청결에 유독 신경을 쓰는 것처럼 아주 제한된 범위에서 그러한 엄격한 태도가 나타납니다. 중요한 것은 더러움과 닿지 않으려는 것입니다. 침대 시트를 한 번이 아니라 다섯 번 세탁해서 비닐장갑을 끼고 아주 뜨겁게 다립니다. 시트를 덮어씌울 때에는 입에 마스크를 하고 나서는 침대에 덮어씌웁니다.

잭 니콜슨이 출연한 〈이보다 더 좋을 순 없다〉라는 영화에 전형적인 장면이 있습니다. 그는 화장실 수납장에 한 무더기의 비누를 넣어두고 있습니다. 팔꿈치로 수도꼭지를 틀고 다른 팔꿈치로는 수납장을 열어 비누를 꺼내 포장을 풀고, 아주 신속하게 손을 씻은 뒤에 비누를 버리고 다음 비누를 꺼냅니다. 한번 씻는 데 비누를 5개 내지 10개를 써야 합니다. 그리고는 장갑을 착용합니다. 그러나 그러한 강박에 의한 행동은 체계적인 청소와 구별됩니다. 모든 청소 유형은 병으로 변질될 수 있습니다. 그러나 모든 유형은 겉으로는 정상적으로 보입니다. 그런 행동 때문에 누군가 고통을 받거나 다른 사람을 고통스럽게 할 때라야 비로소 노이로제라고 말할 수 있습니다.

씻기 강박증(waschzwang)이란 도대체 무엇입니까?

그러한 사람들은 대부분 접촉에 대해 엄청난 공포를 가지고 있습니다. 다른 사람들은 말할 것도 없고 자신조차도 만지지 않습니다. 접촉에 대한 강한 공포가 있으며, 때로는 대화가 불가능하기도 합니다. 왜냐하면 대화도 일종의 접촉이기 때문입니다. 그래서 씻는 것에 관한 강박관념은 치료하기가 어렵습니다. 왜냐하면 환자들은 접촉에 대해 커다란 불신이 있는데, 정신적인 치료는 환자와의 교류가 이루어질 때만 그 기능을 발휘하기 때문입니다. 씻기 강박증을 갖고 있는 사람을 낯선 방으로 불러서 자리에 앉게 하는 것이 이미 치료의 시작이라고 볼 수 있습니다. 이 또한 치료의 절반을 차지하는 긴 절차를 거친 후에나 가능합니다.

청소에 있어서 체계형과 무질서형 사이의 건전한 중간 유형도 있습니까?

저는 건강과 병에 대해서는 전혀 말하고 싶지 않습니다. 그러나 실제로 두 종류의 혼합형이 있습니다. 하나는 체계와 무질서 사이에서 끊임없이 오락가락하는 동요형입니다. 그런 사람들은 원래는 계획을 가지고 청소를 시작하지만 항상 그 계획을 망치고 맙니다. 그들은 거실에서 시작해서 화초 잎사귀, 신문, 새장 속의 오물 등 모든 것을 아주 체계적이고 효과적으로 청소합니다. 그러다가 제가 심리분석학자로서 격정의 폭발이라고 부르고 싶은 행동이 나타납니다. 즉 시선이 먼지 쌓인 난방기구로 옮겨갑니다. 그러면 갑자기 계획은 흐릿해지고 난방기구만 중요해집니다. 여러분도 아마 알고 있겠지만 난방기구를 철저하게 청소하려면 온전히 두 시간 동안은 거기에 매달려야 할 수 있습니다. 동요형 사람들은 계획했던 것들이 다시 떠오를 때까지 난방기구만 붙들고 있습니다. 그러다가 본래 계획이 생각나면 화들짝 놀라며 다시금 계획했던 대로 청소를 합니다. 그러나 일에 한계를 두려는 엄청난 노력에도 불구하고 끊임없이 경계선을 들락거립니다. 그리고 이렇게 항상 체계적인 계획 수행과 갑작스러운 돌발적 추진 사이에 동요가 있습니다. 그러다가 마침내 한 가지는 제대로 청소를 완결합니다. 그리고 "우와, 좋은데!"라고 스스로 흡족해 하며 커피를 한잔 마십니다. 이런 유형의 경우 청소에서 얻는 기쁨이 여전히 존재하는 무질서에 의해 전혀 구애받지 않습니다. 왜냐하면 남은 청소거리는 다음의 행동을 위한 즐거운 접목점이기 때문입니다. 무질서형과 체계형의 또 다른 중간 유형으로 동요형과 아주 비슷한 분노형이 있습니다.

고전적 유형의 청소광을 말하시는 겁니까?

분노형 사람들에게 청소는 일종의 발작 같은 성격을 띠고 있습니다. 분노형은 내면에 불안을 느끼고 이러한 불안에서 청소를 시작합니다. 그는 예를 들어 욕조에서 시작합니다. 왜냐하면 거기에는 머리카락이 많이 들어 있기 때문입니다. 혹은 서랍장을 청소합니다. 그러나 그것은 불안을 이완시키는 작은 연습에 불과합니다. 서서히 격정이 고조됩니다. 그러다가 첫 번째 희생양이 생깁니다. 장난감이 청소기에 같이 빨려듭니다. 그리고 나면 절정에 이릅니다. 마침내 시선이 보상을 받을 어딘가로 옮겨 갑니다. 아마도 화장실의 소변기 같은 것이 되겠지요. 소변기에 묻은 잘 지워지지 않는 때를 제거하려고 강력한 세제를 사용하지만 소용이 없습니다. 그러면 이제 부엌칼을 가져옵니다. 거기서 우리는 지속적인 고조 상태를 발견할 수 있습니다. 그리고 분노형 사람은 땀에 젖습니다. 어떤 사람이 저에게 말했듯이, 그것은 두꺼운 때, 구역질나는 오물, 오래된 된 쓰레기와 관련 있습니다. 그리고 그것만이 분노형 사람들의 대상이며, 그것이 제거되면 그는 만족해서 안락의자에 등을 기대고 한 잔의 위스키로 보상을 받습니다.

그런 방식으로 정말 깨끗해지는 것은 아니지 않습니까?

분노형 사람들은 규칙적인 청소를 담당하는 청소도우미를 데리고 있는 경우도 종종 있습니다. 그들은 분노가 해소되는 것이 중요하다고 태연히 고백합니다. 분노의 전이라고 부를 수 있지요. 그러나 이것 또한 병적인 것은 아닙니다. 왜냐하면 사람들이 어디선가 받은 분노를 다른 곳에서 떨쳐버릴 수 있는 슬기로운 방법이기 때문입니다. 그러한 메커니즘이 없었더라면 우리는 끊임없이 전쟁을 했을 것입니다.

어떤 청소 유형인지는 어떻게 알 수 있습니까?

동기가 중요합니다. 왜 내가 청소를 하는가? 아침 9시이기 때문에? 혹은 오늘 내가 한번 청소하기로 작정했기 때문에? 혹은 내가 방금 신경이 거슬렸기 때문에? 혹은 내가 원래 항상 청소했기 때문에? 경우에 따라 체계형, 동요형, 분노형, 무질서형 중에 하나에 속할 수 있습니다. 청소도구의 선택도 특징적입니다. 예를 들어 체계형은 청소 대상을 심하게 손상시키지 않는 오랫동안 입증된 청소 수단에 비중을 둡니다. 반면에 분노형은 자신이 구입하지는 않았지만 현재 자기 손에 쥐어진 도구를 이용합니다. 그리고 청소를 끝낼 때의 모습을 통해서도 알 수 있습니다. 체계형은 그럭저럭 10시이기 때문에 중단하고, 동요형은 계획을 성취했기 때문에, 분노형은 지쳐서 중단합니다. 그러나 무질서형은 결코 포기하지 않습니다.

그렇다면 체계형의 청소 방법이 가장 효과적인 것입니까?

그렇다고 말할 수는 없습니다. 청소에서 객관적인 청결만이 중요한 것이 아닙니다. 사람들은 자신이 편안함을 느끼는 상태로 다시 돌려놓기 위해서 청소합니다. 그리고 그 상태란 것이 여러 가지로 정의됩니다. 무질서형 또한 효과적이라고 볼 수 있습니다. 왜냐하면 그는 그에게 필요한 질서와 무질서 사이의 정확한 균형을 재생산하기 때문입니다.

'내 동거자와 더러움'이라는 주제도 그래서 큰 의미가 있는 것입니까?

이미 동거인들은 청소라는 사건의 일부가 됩니다. 예를 들어 식기세척기에 그릇을 반대로 넣다가 제제를 받거나 꾸지람을 듣는 식으로 말이죠. 때때로 동거인들 자체가 청소되기도 합니다.

청소가 갈등을 야기할 수도 있습니까?

청결에 대한 다른 생각 때문에도 분명 갈등이 폭발할 수 있습니다. 그러나 많은 임상경험을 쌓다보니 저는 다음과 같은 결론에 이르렀습니다. 즉 청소 때문에 다투게 되는 것은 어쨌든 관계가 우선 비정상적일 때라는 것입니다. 무질서형과 체계형의 사람이 함께 잘 지낼 수 있습니다. 무질서형 사람을 살아 있는 무질서로 여기면서요. 하지만 항상 청결하게 산다는 것은 끔찍이도 지루한 일이 아닐런지요. 사람들은 그것을 보완물로 경험할 수 있습니다.

심리분석학자가 어떻게 청소 같은 진부한 일상문제에 몰두하게 되었는지요?

거기에 대해서는 쾰른의 심리학자인 제 스승 빌헬름 잘버(Wilhelm

Salber) 교수의 말을 빌려 말하고 싶군요. "일상은 우울하지 않다." 라는 것이 그의 슬로건이자 그의 저서 제목이기도 합니다. 잘버는 '인간과 사물'이라는 주제에 관심 갖고 있는 몇 안 되는 심리학자 중 한 사람입니다. 옛날부터 심리학자들은 보통 마음의 내면이나 사람들 간의 관계에 관한 문제에 몰두했습니다. 잘버는 질적인 질문 조사 방법인 심층질문법을 개발했으며, 그 방법으로 사물과 교류를 맺는 유형을 얻을 수 있습니다.

사물과 함께 하는 일상적인 삶에 관심 쏟는 것은 당신의 분야에서 원래 흔치 않지요?

이러한 형태의 일상심리학은 제3제국에 의해 중단되었던 전통에 합류하는 것입니다. 독일에서는 아주 광범위하며 또한 철학적이고 수준이 높은 연구들이 펼쳐지고 있었는데, 종전 후에 그 전통이 다소 잊혀졌습니다. 오늘날은 수량을 세고 길이를 재는 것 같은 정량적인 연구 방법이 심리학 분야를 지배하고 있습니다. 게다가 정성적인 연구에 비해 읽기 쉽고 즐기기 좋다는 것 때문에 정량적인 연구가 이 분야를 지배하는 것 같습니다. 아마 많은 사람들은 학문을 교회와 혼동하는 듯합니다.

그런 연구는 새로운 방식의 민속학이 아닌가요, 그렇지 않다면 어떤 실용적인 목적을 가지고 있습니까?

일상에 관한 연구는 우선 일상용품을 연구하는 데 활용될 수 있을 겁니다. 예를 들어 하나의 연고 제품을 효과적으로 광고하려면 크림을 바르는 데 얼마나 많은 유형이 있는지 또 어떤 이유로 사람들이 크림을 바르는지를 아는 것이 유용합니다. 혹은 이번 인터뷰 주제와 관련해서 청소용품 산업 분야에서도 이러한 연구에 높은 관심을 보일 겁니다. 사람들이 어떤 동기를 가지고 어떤 방식으로 청소하는지에 관한 연구에서 정량적인 방법으로는 더 이상 나아가지 못합니다.

청소의 매력이 어디에 있다고 생각하시나요?

우리는 청소가 단조롭다고 불평합니다. 그러나 다른 한편으로는 앞으로도 그런 단조로움은 계속 진행되리라 생각합니다. 이 과정은 무기력하게 흘러가는 것이 아닙니다. 깨끗이 치우더라도 무질서와 더러움이 다시 발생하는 것은 사물의 자연스러운 흐름이고, 청소하는 사람 또한 그렇게 되도록 배려합니다. 그것이 쓰레기를 남기는 것의 숨은 의미일 것입니다. 사람은 항상 새로운 시작을 준비합니다. 또 다른 한 가지는 확실히 청소는 더러움에 몰두할 기회를 준다는 것입니다.

우리가 더러움을 은밀히 즐기고 있다고 말씀하시려는 겁니까?

제 말이 역설적으로 들렸나 봅니다. 원래 우리는 반들반들한 것, 미끌미끌한 것, 끈적끈적한 것에 대해 혐오감을 가지고 있습니다. 그러나 솔직하게 말하자면 혐오스러운 것 또한 우리에게 설명할 수 없는 매력을 발휘합니다. 더러움은 관능적입니다. 그 때문에 '더러운 꿈' 혹은 '불결한 성(性)'과 같은 말도 있는 것이겠지요. 즉 모든 것은 서로 밀접하다는 것입니다. 더러움에 대해 우리는 이중적인 관계를 가지고 있습니다. 즉 한편으로는 제거해야 하고 다른 한편으로는 기꺼이 교류해야 하는 대상입니다. 쓰레기가 없는 인생이란 지독히 지루할 것입니다. 물론 우리 모두는 사회화 과정을 통해 더러움을 쫓는 쾌락을 상당 부분 추방했습니다. 그 때문에 사람들은 기름 진창을 제거하는 것과 빵 굽는 오븐을 긁어내는 것을 좋아한다고 말하지 않습니다. 혹시 더러운 빵 굽는 기계를 청소한 적 있습니까? 거기서는 모든 것이 더러워집니다. 그것은 하나의 광란의 축제이지요. 항상 등을 구부리고 동시에 몸을 뻗어야 하기 때문에 유쾌하지 않고, 나중에는 항상 옷이 조금 구겨집니다. 그러나 즐거움은 더러움과 함께 옵니다.

더러움이란 도대체 무엇입니까?

그것은 정의를 어떻게 내리느냐의 문제입니다. 즉 사람들이 생각하는 질서에 관한 관념에 달려 있습니다. 이것이 더러움이 무엇인지를 정의합니다. 크리스티안 엔첸스베르거(Christian Enzensberger)는 그의 책 〈쓰레기에 대한 큰 시도(Größeren Versuch über den Schmutz)〉에서 질서 체계가 경직될수록 그 체계는 많은 양의 쓰레기를, 또 체계가 세분화될수록 많은 종류의 쓰레기를 만들어 낸다고 말했습니다. 청결의 경우도 이와 비슷합니다. 청결 또한 어떻게 정의내리냐에 달려 있습니다. 어떤 집이 어떤 때에 청결하다고 객관적으로 정의할 수 없습니다. 엄격하게 말해서 깨끗한 집은 없고 깨끗하다고 규정되는 집만 있을 뿐입니다. 때문에 청소하는 사람들에게는 다른 사람들에게 청소했다는 사실을 알리는 징표를 두는 것이 중요합니다. 청소 후에 집은 흥겨운 분위기입니다. 한 부인은 다음과 같이 말했습니다. "저는 청소하고 나면 문 앞에 쓰레받기를 둬요. 그러면 내 남편은 오늘 제가 청소한 것을 압니다."

반도체 두뇌를 위한 고청결 공간

프랑크 그륀베르크

마이크로칩은 극도로 민감한 제품이다. 주변 공기의 미세한 오염에도 제품 표면이 파손될 수 있으며, 이로 인해 큰 손실을 입을 수 있다. 때문에 마이크로칩 생산은 먼지 입자 및 제품 손상을 일으킬 수 있는 유해 가스가 없는 이른바 클린룸(Reinräumen, clean room)[110]이라고 하는 특수한 공간에서 이루어진다. 사람이 일으키는 먼지나 오염은 마이크로칩을 생산하는 과정에서 가장 큰 위협 요소이기도 하다. 최신 여과장치(filter)와 온도조절장치을 갖춘 클린룸 덕분에 그런 걱정을 할 필요가 없게 되었다.

현대적인 반도체 생산 과정에서는 흡연자가 문제를 일으킬 수 있다. 왜냐하면 담배를 피울 때 생기는 연기뿐만이 아니라, 흡연 중이 아닌 일상적인 호흡 중에도 흡연자의 허파에서 미세하지만 파괴적인 매연 입자가 뿜어 나와 반도체를 손상시킬 수 있기 때문이다. 클린룸에서 일하는 모든 작업자들은 공기가 통하지 않는 모자

110) 공기 중의 먼지나 유해 가스, 미생물 같은 오염 물질이 일정 수준 이하가 되도록 제어하는 시설을 갖춘 공간을 말한다. 독일에서는 '청결 공간'라는 뜻의 'Reinräumen'라는 용어를 쓴다. 하지만 우리나라에서는 영어권에서 사용하는 '클린룸(clean room)'이란 말을 많이 사용하므로, 본서에서는 'Reinräumen'을 '클린룸'으로 표기했다.

달린 전신작업복으로 온몸을 감싸고, 살균된 일회용 장갑을 착용하며, 얼굴은 머리카락과 땀, 침 혹은 피부 각질이 나오지 않도록 마스크로 가려야 한다. 흡연자들에게는 이외에도 특별 규정이 적용된다. "우리는 클린룸에서 일하는 직원들이 일을 시작하기 두 시간 전에는 담배를 피우지 못 하도록 합니다."라고 드레스덴에 있는 AMD(Advanced Micro Device) 사의 경영 책임자인 외르크-페터 베어(Jörg-Peter Weher)는 말한다. 아침 통근 길에 담배를 피우는 것도, 휴식 시간에 잠깐 꽁초 담배를 피우는 것도 허용되지 않는다.

성가시기는 하나 이런 조치는 필수불가결하다. 궁극적으로 인텔(Intel), 인피네온(Infineon), AMD와 같은 회사는 많은 전자 제품에 필수적으로 들어가는 제품을 생산한다. 이들 회사가 생산하는 마이크로칩이 없다면 퍼스널컴퓨터와 휴대폰은 물론이고 세탁기 같은 일상 가전기기조차도 그저 합성수지와 양철로 된 죽은 제품에 불과하다. 사람들은 게임도, 글쓰기도, 전화도 할 수 없으며 또 여러 가지 세탁 프로그램도 돌아가게 할 수 없을 것이다. 종종 엄지손톱보다 작은 이 소형두뇌(Mini-Hirne)가 오늘날 자동차의 연료분사장치뿐만 아니라 선반기계의 이송운동(Vorschub)[111]까지도 지배한다. 의학기술 분야 또한 심장박동기에서 청진기에 이르기까지 인공 소형두뇌가 사용되지 않는 곳이 없다. 이와 같이 다방면에 쓰이기 때문에 부가가치도 높아, 2004년에는 세계적으로 마이크로칩 판매고가 미화 2,200억 달러까지 기록적으로 치솟았다.

그러나 기업은 결함이 없는 부품을 생산할 때만 돈을 벌 수 있

111) 이송운동(移送運動, feed motion). 선반 같은 공작 기계에서 재료의 미가공 부분을 가공하기 위해 절삭 공구 또는 재료를 이동시키는 운동

다. 그래서 새로운 칩 공장을 계획할 때 건축가는 이미 지속적인 청결도에 많은 비중을 둔다. 그래서 2005년부터 제품을 생산하는 드레스덴의 AMD Fab 36[112] 공장을 건설할 때, AMD는 1,000명이 동시에 일하는 축구장 크기의 홀을 건설하는 데 미화 25억 달러를 투자했다. 그러나 세 층으로 이뤄진 건물 중에서 한 층만이 칩 생산에 직접적으로 사용되는 공간이다. "다른 두 층에는 성능 좋은 여과기와 온도조절장치를 설치한다."고 AMD 지배인 베어는 설명한다. 제조장치와 운반상자 내부에서는 1등급의 클린룸 상태를 유지하기 때문이다. 이런 청결도를 유지하는 데는 엄청나게 많은 에너지가 든다. 그 때문에 AMD는 반도체 생산에 쉬지 않고 전력을 공급하기 위해 AMD Fab 36 바로 옆에 24메가와트 급 발전소를 건설하고 있다. 이 정도 발전 설비는 인구 30,000명 규모의 소도시 전력 수요를 감당할 수 있는 규모다.

상상할 수 없는 청결도

우리 일상에서는 이러한 청결도에 비교할 만한 유례를 찾을 수 없다. 1등급 클린룸에서는 무해한 기체로 채워진 30㎤ 부피의 정육면 공간 안에 단 하나의 먼지 입자만 나타나는데, 그 먼지의 지름은 1/1,000㎜를 넘지 않는다. 인간의 감각기관으로는 이러한 극미한 분량을 인지하기 어렵다. 결국 1등급의 청결도라는 것은 베를린의 올림픽경기장 같은 거대한 건축물의 지하부터 천장까지 이르는 전체 공간에서 단 하나의 모래 알갱이만 발견되는 수준이다.

---

112) Fab은 'fabrication facility'의 준말로 반도체 제조 공장 또는 반도체 생산에 필요한 시설을 갖춘 연구실을 뜻한다. 반도체 제조사 별로 각 생산 공장마다 일련번호를 붙여 'AMD Fab 36' 같이 표기하곤 한다.

반도체 산업에서 클린룸 기술자들은 이 정도의 청결도를 제공해야 한다. 예를 들어 AMD Fab 36에서는 내부 배선 폭이 65nm밖에 안 되는 마이크로칩을 생산하도록 설계되었다. 1nm는 백만분의 1mm에 해당하기 때문에 1,000개 이상의 회로가 머리카락 한 개 두께밖에 안 되는 공간에 들어가게 된다. 이러한 정밀 구조는 칩의 성능을 향상시키지만, 제조비용이 많이 들고 물리적인 저항력을 떨어트린다. 다양한 기능이 집약된 하나의 마이크로칩이 완성되기까지 대략 600단계의 연속적인 제작 과정을 거친다. 이 모든 단계에서 단 한 개의 먼지 입자가 칩 전체를 파괴할 수 있다. 그 때문에 클린룸 기술자들은 공기 중에 가능한 한 먼지 입자가 떠돌아다니지 않도록 신경 써야 한다.

AMD Fab 36에서 생산된 65nm급 반도체는 현대 기술의 첨단을 대변한다. 그러나 반도체 기술은 이보다 훨씬 더 소형화를 목표로 한다. 그래서 유럽연합은 22nm급 마이크로칩 생산과 관련한 연구 프로젝트를 지원하고 있다. 현재까지의 기술 수준으로는 이 정도가 마이크로칩 소형화의 한계로 여겨진다. 물론 전문가들은 이러한 한계를 넘어설 수 있다고 확신하고 있다. 국제 반도체 기술 전망(International Technology Roadmap for Semiconductors)에 따르면, 2015년이면 10nm의 벽을 극복할 것이라고 한다. 이쯤이면 반도체 직접도를 사람 머리카락 폭과 비교하는 것이 의미가 없어진다. 왜냐하면 10nm는 원자 약 20개의 직경에 해당되기 때문이다. 이것은 반도체 기술에 더 이상 고전적인 물리학 법칙이 적용될 수 없으며, 그 자리를 대신해 반도체 회로 내부의 물리적 과정을 설명하는 데 양자물리학이 적용된다는 것이다.

그러나 회로가 극미해질수록 지금까지는 무해하던 작은 입자가 회로에 아주 큰 손상을 입힐 수 있는 위험은 그 만큼 커진다. 예를 들면 고속도로 위에 떨어진 작은 돌멩이는 도로 표면을 파괴하기에는 너무 작다. 그러나 고속도로가 돌멩이 크기만큼 작아진다면 작은 돌멩이는 엄청난 결과를 일으킬 수 있다. 돌멩이가 도로 전체를 묻어버릴 수도 있다. 나아가 고속도로 폭이 더 가늘어진다면 심지어 하나의 모래 입자에도 위험에 처할 수 있다. 고속도로의 비유에 해당하는 기술적인 발전을 오늘날 클린룸 기술자들도 마주하고 있다. 기술자들은 점차 고체 입자뿐만 아니라 극미한 기체 분자까지도 클린룸에 들어오지 못하게 하려고 시도하고 있다.

모든 위생의 시작

클린룸 개척자들은 이러한 발전을 대담한 몽상에 머무는 것에서 멈추지 않았다. 청결이 모든 종류의 질병을 성공적으로 극복하는 데 근본적인 전제 조건이라는 것은 이미 고대 히포크라테스 의학에서도 알려져 있었다. 물론 당시 사람들은 우선 눈에 띄는 더러움을 퇴치했다.

19세기에 와서야 인간은 무균성과 같은 주제에 과학적으로 몰두하기 시작했다. 영국의 외과의사 조셉 리스터(Joseph Lister, 1827-1912)는 원칙적으로 병원균과 병원체가 의학적으로 수술할 수 있는 부위라면 어디든 도달할 수 있다는 점에서 출발해 살균소독의 원칙(Prinzipien der Antisepsis)을 정의했다. 이 원칙은 병원균과 병원체를 모두 제거해야 한다는 것이다.

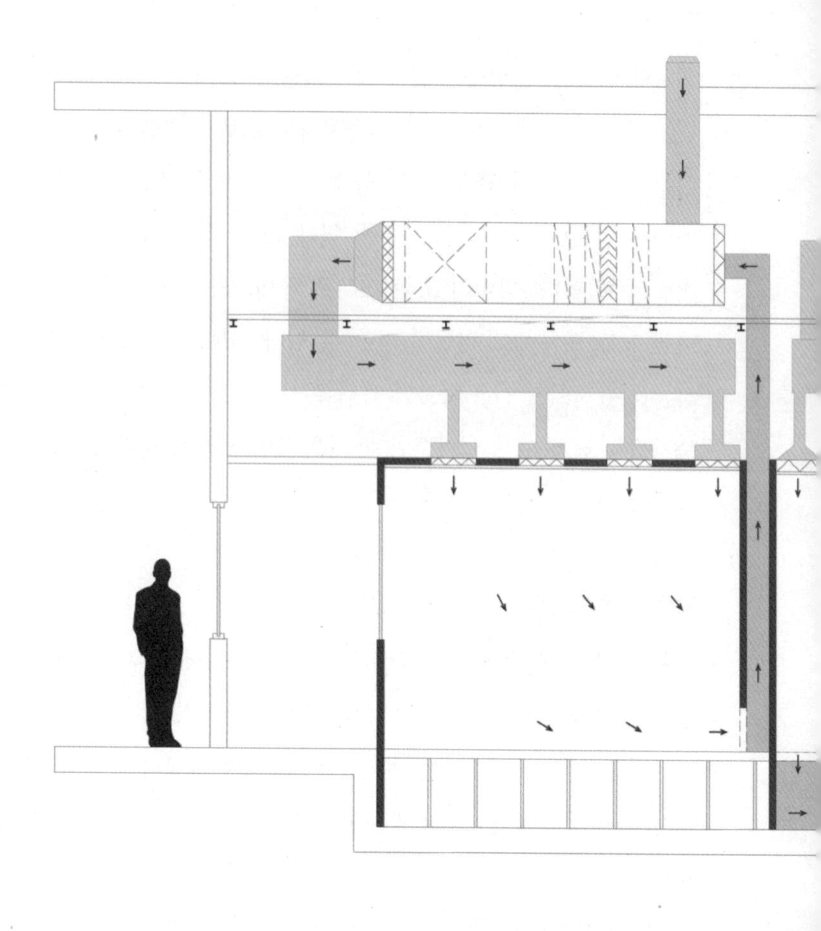

리터반트(Ritterwand) 주식회사의 클린룸 도식(Katja Mihajlovic)

학문과 기술에 있어서 '먼지 없는 공간'은 각별한 의미가 있다. 클린룸은 최근에 새롭고 중요한 산업의 부상을 가능하게 했다. 필수불가결한 청결도를 이룩하기 위해서 '공간속의 공간'이 설치되며 값비싼 필터, 공기공급 및 배기장치가 제공된다. 클린룸 내부의 공기는 지속적으로 흡수되어 여과된다. 작업자는 특수한 재료로 된 전신작업복을 입고 일해야 한다.

그럼에도 여전히 사람은 클린룸 운영에 있어서 위험 요인이다. 사람이 전신복을 입고 가스마스크를 쓴 채로 조용히 앉아 있거나 서 있기만 해도 분당 약 10만 개의 먼지 입자를 방출한다는 연구 결과가 있다. 사람이 미세하게 움직여도 이미 입자 방출도는 분당 100만 개

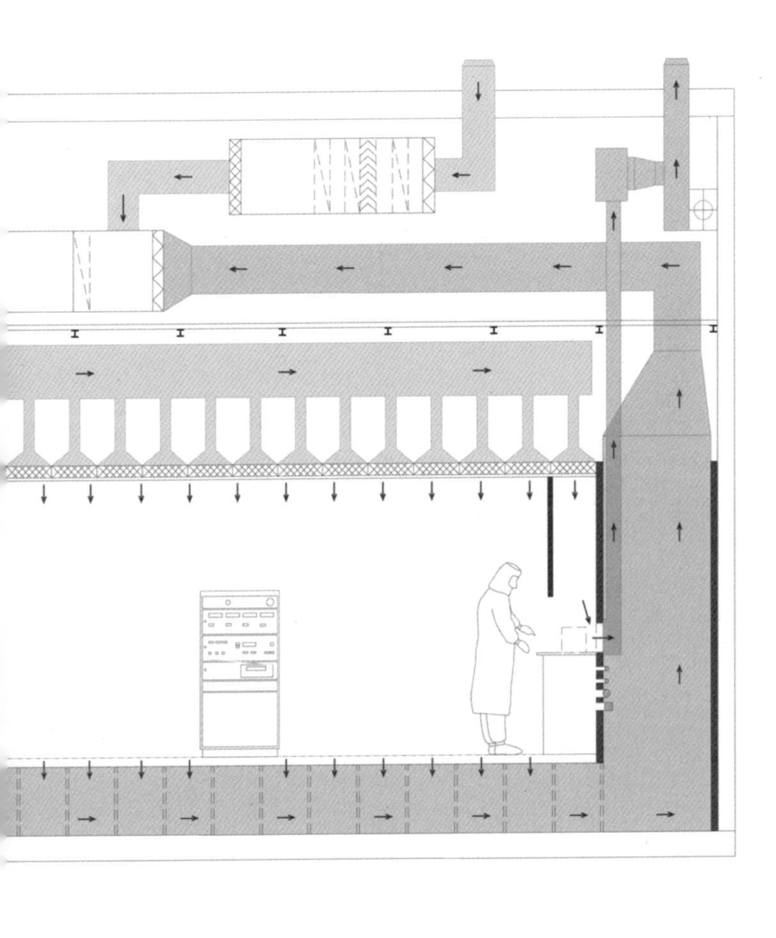

청결등급 100　　　　청결등급 10–1

까지 급상승한다.

어떤 공간을 청결하게(먼지가 줄어들게) 하려고 할수록 그에 따른 운영비도 높아진다. 클린룸과 같은 정도의 '청결도'는 일상적인 삶에서 찾아 볼 수 없다. 청결등급 1순위에서는 공기로 채워진 30㎤ 공간에 한 개의 먼지입자만이 나타나며 그 직경은 1/1,000㎜ 보다 크지 않다. 청결등급 10에서는 최대 10개의 입자가, 등급 1,000에서는 같은 용적에 1,000개의 입자를 내포하고 있다. 이 정도만 되어도 아주 깨끗하다고 볼 수 있다. 일반적인 도시의 공기에는 1㎤ 공간에 10만 개의 입자가 있는 것으로 밝혀졌으며, 극지방에서조차 1㎤ 공간에 100개의 입자가 발견된다. 클린룸 관계자들이 외부 세계를 '흑색공간'으로 규정하는 이유다.

헝가리의 산부인과 의사 이그나츠 필립 제멜바이스(Ignaz Philipp Semmelweis, 1818-1865)가 제시한 살균소독의 이념은 이에서 한 걸음 더 나아갔다. 그 이념은 병원체의 제거뿐만 아니라 오히려 수술 현장에서 모든 종류의 병원체를 멀리해야 한다고 주장한다. 제멜바이스는 이때 무엇보다도 병원체가 수술도구의 표면이나 수술에 참여한 의료진의 피부를 통해 전파되는 것을 염두에 두고 있었다. 이러한 전제 하에서 마침내 최초로 증기나 뜨거운 공기를 이용한 세정(소독)과 무균처리법이 개발되었다. 그러나 나중에 이러한 조치도 살균할 수 없는 혈청, 백신, 항생물질 등을 무균 처리하는 데에는 충분치 않았다. 그래서 의사들과 약학자들은 새로운 구상을 했다. 그렇게 해서 최초의 재래식 클린룸이 탄생했는데, 그것은 밀폐를 통해 외부와 차단하는 것이 특징이다.

독일 근대의 클린룸 기술에 대한 개척자 한스-페터 호르티히(Hans-Peter Hortig)는 〈클린룸기술(Reinraumtechnik)〉이라는 책에서 "재래식 클린룸은 세 가지 중요한 특징이 두드러진다."고 서술하고 있다. 첫째, 클린룸에 들어가는 제품이나 물건들은 청결한 상태로 반입한다. 둘째, 직원들은 옷을 갈아입고 씻고 특수복장으로 갈아입은 뒤에 클린룸에 들어갈 수 있다. 셋째, 클린룸에 공급되는 공기는 고온 여과기로 살균처리되어, 천장의 분사구에서 클린룸으로 공급된 뒤 소용돌이를 형성하며 방안 전체로 확산된 뒤에 바닥의 흡입구로 흡입된다.

이러한 클린룸은 1960년대 초반에 이미 세계적으로 많은 숫자가 운영되었다. 그러나 마이크로 전자 부품을 생산하는 과정에서는 재래식 클린룸 별로 효율적이지 않다는 사실이 곧 드러났다. 미항공우주국(NASA)도 이와 같은 경험을 해야 했다. 호르티히는 다음과 같이 보고하고 있다. "NASA에 필요한 소형 조립 부품을 제작하는 데 있어서 재래식 클린룸은 쓸 만한 것보다는 저질 부품을 더 많이 생산했다."

그 이유는 이렇다. 직경이 1㎛(이것은 1/1,000㎜에 해당된다)도 안 되는 작은 입자들이 공기 중에 떠다니다 별다른 보호 수단이 없는 반도체 표면에 붙으면서 문제를 일으킨 것이다. 클린룸 기술자들이 내놓은 최선의 대안은 비용이 많이 들고 현실적으로 실현하기 어려웠다. 그래서 기술자들은 우선 필터로 여과된 공기를 클린룸으로 불어넣는 천장 분사기 바로 앞으로 문제를 일으키는 작업대를 옮겼다. 와류를 일으키지 않는, 유체역학에서 층류(層流, laminar airflow)라고 하는 형태의 바람을 작업대에 우선적으로 쐬어서 먼지 입자가 예민한 마이크로칩 위에 앉지 않도록 했다.

실제로 이 발상은 먹혀들었으며 제품 불량률은 줄었다. 물론 그때부터 작업자들은 견디기 어려운 공기의 흡인력에 불만을 털어놓았다. 그러나 다행스럽게도 약한 기류에도 일정한 결과가 산출되어, 높은 청결도를 유지하는 현대적인 클린룸의 선조가 탄생했고 온도조절 기술과 오염 사이의 관계에 관한 연구도 시작되었다.

현대적인 클린룸

인간은 가장 위협적인 공기 오염자로서 클린룸 연구의 중심에 있다. 초기의 연구는 인간이 전신복에 마스크와 장갑을 착용하고 조용히 앉아 있거나 서 있더라도 매분마다 약 10만 개의 먼지 입자를 방출한다는 것을 보여주었다. 가볍게 손은 돌리거나 혹은 느린 걸음과 같은 사소한 움직임도 입자 방출도를 매분 100만 개로 높인다. 빠른 동작은 말할 것도 없이 매분 1,000만 개 이상의 입자를 주변에 방출한다.

클린룸용 복장을 착용한 한 사람에게서 나오는 입자 방출량

움직임의 종류	입자>0.3㎛/분
조용히 서거나 앉기	1×10^5
앉기, 가벼운 팔 움직임	1×10^6
천천히 걷기	1×10^5
빠른 움직임	1×10^7 이상

[출처] Gail und Hortig (2002)

이와 동시에 이미 언급했듯이 클린룸으로 들어오는 공기 흐름의 속도는 산업의학적인 이유로 일정하게 제한되었다. 클린룸 내의 공기 전체가 교환되는 주기도 임의로 높일 수 없었다. 그 결과 인간들이 이용하는 재래식 클린룸 내의 공기 중 먼지 농도는 리터당 최대 1,000개의 먼지입자로 축소될 수 있었다. 이 정도의 공기는 결코 더러운 것이 아니었다. 그러나 디지털 시대를 예고하는 반도체 산업이 태동하기 시작하면서 이 정도 수준의 공기 질은 반도체 산업에서 요구하는 수준을 더 이상 충족시킬 수 없었다.

클린룸 기술자들은 모든 용도에 적합한 하나의 보편적인 클린룸이 있을 수 없다는 것을 일찌감치 깨달았다. 그들은 기계와 인력을 과제에 알맞게 위치시키는 것을 점점 더 많이 이해하게 되었으며, 그 밖에도 공기 흐름의 장애물을 가급적 멀리 피하고 모든 작업도구를 기체역학적으로 최적의 조건에 맞추고자 했다. 예를 들어 그들은 작업대 및 여과기와 같은 기계의 표면에 구멍을 뚫어 공기가 큰 소용돌이를 형성하지 않고 통과하도록 했다.

그 외에도 기술자들은 공기를 천장 전체를 통해 불어넣는 것이 하나의 분사구를 통해 방 전체에 공기를 공급하는 것보다 근본적으로 유리하다는 것을 확신했다. 이런 방식으로 기술자들은 오염도를 바로 두 단계 줄여, 리터당 먼지입자 10개만 검출되는 상태까지 낮추었다. 물론 동시에 상승한 것은 투자비용이었다. 거대한 환풍기가 필요한 만큼의 공기를 클린룸으로 밀어 넣어야 했기 때문이다. 또 환풍기가 작동하는 동안 발생하는 소음과 온도를 작업자들이 견딜 정도까지 다시 낮추는 데 성능 좋은 냉각기와 소음 제거 장치가 추가로 필요했다.

그러나 여기서도 하나의 해결책이 제시되었다. 클린룸 전체를 높은 수준의 청결상태로 유지하는 것 대신에 천장에 커튼을 달아 문제가 되는 특정한 작업공간을 주변과 격리시킬 수 있도록 했다. 그들은 이와 같은 국소환경(Mini-Environment)[113]에서 극도로 깨끗한 공기를 생산했으며, 반면에 클린룸의 나머지 공간은 좀 지저분한 상태에 두는 것에 만족했다. 호르티히는 국소환경의 의미를 다음과 같이 요약한다. "청결도와 경제성을 최적으로 결합하고 오늘날까지도 유효한, 서로 다른 청결도를 유지하는 공간이 그렇게 탄생했다."

덧붙여서 반도체 산업의 생산라인은 광범위하게 자동화되었다. 노출, 증착(蒸着), 부식(腐植) 등과 같이 먼지에 민감한 생산 과정은 오늘날 많은 공장에서 사람이 직접 참여하지 않고 밀폐된 제작 기구와 운반 상자 속에서 이뤄진다. 그러나 클린룸 작업자들은 여전히 육체적으로 힘든 일을 수행하고 있다. 예를 들어 대략 15kg 되는 무거운 상자를 운반할 때 땀이 나더라도 옷을 벗지 못하며 완전 자동화된 온도조절장치 때문에 볕이 들지 않는 창문조차 열지 못한다.

하지만 전체적으로 볼 때 클린룸 작업자들은 상대적으로 자유롭게 움직여도 되며 국소환경 기술 덕분에 소규모 절단 작업까지도 현

---

113) 클린룸 내부에서도 특별히 더 높은 청정도를 필요로 하는 공간만을 선별적으로 정화하는 방식을 이르기도 한다.

장에서 해결할 수 있다. 슈투트가르트의 M+W 짠더(M+W Zander) 사의 클린룸 전문가인 마틴 쇼틀러(Martin Schottler)는 "클린룸 작업자들의 미래는 점차 밝아 보인다."면서 "인간과 생산은 오늘날 지속적으로 서로 분리되고 있어서 복장규정조차도 좀더 느슨해질 수 있다."고 말한다.

분자 수준의 오염

발전하고 있는 반도체 소형화 과정 또한 클린룸에 있는 작업자를 더 이상 문제 삼지 않는다. 왜냐하면 아주 작은 먼지입자조차도 여과하는 것은 오늘날 흔한 기술로 취급되기 때문이다. 걸러내야 할 입자가 아무리 작아지더라도 그에 비례해 여과기 성능 향상에 대한 요구가 상승하는 것은 아니기 때문이다. 오히려 극미한 고체 물질은 이른바 반데르발스의 힘(Van der Waals Force)[114]을 갖고 있으며 이것은 입자를 필터 안쪽 섬유층에 잡아두는 데에 이용된다. 예를 들면 분필로 칠판에 글씨를 쓸 때 분필 가루가 곧바로 바닥에 떨어지지 않고 칠판에 그대로 붙어 있는 것이 바로 이 힘 때문이다.

따라서 클린룸 기술자들의 최근 도전 과제는 더 이상 매연이나 먼지와 같은 아주 미세한 고체가 아니며, 기체 형태의 오염원이 더 큰 문제다. 전문가들은 마이크로칩 생산은 물론 하드디스크 제작에서 이러한 오염원에 의한 손상이 증가하는 것을 관찰해 왔다. 클린룸 전문가인 쇼틀러는 "이러한 종류의 손상들은 본질적으로 새로운 것은 아니다. 그러나 최근 제품 구조가 점차 미세해지면서 이러한 손

114) 전기적으로 중성인 분자 사이에 작용하는 힘으로, 특히 먼 거리에 있는 분자 사이에 작용하는 인력을 말한다. 네덜란드 물리학자 발데르발스(Johannes Diderik van der Waals, 1837~1923)가 이 힘에 관한 방정식을 정립했다.

상들이 전면으로 떠오르게 되었다."라고 말한다.

전통적인 여과기는 기체 분자를 걸러낼 수 없다. 기체 분자는 아무런 방해 없이 반쯤 완성된 조립 부품에 들어가서 거기서 활발하게 활동한다. 예를 들어 기체는 화학반응을 일으켜 고체로 변하고, 이어서 마이크로칩 표면을 파괴하거나 칩 내부를 떠돌아다니게 된다. 두 경우 모두 칩의 성능에 큰 위협이다.

이러한 맥락에서 악명 높은 훼방꾼 중의 하나는 찌르는 듯한 냄새가 나는 암모니아 가스다. 암모니아는 인간 건강을 위협하는 수준보다 훨씬 낮은 농도일지라도 클린룸에 들어오면 마이크로칩 생산에 사용되는 포토레지스트(fotolack, photoresist)[115]를 훼손할 수 있다. 그 결과로 포토레지스트는 기계적인 안정성을 잃어버리고 정밀해야 할 윤곽이 스펀지처럼 울퉁불퉁하게 된다. 그러나 이 문제는 비교적 오래 전부터 알려졌기 때문에 그간에 특별한 암모니아 필터가 개발되어 암모니아 농도는 충분히 감소시킬 수 있다.

탄화수소의 경우에는 아직 말할 수가 없다. 이 분자는 반도체 표면과 작용해 합금이 되어 마이크로칩의 전기적 특성을 변화시킨다. 이 외에도 탄화수소 분자는 높은 온도에서 탄소 입자로 기화해서 칩 위에 침전되어 문제를 일으킬 수 있다. 문제는 공기 중에 아주 많은 양의 탄화수소가 있는데 현재까지 효과적인 여과 방법이 없다는 것이다. 왜냐하면 재래식 탄소 필터는 여과되는 탄소 무게가 필터 무게의 1/10을 넘어서면 그 기능을 상실한다. 이 규칙

115) 빛에 노출되면 성질이 변하는 감광성수지(感光性樹脂)를 말한다. 포토레지스트를 가공되지 않은 반도체 원판(웨이퍼) 표면에 얇게 바르고, 거기에 레이저 등으로 반도체 표면을 선택적으로 부식시켜 회로 새겨 넣는다. 이때 포토레지스트가 균일하게 도포되어 있지 않거나 오염되어 있으면 부식 면이 고르지 않아 제품 불량으로 이어진다.

에 따르면 국소환경 같은 좁은 공간조차 탄소가 없는 상태로 유지하는 데 최소 20kg 이상의 탄소 필터를 필요로 한다는 것이다. "그러나 그런 필터는 거기서 사용하기 힘들 것이다. 왜냐하면 사람이 숨 쉬는 데 필요한 공기도 더 이상 쉽게 흡입할 수 없게 되는 큰 저항에 부딪히게 될 것이기 때문이다."라고 쇼틀러는 설명한다. 그래서 M+W 짠더와 같은 회사는 대안을 연구하고 있다.

반도체 기술을 넘어서

반도체 기술은 미래에도 클린룸이 지속적으로 발전하는 원동력이 될 것이다. 표면기술과 같은 인접 학문도 마찬가지로 점점 더 원자 크기의 단계로 진출하고 있다. 클린룸과 같은 조건에서 코팅을 통해 표면 특성을 최적화하는 처리방식은 아직 개발되지 않았다. 한편 제약산업에서는 이들 제품의 소형화가 부수적인 역할을 하고 있다. 지난 수십 년간 제약업체는 클린룸 기술에 힘입어 약을 생산하는 과정에 위험한 병원체들이 침입하는 것을 성공적으로 막아낼 수 있었지만, 병원체들은 기술의 진보에 맞춰 그 크기를 변화시키지 못하기 때문이다.

그럼에도 어느 분야보다도 식품산업 분야가 제약회사의 이러한 경험으로부터 많은 이익을 볼 수 있다. 식품산업 분야에서는 화학적 방부제나 비타민을 파괴하는 온도처리 방식을 대신해 병원체 없는 클린룸을 더 많이 이용하려 한다. 독일 기술자 연맹(VDI)의 클린룸 기술 분과위원장인 로타 가일(Lothar Gail)은 다른 분야들이 이러한 선례를 따를 것으로 믿고 있다. 그는 "클린룸과 관련한 시장은 분명히 계속 성장할 것"으로 예측하고 있다.

참고문헌

Gail, Lothar und Hans-Peter Hortig (Hrsg.): Reinraumtechnik. Duesseldorf 2002.

먼지와 관련된 재미있는 실험

엔스 죈트겐

다음 실험은 모든 가정에서 실행할 수 있거나 구하기 쉬운 간단한 재료로 할 수 있다. 대부분은 위험하지 않지만, 먼지폭발 실험만은 예외다. 이 실험은 안전수칙을 지키면서 수행해야 한다. 먼지와 관련한 다른 실험은 우리 홈페이지(www.staubausstellung.de)를 참조한다.

표면적과 질량, 먼지 세계의 원리

이미 언급했듯이 아주 극미한 사물의 세계에서는 표면적이 질량과 중력보다 중요하다. 다음의 실험은 표면적과 질량 사이의 관계에 관한 감각을 키워주는 것이다. 우선 각설탕 2봉지를 준비해서 바닥에 펼친다. 그 전에 바닥에 신문지 같은 것을 까는 것도 좋다. 이제 각설탕으로 모서리 길이가 2, 3, 4, 5 혹은 6인 더 큰 주사위 모양의 입방체를 만들어보자. 만들어진 입방체의 전체 표면적(간단히 눈에 보이는 입방체 표면의 수로 세서), 질량(사용된 각설탕 개수) 그리고 모서리 길이를 도표에 기입해 보자. 표면적과 질량이 같은 비율로 늘어나지 않는다는 사실이 금방 드러난다. 질량이 표면적보다 훨씬 더 급격히 늘어난다. 즉 물체가 커질수록 그것의 물리적 움직임은 질량에 의해 결정된다. 언젠가는 중력이 모든 것을 결정하는 크기가 될 것이다. 중력은 작은 존재보다 큰 존재에 훨씬 더 위험하다. 작은 쥐는 10m 높이에서 떨어트려도 살아남지만 사람은 죽을 것이다.

각설탕 실험은 반대로 우리가 설탕 주사위를 작게 하면 질량이 표면보다 훨씬 더 빨리 줄어든다는 것을 보여준다. 그래서 작은 존재에게 있어서 중력은 무시할 수 있는 크기인 것이다. 작은 동물, 특히 곤충에게 있어서 중력만큼이나 중요한 힘이 있다. 즉 표면장력이다. 이것은 인간이나 쥐 그리고 말에게는 문제가 되지 않으나 파리에게는 문제가 된다. 파리 한 마리가 무언가 마시려고 하면 마치 사람이 비탈에서 몸을 구부리는 것처럼 심각한 위험에 처하는 것이다. 파리가 일단 표면장력의 조임에 빠지게 되면 빠져나오지 못하고 익사게 된다. 때문에 곤충들은 위험한 물 또는 영양원과 자신들 사이에 어느 정도 안전한 거리를 두는 형태의 주둥이를 갖고 있다.

먼지 소리 듣기

먼지가 내려 쌓이더라도 우리는 보통 그 소리를 듣지 못한다. 그러나 풍선을 불어서 귀에 대고, 약간의 집먼지나 가루를 그 위에 부스러뜨리면 먼지 소리를 들을 수 있다. 풍선은 미세한 소리도 들을 수 있을 정도로 증폭하는 공명체처럼 작용한다.

먼지 보이게 만들기 I

밤에 어두운 길을 자동차 한 대가 전조등을 켜고 서서히 지나갈 때, 이 장면을 길 위에서 관찰하면 낮에는 완전히 평평하게 보였던 길 표면이 울퉁불퉁하게 보이는 것을 알 수 있다. 왜냐하면 자동차 전조등에서 나오는 불빛은 거의 수평으로 길 위의 사물을 비추고, 따라서 사물에 아주 긴 그림자가 생겨 강한 윤곽을 띠기 때문이다. 범죄수사관들은 범죄 흔적을 찾을 때 이러한 효과를 이용한다. 아주 강하고 경사진 빛으로 사물을 비추면 평소에 식별하기 어려운 미세한 흔적도 눈에 띈다. 휴대용 랜턴으로도 충분히 실험해 볼 수 있다. 예를 들어 누군가 집안에 몰래 침입해 물건을 훔쳐갔다는 신고를 받으면, 수사관은 현장에 도착해서 서치라이트로 물건이 없어진 자리를 비춰본다. 누군가 물건을 가져갔다면 미세한 흔적이라도 남게 되고, 불빛에 그 흔적이 금방 드러난다. 불빛에 아무런 흔적도 보이지 않는다면 제보자가 거짓말을 하는 것이다.

먼지 보이게 만들기 II

먼지를 보이게 하는 다른 기술은 먼지를 자라게 하는 것이다. 이를 위해 마법의 주문은 필요 없고 약간의 하얀 가루만 있으면 된다. 물론 이것은 약간의 먼지, 즉 먼지와 함께 공기 중을 떠도는 박테리아, 효모, 균류의 포자가 작용하는 것이다. 우리는 어떻게 그것들을 자라고 번성하게 할 수 있을까? 그것들이 좋아하는 것을 주면 된다. 예를 들면 젤라틴 같은 젤 형태의 물질이며, 더 좋은 것은 한천(우뭇가사리, agar)이다. 한천은 해조류를 가공해서 얻는 것으로 농수산물 식품점에서 구할 수 있다. 채식주의자들은 가축을 도축한 부산물에서 얻는 동물성 젤라틴 대용으로 한천을 음식에 사용한다.

티스푼 3순갈 분량의 한천을 물 한 잔에 잘 섞는다. 용액이 부드러워지면 거기에 티스푼으로 설탕 한 숟갈을 넣고 잘 저으면 끝이다. 한천을 작은 후식용 접시나 작은 사발 같은 깨끗한 용기에 붓는다. 이제 목욕탕, 부엌 혹은 어딘가에 내려앉은 먼지를 수집해서 투명한 테이프에 먼지를 붙인다. 테이프를 한천이 가득 들어 있는 용기에 눌러 붙이고, 한천이 마르지 않도록 랩 등으로 잘 밀봉해서 그대로 둔다.

개개의 먼지에 들어 있는 각각의 포자와 박테리아가 완전한 군체를 형성하기까지는 며칠이 걸린다. 젤 위에 얼룩 형태로 나타나기 시작한다. 이러한 얼룩은 작은 도시에 비유될 수 있다. 수백만의 박테리아와 균류가 모여 있다. 그들은 한천을 먹어치우며 자란다. 얼룩이 많을수록 그만큼 많은 박테리아와 균류 표본을 확보한 것이다. 그리고 자세히 관찰하면 많은 군집 사이에 분명한 경계선이 있다는 것을 확인할 수 있다. 이것은 군집 간의 싸움이 있다는 것 즉 항생작용(antibiosis) 현상이 있다는 것이다. 그들은 원수 진 도시들처럼 전쟁을 하며 상대를 약화시키거나 죽이고, 더 넓은 영역을 차지하기 위해 서로 독소를 뿜는다.

사상균(絲狀菌) 하나가 이 전투에서 특별히 활약한다. 그는 주변에 있는 모든 박테리아 군체를 죽인다. 스코틀랜드의 과학자 알렉산더 플레밍(Alexander Fleming, 1881-1955)은 1928년 여름 동안 연구실에 놓아두어 상해서 못쓰게 된 미생물 배양기에서 이 사상균을 발견했다. 그는 이 균류로부터 항생물질인 페니실린을 분리해냈다. 때로는 무질서도 발전에 기여한다는 것을 보여준 이 사건과 그러한 사실을 기념하기 위해 2003년 런던의 왕립화학협회(Royal Society of Chemistry)에서는 모든 회원들에게 연구실이나 사무실 구석에서 종종 발견되는 곰팡이가 생긴 커피 잔을 찍은 사진을 보내줄 것을 요청한 뒤, 그 사진으로 경연대회를 열기도 했다.

보이지 않는 흔적 찾기

우리는 그을음 분말 같은 미세한 먼지를 이용해 지문 같은 흔적을 보이게 할 수 있다. 이러한 먼지를 미세한 붓을 이용해 의심 되는 표면에 묻히면 지문이 선명히 드러난다. 참고로 경찰조사관들은 털이 특히 섬세하고 부드럽기 때문에 시베리아산 다람쥐 털로 만든 붓을 많이 이용한다.

먼지 폭발

무해한 사물도 그것을 먼지처럼 가루로 만들면 상당한 힘을 발휘할 수 있다. 예를 들어 요리할 때 양념을 미세하게 갈면 그 맛과 향이 더 강하게 나타난다. 평소에는 불이 붙지 않는 재료도 그것을 잘게 쪼개면 타게 할 수 있다. 많은 재료들은 심지어 폭발성을 띤다. 가정용 밀가루가 하나의 예다. 낟알 또는 거친 가루로 된 밀은 냄비에 넣고 불을 가해도 불이 붙지 않는다. 그러나 미세한 밀가루로 만들면 불이 붙을 뿐만 아니라 폭발성을 띠게 된다. 밀가루 먼지의 폭발성은 물레방아나 풍차를 이용해 밀가루를 만들던 시절부터 알려졌다. 종종 폭발이 일어났지만 그 원인을 알 수 없었고, 각종 괴담이 퍼지기도 했다. 방앗간 주인들은 대개 방앗간을 마을 외곽에 두었는데, 그래서 수많은 전설에서 방앗간 주인이 악마와 동맹을 맺은 어두운 무리로 등장한다. 오늘날에도 방앗간 폭발 사건이 생기는데, 대표적인 것이 1974년 14명의 희생자를 냈던 독일 브레멘의 롤란트 물레방아(Rolandmühle) 폭발 사건이다.

대롱과 버너 등을 가지고 밀가루가 지닌 힘을 쉽게 확인해 볼 수 있다. 다 쓴 사인펜을 재활용해 대롱을 만들고, 그 속에 밀가루를 약간 넣는다. 그리고 대롱 한쪽 끝에 입을 대고 다른 쪽을 버너 불꽃을 향하게 한 뒤에 힘차게 불어보자. 밀가루가 건조한 상태라면 불길이 솟아오를 것이다. 만약 더욱 미세한 밀가루를 이용하면 당연히 불길은 훨씬 강력해진다. 지방 성분을 많이 함유하고 있는 꽃가루나 포자도 아주 적합하다. 직업적으로 불을 지피는 사람들은 리코포디움

(*Lycopodium*)이라 불리는 석송(石松)의 포자를 사용한다.

이 실험은 위험하다. 반드시 보호안경을 쓰고 야외에서 실험을 진행한다. 바람이 불어오는 방향과 마주 보면서 실험하면 안 된다. 또 불길이 사람이나 다른 동물 쪽으로 향하게 해서도 안 되며, 가루는 폭발성이 있기 때문에 옮길 때 담배를 피워서도 안 된다. 항상 사람 및 가연성 물질과 충분한 거리를 두고 진행한다.

정전기를 이용한 먼지 제거

공기 중의 부유 입자를 제거하는 여러 가지 기술이 있다. 섬유나 미세한 구멍이 뚫린 필터로 먼지를 여과할 수 있고, 혹은 정전기를 이용해 먼지를 차단할 수 있다. 정전기를 이용한 것은 어떤 원리로 작동하는지 간단한 실험을 통해 알아볼 수 있다. 풍선과 플라스틱 숟가락을 준비한다. 풍선에 바람을 채운 뒤 표면을 모직물로 문지른다. 마찰 때문에 풍선은 전기를 띠게 된다. 풍선을 머리 위로 가까이 대면 머리카락이 풍선에 붙는다. 작은 종잇조각도 끌어당길 수 있다. 풍선은 이질적인 전기장을 형성하고, 이 전기장은 종잇조각으로 이동한다. 종잇조각에 생긴 정전기의 인력이 중력보다 크면 종잇조각은 고무풍선으로 날아가 붙게 된다.

이와 같은 방법으로 미세한 입자도 분리시킬 수 있다. 소금과 후추를 섞은 혼합물에 전하를 띤 풍선을 가까이 가져가 보자. 후추 입자는 소금 결정보다 가볍기 때문에 후춧가루가 풍선 쪽으로 날아간다. 물론 이러한 방식으로 완전히 분리할 수는 없다. 이 실험에서 나타난 원리를 이용한 정전기먼지차단장치들이 오늘날 산업계나 대형 식당 같은 곳에서 사용되고 있다.

식물의 먼지 청소법

인간이 먼지를 제거하고자 청소를 한다. 식물도 먼지에서 벗어나려고 노력한다. 잎 표면에 먼지 입자가 묻어 있으면 광합성을 방해하기 때문이다. 미세먼지와 더불어 균류의 포자도 식물에 침착하면 해가 된다.

식물은 어떻게 먼지를 제거할까? 씻을 수 있는 손이 없기 때문에 많은 식물들, 특히 오염되기 쉬운 지표면과 가까운 곳에 자라는 식물들은 잎 표면이 특수한 구조로 되어 있다. 표면에 아주 미세한 밀랍(wax) 결정이 오돌토돌 빽빽하게 분포하고 있어 물이나 먼지가 달라붙는 것을 방해한다. 즉 잎 표면과 물방울 사이에 접촉면이 아주 작아지기 때문에 물방울은 잎 표면에 잔재를 남기지 않고 흘러내린다. 이러한 잎 표면의 작동 방식은 1970년대 독일 본 출신의 식물학자 빌헬름 바르트로트(Wilhelm Barthlott)가 연꽃을 이용해 연구했다. 그래서 이런 효과를 연꽃효과(lotus effect)라고 부른다.

연꽃효과를 알기 위해서는 한련(旱蓮, *Tropaeolum*)[116] 종류가 적합하다. 한련은 씨를 쉽게 발아시킬 수 있으며, 싹이 나오면 금방 잎을 무성하게 피운다. 여기 한련으로 할 수 있는 몇 가지 실험을 소개한다.

a) 다림질을 할 때 옷감에 물을 뿌리듯이 분무기로 한련 잎에 물을 뿌리더라도 결코 잎을 적시지 못한다. 물방울은 마치 수은처럼 흘러내린다. 물방울과 잎 표면 사이에는 은색 층이 보인다. 마치 거울처럼 빛이 반사되어 은색으로 보이는 것이다. 잎 하나를 물

116) 십자화목 한련과(Tropaeolaceae) 한련속(*Tropaeolum*)의 식물들. 한련과에는 한련속 1속밖에 없으며, 세계적으로 50종 정도가 있다. 주로 중남미 지역에 분포한다.

에 담근다 하더라도 잎 주변에 은색 공기층이 형성되며 물과 잎이 격리되는 것을 볼 수 있다.

b) 길에서 생기는 미세한 먼지를 한련 잎에 묻히고 나서 그 위에 물을 뿌리면 물이 주변의 먼지들을 모아서 덩어리가 된 다음에 굴러 떨어지는 것을 확인할 수 있다. 먼지 같은 오물은 잎보다는 물에 더 강력히 부착되기 때문에 물방울에 실려 잎에서 떨어지는 것이다. 그래서 옅은 안개 정도만 껴도 식물은 특수한 표면구조 덕분에 다시 깨끗해질 수 있다.

c) 한련 잎의 한 곳을 약간 문지르고, 거기에 물을 뿌리면 물이 붙는다. 연꽃효과를 내는 표면구조가 파괴된 것이다. 아무런 화학적인 변화도 없지만 연꽃효과는 일어나지 않는다. 즉 연꽃효과는 잎 표면에서 어떤 특별한 화학 변화가 일어나서 생기는 것이 아니라, 잎의 미세한 구조와 관련 있다. 여기서 우리는 연꽃효과를 기술적으로 모방하는 데 문제점을 발견하게 된다. 즉 잎 표면이 물리적 충격에 민감하다는 것이다.

먼지에 관한 인용문 모음

옌스 죈트겐

Momento Mori로서의 먼지: 네 얼굴에 땀이 흘러야 식물을 먹고 필경은 땅으로 돌아가리니 그 속에서 네가 취함을 입었음이라. 너는 흙이니 흙으로 돌아갈 것이니라.

창세기 3,19

엔트로피: 사물의 나이
더 이상 변화할 수 없는 것의 증가.
재

Paul Valery(1871–1945)

엷은 먼지층은 게으름의 징표, 황폐화의 시작이다. 그것은 사람들이 호흡하는 공기, 휘날리는 옷, 열린 창문을 통해 들어오는 바람 등에서 비롯된 측량할 수 없는 침전물이다. 한 먼지송이는 이미 두 번째의 먼지단계, 승리를 쟁취한 먼지를 나타내며. 형태를 띠는 농축은 쓰레기가 되는 패배를 나타낸다.

Colette Audry(1906–1990): On joue perdant

빨래, 다림질, 청소, 가구 밑에 있는 먼지부스러기를 드러내 보이는 것과 더불어 사람들은 죽음을 멈출 수는 있으나 삶에 이르지는 못한다.

Simone de Beauvoir(1908–1986): 〈다른 성(姓)〉

먼지입자에 있는 세계
자연 전체는 아주 극미한 세계보다 크지 않다.

Plinius der Aeltere(기원후 23–79)

무엇 때문에 신이 우리들의 대상을 규정하고 우리의 사고에 해당하는 크기의 종류만을 창조했을 것이란 말인가. 반면에 극미한 먼지에도 이 커다란 세계의 모든 것에 상응하는 질서가 잡힌 세계가 존재할 것이라는 것을, 그리고 반대로 우리들의 세계가 다른, 무한히 큰 세계의 먼지 외에 다름이 아니라는 것을 쉽사리 생각할 수 있지 않은가.

Johann Bernoulli(1667–1748)가 Gottfried Wilhelm Leibniz(1646–1716)에게 1698년 7월 5일 쓴 편지에서

극미한 먼지 원자에 아름다움과 다양함에 있어서 우리들의 세계에 뒤지지 않는 세계가 존재하는 것은 가능하고 필수불가결하다. 생명체가 죽으면 그러한 세계로 이행하는 것이–아직 놀랍게 보일지라도–장애가 되지는 않는다. 왜냐하면 나는 죽음이란 피조물이 수축되는 것 이외에 다름 아니라는 의견을 가지고 있기 때문이다.

Gottfried Wilhelm Leibniz(1646–1716)가 Johann Bernoulli(1667–1748)에게 1698년 11월 18일 쓴 편지에서

모든 물질입자는 식물로 가득 찬 정원이며 물고기로 가득 찬 연못으로 파악될 수 있다. 그러나 식물의 모든 가지, 동물의 모든 사지, 체액의 모든 방울 또한 역시 그러한 정원이며 연못인 것이다.

Gottfried Wilhelm Leibniz(1646–1716)

작은 것의 세계 또한 경이롭고 거대하며, 세계는 작은 것으로 구성된다.

생물학자 Christian Gottfried Ehrenberg(1975–1876)의 박사학위 논문과 묘비에 있는 잠언

무한히 작은 것은 무한히 큰 것과 가치가 같다."

Maurice Maeterlinck(1862–1949): 〈개미의 일생〉

우리는 다음과 같은 사실, 즉 삶이란 우리가 흔히 작은 것으로 간주하는 것에서보다 크다고 간주하는 것에서 더 충만하게 전개된다는 것을 당연한 것으로 받아들이고자 하지 않는다.

Virginia Woolf(1882–1941)

한 모래입자의 모든 특성을 규명하는 것이 가능하다고 전제하면 그로써 우리는 전 우주를 탐구한 것인가? 아인슈타인은 이 질문에 절대적인 긍정으로 대답해야 한다고 선언했다. 왜냐하면 한 모래입자에 있는 사건을 우리가 학문적으로 완전히 지배하고 있다면, 이것은 시공간에서 일어나는 일들에 대한 정확한 법칙에 관한 인식을 근거로만 가능할 것이기 때문이다. 이러한 법칙은 가장 일반적인 세계법칙일 것이며 여기로부터 모든 다른 사건들의 총체를 추론할 수 있을 것이다.

Alexander Moszkowski(1851–1934), Albert Einstein(1879–1955)

먼지가 가파르고 높이 일어나면 차가 오고, 넓고 낮으면 보병이 다가온다. 흩어진 연기조각은 벌목꾼이 있음을 알린다. 오고가는 상대적으로 적은 양의 먼지는 진영이 설치되는 것을 암시한다.

Sun Tzu(기원전 4./5. 세기): 〈전쟁의 종류〉

먼지의 왕국은 측량할 수 없다. 그것은 지상의 왕국과는 달리 경계를 모른다. 어떠한 대양도 경계선을 긋지 않는다. 어떠한 산악지대도 그것을 제한하지 않는다. 어떤 길이나 폭도 그의 끝없는 지역을 결정하지 않으며 무한한 공간 속으로 아주 멀리 떨어진 별들도 우주 스스로처럼 측량할 수 없는 왕국의 반짝거리는 전초지점에 불과할 수밖에 없다.

J. Gorden Ogden: 〈먼지의 왕국〉(1912)

우리가 밟고 있는 먼지, 그는 한때 삶이었다.

Lord Byron(1788–1824)

표면은 덮이고
손가락은 감싸이고
옷에는 걸리고
모서리로부터는 부풀어 오르고
서가는 채워지고
빛에서는 유희한다.
먼지 그는 나의 흩어진 자화상이다.

Ernst Jandl(1925–2000)

역사를 바꾼 물질 이야기 2

우주먼지에서 집먼지까지

먼지 보고서

엮은이 | 옌스 죈트겐 · 크누트 필츠케
옮긴이 | 강정민

펴낸날 | 2012년 4월 30일 초판 1쇄
2016년 11월 1일 초판 2쇄
펴낸이 | 조영권
다듬은이 | 노인향
꾸민이 | 강대현

펴낸곳 | **자연과생태**
주소_서울 마포구 신수로 25-32, 1층
전화_02)701-7345~6 **팩스**_02)701-7347
홈페이지_www.econature.co.kr
등록_제2007-000217호

ISBN : 978-89-97429-04-2 93530